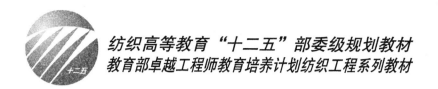

纺织高等教育"十二五"部委级规划教材

教育部卓越工程师教育培养计划纺织工程系列教材

机 织 工 程

（下册）

王鸿博　高卫东　黄晓梅　主　编

U0241920

中国纺织出版社

内 容 提 要

本书分上下两册。

《机织工程（上册）》包括络筒、整经、浆纱、穿结经、织造及织物整理等共十章。系统介绍了机织物织造基本原理，国内外新型织造准备和织造设备的机构特点、运动分析、工艺参数调节、优质高产的措施及发展趋势。在每章均安排实验部分，包括设备机构认识实验和上机工艺实验。

《机织工程（下册）》包括机织物组织结构设计、织物设计原理和方法以及棉、毛、丝等典型织物设计实例共十章。系统介绍各种机织物组织结构构成方法、织物外观特点及形成原理，织物样品分析方法及典型机织物的设计方法等内容。

本书是高等纺织院校纺织工程专业课教材，也可作为有关工程技术人员和科研人员的参考书。

图书在版编目(CIP)数据

机织工程 . 下册/王鸿博,高卫东,黄晓梅主编.—北京:中国纺织出版社,2014.6

纺织高等教育"十二五"部委级规划教材 教育部卓越工程师教育培养计划纺织工程系列教材

ISBN 978—7—5180—0504—8

Ⅰ.①机… Ⅱ.①王…②高…③黄… Ⅲ.①机织—高等学校—教材 Ⅳ.①TS105

中国版本图书馆 CIP 数据核字(2014)第 046312 号

策划编辑:孔会云 特约编辑:王文仙 责任校对:梁 颖
责任设计:何 建 责任印制:何 艳

中国纺织出版社出版发行
地址:北京市朝阳区百子湾东里 A407 号楼 邮政编码:100124
销售电话:010—87155894 传真:010—87155801
http://www.c-textilep.com
E-mail:faxing@c-textilep.com
官方微博 http://weibo.com/2119887771
三河市宏盛印务有限公司印刷 各地新华书店经销
2014 年 6 月第 1 版第 1 次印刷
开本:787×1092 1/16 印张:16.75
字数:326 千字 定价:52.00 元

| 出版者的话 |

《国家中长期教育改革和发展规划纲要》中提出"全面提高高等教育质量","提高人才培养质量"。教育部教高[2007]1号文件"关于实施高等学校本科教学质量与教学改革工程的意见"中,明确了"继续推进国家精品课程建设","积极推进网络教育资源开发和共享平台建设,建设面向全国高校的精品课程和立体化教材的数字化资源中心",对高等教育教材的质量和立体化模式都提出了更高、更具体的要求。

"着力培养信念执著、品德优良、知识丰富、本领过硬的高素质专门人才和拔尖创新人才",已成为当今本科教育的主题。教材建设作为教学的重要组成部分,如何适应新形势下我国教学改革要求,配合教育部"卓越工程师教育培养计划"的实施,满足应用型人才培养的需要,在人才培养中发挥作用,成为院校和出版人共同努力的目标。中国纺织服装教育学会协同中国纺织出版社,认真组织制订"十二五"部委级教材规划,组织专家对各院校上报的"十二五"规划教材选题进行认真评选,力求使教材出版与教学改革和课程建设发展相适应,充分体现教材的适用性、科学性、系统性和新颖性,使教材内容具有以下三个特点:

(1)围绕一个核心——育人目标。根据教育规律和课程设置特点,从提高学生分析问题、解决问题的能力入手,教材附有课程设置指导,并于章首介绍本章知识点、重点、难点及专业技能,增加相关学科的最新研究理论、研究热点或历史背景,章后附形式多样的思考题等,提高教材的可读性,增加学生学习兴趣和自学能力,提升学生科技素养和人文素养。

(2)突出一个环节——实践环节。教材出版突出应用性学科的特点,注重理论与生产实践的结合,有针对性地设置教材内容,增加实践、实验内容,并通过多媒体等形式,直观反映生产实践的最新成果。

(3)实现一个立体——开发立体化教材体系。充分利用现代教育技术手段,构建数字教育资源平台,开发教学课件、音像制品、素材库、试题库等多种立体化的配套教材,以直观的形式和丰富的表达充分展现教学内容。

教材出版是教育发展中的重要组成部分,为出版高质量的教材,出版社严格甄选作者,组织专家评审,并对出版全过程进行跟踪,及时了解教材编写进度、编写质量,力求做到作者权威、编辑专业、审读严格、精品出版。我们愿与院校一起,共同探讨、完善教材出版,不断推出精品教材,以适应我国高等教育的发展要求。

中国纺织出版社
教材出版中心

本书是纺织高等教育"十二五"部委级规划教材中的一种。

为了适应新形势下纺织产业的发展和教育部"十二五"期间重点实施的本科质量工程项目"卓越工程师教育培养计划"的需求,纺织工程专业的培养模式和教学方法进行了较大的改革。"机织工程"作为纺织工程专业的主要平台课和专业课,在理论教学和实践教学方面也同步进行了创新,力求将理论与实践相融合,突出工程能力培养,强化工程实践能力。

《机织工程(上册)》的关键点是:在讲述各工序设备结构、工艺原理的基础上,重点讨论织造工艺参数的确定、工艺参数的调节及其影响因素,为学生开展工艺实验打下基础。

《机织工程(下册)》的关键点是:在讲述机织物设计基本原理的基础上,如何进行织物的技术计算、如何进行织物的工艺设计、如何进行织物的来样设计和新产品的开发。为学生开展试织实践打下基础。

本书由江南大学联合国内多所纺织院校联合编写。编写前,参编院校教师对编写大纲进行了认真讨论,围绕"卓越工程师教育培养计划"的要求,结合纺织工程专业培养方案,在重大内容改革方面达成共识,尤其是课程实验教学方面,最后制订出编写大纲。

《机织工程(上册)》编写的具体分工如下:

第一章由中原工学院陈守辉编写,第二章由绍兴文理学院元培学院唐立敏编写,第三章由江南大学王鸿博编写,第四章由南通大学徐山青、陈春生编写,第五章由南通大学徐山青、姚理荣编写,第六章由江南大学高卫东、刘建立、卢雨正编写,第七章由江南大学徐阳编写,第八章、第九章、第十章由中原工学院牛建设编写。

《机织工程(下册)》编写的具体分工如下:

第一章由江南大学王鸿博编写,第二章由江南大学刘建立编写,第三章由江南大学潘如如编写,第四章由中原工学院聂建斌编写,第五章由绍兴文理学院元培学院楼利琴编写,第六章、第九章由苏州大学眭建华编写,第七章由中原工学院卢士艳编写,第八章、第十章由南通大学黄晓梅编写。

《机织工程(上册)》由王鸿博、牛建设统稿,《机织工程(下册)》由王鸿博、黄晓梅统稿。全书由王鸿博、高卫东最后定稿。

由于编者水平有限,书中难免存在缺点和错误,敬请读者批评指正。

王鸿博

2014.2

课程设置指导

课程设计意义："机织工程"课程是纺织工程专业"教育部卓越工程师教育培养计划纺织工程系列"的必修课程之一,适用于纺织工程专业执行"教育部卓越工程师教育培养计划"的本科生。与"纺织材料学"、"纺纱工程"、"针织工程"等课程相继开设,为培养纺织专业卓越工程师打下扎实的纺织专业基础。

课程教学建议：本课程重点介绍织物组织结构设计、织物设计原理和方法,棉、毛、丝等典型织物设计实例。建议课程分理论教学和实验教学,以课堂教学为主。理论教学为 32～36 学时、实验教学为 12～18 学时。结合织物分析和试织实验,帮助并加深学生对织物形成原理、织物上机织造方法的理解,有助于培养学生的工程能力。

课程教学目的：通过本课程的学习,学生应掌握机织物分析和设计的主要方法,即如何进行织物的技术计算、如何进行织物的工艺设计、如何进行织物的来样设计和新产品的开发。

目 录

第一章　机织物上机图与机织物分析

第一节　机织物的形成及机织物组织

一、机织物形成原理

机织物一般是由经、纬两个系统的纱线在织机上交织形成的，在织物内与布边平行的纵向纱线为经纱，与布边垂直的横向纱线为纬纱。

机织物的形成过程如图1－1所示。经纱2从织轴1上由送经机构送出，绕过后梁3和经停片4，按照一定的规律逐根穿入综框5的综丝眼6，再穿过钢筘7的筘齿；综框5由开口机构控制，作上下交替运动，使经纱分成两层，形成梭口；纬纱8由引纬机构引入梭口，由打纬机构中的钢筘7将纬纱推向织口，在织口处形成的织物经胸梁9，由卷取机构中的卷取辊10、导布辊11卷绕在卷布辊12上。

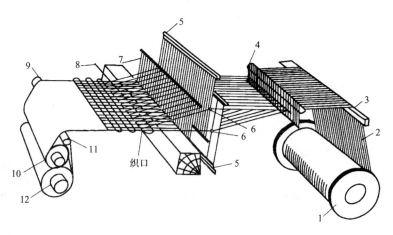

图1－1　机织物形成示意图

二、机织物组织

（一）有关织物组织的概念

在织物中经纱和纬纱相互交错或彼此沉浮的规律叫做织物组织。图1－2所示为织物交织示意图，经纬纱交织方式是经纱沿纬向顺序为二浮一沉，纬纱沿经向顺序为一沉二浮；当经（纬）纱由浮到沉，或由沉到浮，经纱和纬纱必定交错一次。当经（纬）纱由浮到沉，再由沉回到浮；或由沉到浮，再由浮回到沉，经纱和纬纱进行交织，联结成一体而形成织物。经纬纱相交处，即为组织点（浮点）。凡经纱浮在纬纱上，称经组织点（或经浮点）；凡纬纱浮在经纱上，称纬组织点（或纬浮点）。当经组织点和纬组织点浮沉规律达到循环时，称为一个组织循环（或完全组织）。

为了表示织物中经纬纱交织的空间结构状态及纱线弯曲情况,除组织图外,往往还需借助于剖面图表示出织物中经纬纱交织的外观特征,特别是当组织结构较复杂时,剖面图的作用尤其重要。

经向剖面图是指织物沿经纱方向剖开并向右侧翻转90°得到的剖面,其中经纱是连续弯曲的曲线,而纬纱是被切断的圆形,观察方向为从右向左;纬向剖面图是指织物沿纬纱方向剖开并向上侧翻转90°得到的剖面,其中纬纱是连续弯曲的曲线,而经纱是被切断的圆形,观察方向为从上向下。图1-2所示为第1根经(纬)纱的经(纬)向剖面图。剖面图可更加直观地了解经纬纱的交织规律。

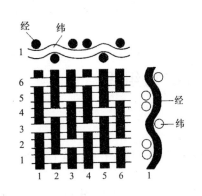

图1-2 织物交织示意图及纱线剖面图

用一个组织循环可以表示整个织物组织。构成一个组织循环所需要的经纱根数称为组织循环经纱数,用R_j表示;构成一个组织循环所需要的纬纱根数称为组织循环纬纱数,用R_w表示。组织循环经、纬纱数是构成织物组织的重要参数。图1-2中第4、第5、第6根经(纬)纱的浮沉规律是第1、第2、第3根经(纬)纱的重复,其组织循环经(纬)纱数等于3。

在一个组织循环中,当其经组织点数等于纬组织点数时称为同面组织,当其经组织点数多于纬组织点数时称为经面组织,当其纬组织点数多于经组织点数时称为纬面组织。组织循环有大小之别,其大小取决于组织循环纱线数的多少。

(二)机织物组织的表示方法

1. 组织图表示法 织物组织的经纬纱浮沉规律一般用组织图表示。简单的织物组织大多采用方格表示法。用来描绘织物组织的、带有格子的纸称为意匠纸,其纵行格子代表经纱,横行格子代表纬纱。在简单组织中,每个格子代表一个组织点(浮点)。当组织点为经组织点时,应在格子内填满颜色或标以其他符号,常用的符号有■×□○等。当组织点为纬组织点时,即为空白格子。

在一个组织循环中,纵行格子数表示组织循环经纱数R_j,其顺序是从左至右;横行格子数表示组织循环纬纱数R_w,其顺序是从下至上。图1-3是图1-2的组织图,图中箭矢标出了一个组织循环,$R_j=R_w=3$。

图1-3 组织图表示方法

绘制组织图时,应首先把组织图的范围用边框画出来,可标出经纬纱序号,通常画出一个组织循环即可,并以第一根经纱和第一根纬纱的相交处作为组织循环的起点。

2. 分式表示法 较简单的织物可用分式表示。分子表示每根经纱上的经组织点数,分母表示每根经纱上的纬组织点数,即经组织点数/纬组织点数(缎纹组织除外)。例如图1-2的组织表示为$\frac{2}{1}$斜纹组织。

(三)组织点飞数

组织点飞数能表示织物中相应组织点的位置关系,体现织物组织的特点。除特别指出外,组织点飞数是指同一个系统中相邻两根纱线上相应组织点的位置关系,即相应经(纬)组织点间相距的组织点数。飞数用 S 来表示。沿经纱方向计算相邻两根经纱相应两个组织点间相距的组织点数是经向飞数,以 S_j 表示;沿纬纱方向计算相邻两根纬纱上相应组织点间相距的组织点数是纬向飞数,以 S_w 表示。

图1-4中在第1、第2两根相邻的经纱上,经组织点 B 对于相应的经组织点 A 的飞数是 $S_j=3$;同理,在第1、第2两根相邻的纬纱上,经组织点 C 对于相应的经组织点 A 的飞数是 $S_w=2$。

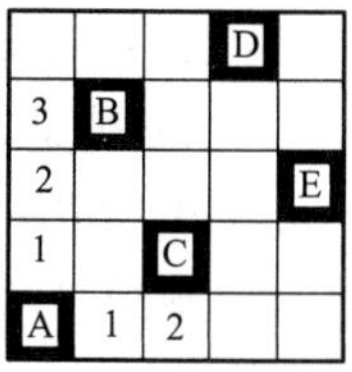

图1-4 飞数示意图

组织点飞数在一个织物组织中,除大小不同和其数值是常数或变数之外,还与起数的方向有关。

对经纱方向来说,飞数向上数为正,记符号+;向下数为负,记符号-。

对纬纱方向来说,飞数向右数为正,记符号+;向左数为负,记符号-。

图1-4中,组织点 E 对于相应的经组织点 D 的飞数是 $S_j=-2$;组织点 C 对于相应的经组织点 E 的飞数是 $S_w=-2$。

组织点飞数与组织循环纱线数同样是构成织物组织的重要参数,是绘制组织图的依据。根据一根纱线上的经纬纱交织规律及组织点飞数,就可以绘出规则组织的组织图。

第二节 机织物上机图

一、上机图的组成

上机图是表示织物上机织造工艺条件的图解。生产织物时均需绘制与编制上机图,用于指导织物的上机织造。

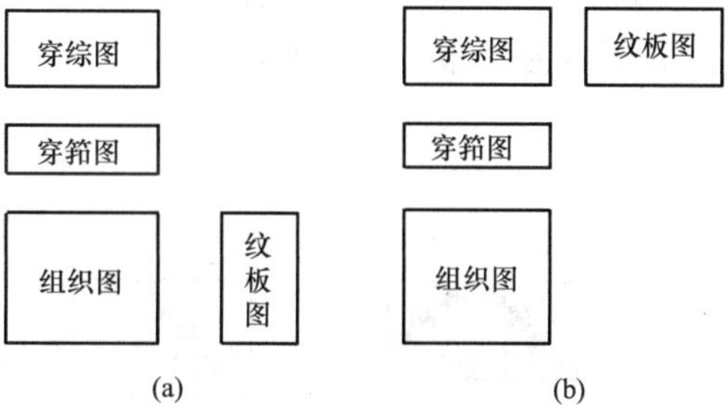

上机图由组织图、穿筘图、穿综图、纹板图四部分组成。上机图中各组成部分排列的位置,随生产工厂的不同习惯而有所差异。

上机图的布置一般有两种形式。

(1)组织图在下方,穿综图在上方,穿筘图在两者中间,纹板图在组织图的右侧,如图1-5(a)所示。

(2)组织图在下方,穿综图在上方,穿筘图在两者中间,而纹板图在穿综图的右侧,如图1-5(b)所示。

图1-5 上机图的组成及布置

工厂里的上机图,一般不把四个图全画出来,只画纹板图或只画穿综图与纹板图,其他各部分(除组织图以外)可用文字说明。

二、上机图的绘图方法

(一)组织图

组织图表示织物中经纱和纬纱的交织规律。

(二)穿综图

穿综图是组织图中各根经纱穿入各页综片顺序的图解。穿综方法应根据织物的组织、原料、密度来定。由于织物组织的变化多种多样,因而穿综方法也各不相同。

穿综图位于组织图的上方。每一横行表示一页综片(或一列综丝),综片的顺序在图中自下向上(在织机上由织口向织轴方向)排列;每一纵行表示与组织图相对应的一根经纱。如将组织图已定的某一根经纱穿入某一页(列)综内,可在其经纱纵行与综页(列)横行相交叉的方格处用⊠、■等符号。

穿综原则是一般将浮沉交织规律相同的经纱穿入同一页综片中,也可穿入不同综页(列)中,而交织规律不同的经纱必须分穿在不同综页(列)内。穿综图应至少画出一个穿综循环。除此以外,穿综时还应考虑织物组织、纱线原料、织物密度以及操作便利、织机效率等因素。常用的穿综方法有五种。

1. 顺穿法 顺穿法是把一个组织循环中的各根经纱逐一地顺次穿在每一页综片上,所需的综片页数 Z 等于一个组织循环的经纱根数 R_j。若穿综循环经纱数为 r,则 $Z=r=R_j$。

图1-6所示分别为不同组织的顺穿法穿综图。

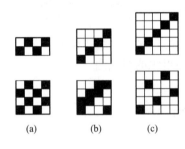

图1-6 顺穿法穿综图

不论什么组织,采用顺穿法必须符合 $Z=r=R_j$ 的规律。密度较小的简单织物的组织和某些小花纹组织都可采用顺穿法,其优点是操作简便,唯一的缺点是当组织循环经纱根数多时,会过多地占用综片,给上机、织造带来很大困难。

2. 飞穿法 遇到织物密度较大而经纱组织循环较小的情况时,如采用顺穿法,则每片综页上由于综丝排列密度过大,织造时经纱与综丝过多摩擦,会引起断头或开口不清,以致造成织疵而影响产品质量,同时影响织机效率。

为了减少摩擦,保证织造顺利进行,一般采用增加综框页数或综丝列数,传统有梭织机常使用复列式综框(一页综框上有2~4列综丝),这样可以减少每页综上的综丝数,减少经纱与综丝之间的摩擦。在这种情况下,$Z=r>R_j$。图1-7(a)所示为平布类织物的穿综方法,$R_j=2$,$Z=r=4$。图1-7(b)所示为高密府绸、细布类织物的穿综方法,$R_j=2$,$Z=r=8$。图1-7(c)所示为2上2下斜纹的穿综方法,$R_j=4$,$Z=r=8$。

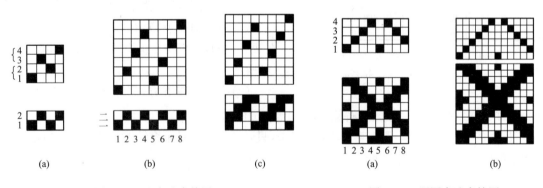

图1-7 飞穿法穿综图　　　　　　图1-8 照图穿法穿综图

3. 照图穿法 在织物组织循环大或组织比较复杂,但织物中有部分经纱的浮沉规律相同的情况下,可以将运动规律相同的经纱,穿入同一页综片中,这样可以减少使用综页的数目。因此,这种穿综方法又可称为省综穿法,这时 $Z<r=R_j$。此法广泛应用在小花纹织物中。

在图1-8(a)中,$R_j=r=8$,$Z=4$;在图1-8(b)中,$R_j=r=12$,$Z=6$。由图可以看出,组织

图中有对称处,穿综图也相应对称,因而把这种穿综法称为山形穿法或对称穿法。采用这种方法,可以减少综片页数,但也有不足之处:因各页综片上综丝数不同,使每页综片负荷不等,综片磨损也就不一样;穿综和织布操作比较复杂,不易记忆。

4. 间断穿法　图1-9所示的织物组织是由两种组织并合成的格子花纹。确定条格组织穿综时,对第一种组织按其经纱运动规律穿若干个循环以后,再按另一种穿综规律穿综,每种穿综规律成为一个穿综区,每个区中有各自的穿综循环,称为分穿综循环。图1-9所示的穿综方法是穿完一个分穿综循环后,再穿另一个。因此,常称这种穿综方法为间断穿综法。

5. 分区穿法　当织物组织中包含两个或两个以上组织,或用不同性质的经纱织造时,多数采用分区穿法。

在图1-10所示的织物组织中包含两个不同的组织,同时它们是间隔排列,图中所示的穿综方法称为分区穿法。即把综分为前后两个区,各区的综页数目根据织物组织而定。在图1-10的组织图中,符号⊠与符号■分别代表一种组织。两种组织的经纱按1:1相间排列。第一区为4页综顺穿法,第二区为8页综顺穿法,共采用12页综框。

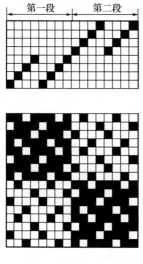

图1-9　间断穿法穿综图

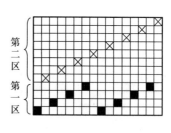

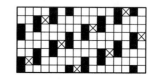

图1-10　分区穿法穿综图

穿综方法多种多样,要确定合适的穿综方法可从织物组织、经纱密度、经纱性质和操作几方面综合考虑。操作便利的穿综方法可提高劳动生产率,减少穿错的可能性。

在实际生产中,有的工厂往往不用上述的方格法来描绘穿综图,而是用文字加数字来表示。如图1-8(a)的穿综方法可写成:用4页综,穿法:1、2、3、4、1、4、3、2。又如图1-9可写成:用8页综,穿法:(1、2、3、4)×2次,(5、6、7、8)×2次。

(三)穿筘图

穿筘图位于组织图与穿综图之间,用意匠纸上两个横行表示相邻两个筘齿,以横向连续涂绘符号(⊠、■等)的方格数表示同一筘齿中的经纱根数;而穿入相邻筘齿中的经纱,则在穿筘图中的另一横行内连续涂绘⊠或■等符号。图1-11(a)穿筘图表示每筘齿内穿两根经纱。图1-11(b)表示花式穿筘图,每筘穿入数为2、2、3、3。

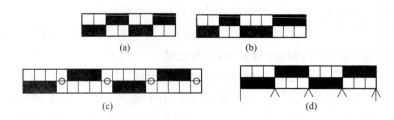

图 1-11 穿筘图表示方法

每筘齿内的穿入数,应根据织物的经纱密度、线密度及织物组织对坯布要求而定。同一种织物在不同的工厂,可能采用不同的穿入数。

选择小的穿入数会使筘号增大,虽有利于经纱均匀分布,但会增加筘片与经纱间的摩擦而增加断头。如选择大的穿入数,则筘号减小,经纱分布不匀,筘路明显。因此,选用每筘穿入数时:一般对经密大的织物,穿入数可取大些;色织布和直接销售的坯布,穿入数宜小些;经过后处理的织物,穿入数可大些。选其数值时,应注意尽可能等于其组织循环经纱数或是其组织循环经纱数的约数或倍数。

穿筘方法除用方格法表示外,还可以用文字说明、加括号或横线以及其他方法来表示。

在经纱穿筘中,由于某些织物结构上的要求,常需在穿一定筘齿后,空一个或几个筘齿不穿,习惯上称为空筘。空筘也有几种不同的表示方法。

(1)图 1-11(c)所示,空筘处以"○"符号表示,穿一齿空一齿,筘穿入数为 3、0、3、0;

图 1-12 空筘穿筘图

(2)图 1-11(d)所示,空筘处以"∧"符号表示,穿一齿空一齿,筘穿入数为 3、0、3、0;

(3)若工艺表中只画穿综图和纹板图时,空筘可以在穿综图上以空白方格"□"表示,图 1-11(c)所示的穿综图就可以画成图 1-12;

(4)在用数字法表示穿综和穿筘的方法中,空筘用"0"表示,图 1-12 可写成(1210343012103430)3 入。

(四)纹板图

纹板图又称提综图,是控制综框运动规律的图解,它是多臂开口机构编制纹板的依据。在设有踏盘开口装置的织机上,它是设计踏盘外形的依据。一般纹板图位于组织图的右侧,如图 1-13 所示。

在图 1-13 上机图的纹板图中,每一纵行表示对应的一页(列)综片,在踏盘开口织机上,每一纵行代表一页踏盘所控制的综片的升降规律。其顺序是自左向右,其纵行数等于综页(列)数。每一横行表示一块纹板(单动式多臂织机)或一排纹钉孔(复动式多臂织机)。其横行数等于组织图中的纬纱根数。纹板图的画法是:根据组织图中经纱穿入综片的次序依次按该经纱组织点交错规律填入纹板图对应的纵行中,在图 1-13(a)中,穿综图采用的是顺穿法。因此描绘的纹板图与组织图完全一致。由此可知,采用此种上机图的配置法,当穿综图为顺穿法时,其纹板图等于组织图。这既便于绘图,又便于检查核对,有时可省略不画。

图 1-13(b)的穿综图为照穿法,$R_j=8$,$Z=4$,故纹板图的纵行为 4 行。从穿综图上看,经纱 1、2、3、4 是顺穿,5、6、7、8 经纱又分别重复 1、2、3、4 经纱上组织点的浮沉规律,所以将组

织图中1、2、3、4经纱的组织点浮沉规律依次填入纹板图中1、2、3、4纵行上,即为此种组织的纹板图。

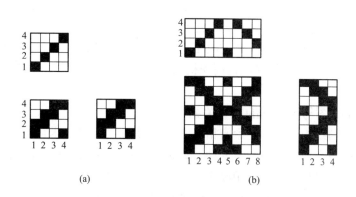

图1-13 纹板图

由于色织厂多臂龙头一般为复动式,故下面介绍复动式龙头的纹板钉植法。

在复动式多臂龙头上,弯轴每回转两次转过一块纹板,因此,一块纹板上有两排纹钉孔眼,每排各有16个孔眼。每排孔眼所钉植的纹钉控制一次经纱开口,纳入一根纬纱,如图1-14所示。

图1-14所示为右手车织机纹板的编制法,从下方第一块纹板的第一排孔眼为纹板图中第一根纬纱沉浮规律钉植纹钉之处。第一块纹板的第二排孔眼则是按纹板图中第二根纬纱沉浮规律钉植纹钉之处。第二块纹板则是第三、第四纬钉植纹钉之处,以此类推即可。

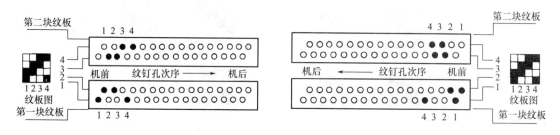

图1-14 右手车织机纹板编制　　　　图1-15 左手车织机纹板编制

图1-14是图1-13(a)组织的纹板图。织第一纬时,在纹板图中是1、4经纱提起,因在第一纬的1、4方格中是经组织点。因而在第一块纹板的第一排孔眼上,从左向右数第1、第4孔眼钉植纹钉,以符号"●"表示。而第一纬浮于2、3经纱之上,是纬组织点。则纹板上第一排孔眼上的2、3孔眼处就不再钉植纹钉,以符号"○"表示。

钉植纹钉时,考虑减少经纱开口张力及操作方便,应使用机前部分的纹钉。

由于多臂龙头挂置纹板时花筒只有8个槽,所以花筒所挂纹板数至少应为8块,不够时应使nR_w是大于16的偶数。

对于左手车右龙头,由于龙头在织机上位置不同,花筒的回转方向也与右手车不同。因而钉植纹钉的起始方向与右手车相反即可。图1-15是与图1-14同用一张纹板图钉植的左手车纹板。

目前,国内许多厂家引进了各种新型织机,为了方便品种开发,一般配置多臂开口装置,采用纹纸链型替代原有纹钉型,最多可控制 20 片综框。更先进的是用电子多臂开口替代传统的机械多臂开口,提综规律可由电脑根据不同的组织规律和穿综方法自动生成。由织机上的电脑控制柜,实现电子送经、电子卷取、多色任意选纬等功能。它具有工艺参数的显示功能,可方便地了解各种织造信息,通过键盘设定和更改工艺参数,包含纹板信息。电脑控制系统使得驾驭织机更省力,既能提高产品质量,又能提高织机效率。

三、组织图、穿综图与纹板图的相互关系

组织图、穿综图与纹板图三者是紧密相连的,已知其中两个图可求得第三图,或者说变动其中一个,便会使其他一个或两个图同时变动。如采用不同的穿综图和纹板图,便可织制出不同组织的花纹。在多臂开口织机上,可用改变纹板图或穿综的方法来织制不同组织的花纹织物,而在踏盘开口织机上,可以用改变穿综的方法来织制不同组织的织物。正确运用三个图之间的关系,在织物设计和实际生产中具有重要意义。

1. 己知组织图和穿综图绘纹板图

(1)按纬纱顺序绘纹板图,如图 1-16 所示,投入第 1 根纬纱时,第 1、第 4 根经纱提升,而这两根经纱分别穿在第 1、第 4 两片综上,即在纹板图的第一块纹板与代表第 1、第 4 综框的列(或行)相交的方格中填上符号。同理,投入第 2 根纬纱时,第 1、第 2 根经纱提升,而这两根经纱分别穿在第 1、第 2 两片综上,即在纹板图的第二块纹板与代表第 1、第 2 综框的列(或行)相交的方格中填上符号。以此类推,直至填绘完毕。

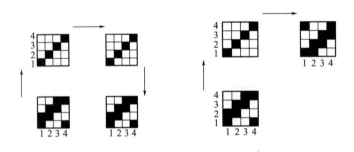

图 1-16 由组织图和穿综图绘纹板图

(2)按经纱顺序绘纹板图,如图 1-16 所示,第 1 根经纱穿入第 1 片综内,因该经纱浮于第 1、第 2 两根纬纱上,即在投入第 1 和第 2 两根纬纱时,第 1 片综框须提升,故在纹板图上代表第 1 片综框的列(或行)与第 1、第 2 块纹板相交的方格中填上符号。同理,可依次填上代表其他综框的列(或行),直至完成整个纹板图。

2. 己知组织图和纹板图绘穿综图 在图 1-17 中,纹板图的 1、2、3、4 纵行(或横行)与穿综图的 1、2、3、4 横行相对应。纹板图中第 1 纵行的浮沉规律与组织图中第 1 根经纱的浮沉规律相同,则第 1 根经纱与纹板图的第 1 纵行在穿综图上相交于第一页综的第一个方格中(自左向右),在此方格中画上符号"■",表示第 1 根经纱穿入第一页综。同理,纹板图中的第 2 纵行与组织图的第 3 根经纱浮沉规律相同,它们在穿综图中相交于第二页综的第三个方格处,在此方格中画上符号"■",表示第 3 根经纱穿入第二页综。以此类推,即可求出其余经纱的穿综顺序,画出穿综图。

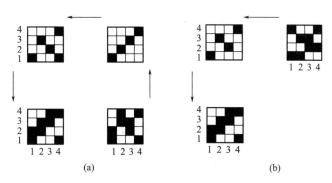

图 1-17　由组织图和纹板图绘穿综图

3. 已知穿综图与纹板图绘组织图

（1）按纬纱顺序作组织图。即按照纹板顺序求作组织图，如图 1-18 所示，在第一块纹板上，对应于第 1、2、4 片综框的方块中填有符号，即织第 1 纬时，1、2、4 综框提升，在穿综图上可以看到这三片综穿的是 1、3、4 根纱，所以在组织图的第 1 根纬纱上应绘 1、3、4 三个组织点。同理，在第二块纹板上，对应于第 1、3、4 片综框的方块中填有符号，即织第 2 纬时，1、3、4 综框提升，在穿综图上可以看到这三片综穿的是 1、2、4 根纬纱，所以在组织图的第二根纬纱上应绘 1、2、4 三个组织点。以此类推，直到画出整个组织图。

（2）按经纱顺序作组织图。即按照综框顺序求作组织图，如图 1-18 所示，在纹板图中对应于第一片综框的列（或行）上，与 1、2、3 纬相交的方格中绘有符号，表明在投入 1、2、3 纬时第一片综提升，而由穿综图可以看出，第一片综上穿的是第 1 根经纱，所以在组织图的第 1 根经纱上须填上 1、2、3 三个组织点。同理，在纹板图中对应于第二片综框的列（或行）上，与 1、3、4 纬相交的方格中绘有符号，表明在投入 1、3、4 纬时第二片综提升，而由穿综图可以看出，第二片综上穿的是第 3 根经纱，所以在组织图的第 3 根经纱上须填上 1、3、4 三个组织点。以此类推，直到画出整个组织图。

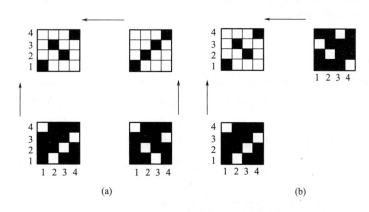

图 1-18　由穿综图与纹板图绘组织图

第三节　机织物分析

为了对产品进行创新或仿造生产，就必须掌握织物组织结构和织物上机技术条件等资料。为此就要对织物进行全面和细致的分析,以便获得正确的分析结果,为设计、改进或仿造织物提供资料。

为了能获得比较正确的分析结果,分析前要计划分析的项目和它们的先后顺序。操作过程中要细致,并且要在满足分析条件下尽量节省布样用料。织物分析一般按下列顺序进行。

一、取样

分析织物时,测试结果的准确程度与取样的位置、样品面积大小有关,因而对取样方法应有一定的要求。由于织物品种极多,彼此间差别又大,因此在实际工作中,样品的选择应根据具体情况确定。

1. 取样位置 织物下机后,在织物中因经纬纱张力的平衡作用,使幅宽和长度都略有变化。这种变化造成织物边部和中部以及织物两端的密度存在差异。另外,在染整过程中,织物的两端、边部和中部所产生的变形也各不相同。为了使测得的数据具有准确性和代表性,一般规定:从整匹织物中取样时,样品到布边的距离不小于 5cm,离两端的距离在棉织物上为 1.5～3m,在毛织物上不小于 3m,在丝织物上为 3.5～5m。此外,样品不应带有明显的疵点,并力求其处于原有的自然状态,以保证分析结果的准确性。

2. 取样大小 取样面积大小,应随织物品种、组织结构而异。由于织物分析是项消耗试验,应本着节约的原则,在保证分析资料正确的前提下,力求减小试样的大小。简单组织的织物试样可以取得小些,一般为 15cm×15cm;组织循环较大的色织物可以取 20cm×20cm;色纱循环大的色织物(如床单)最少应取一个色纱循环所占的面积;大提花织物(如被面、毯类),因其经纬纱循环数很大,一般分析部分具有代表性的组织结构即可。因此,一般取样 20cm×20cm 或 25cm×25cm。样品尺寸小时,只要比 5cm×5cm 稍大亦可进行分析。

二、织物正反面的确定

对布样进行分析时,首先应确定织物的正反面。织物的正反面一般根据其外观效应加以判断,下面列举一些常用的判断方法。

(1)一般织物正面的花纹、色泽均比反面清晰美观。

(2)具有条格外观的织物和配色模纹织物,其正面花纹相对清晰悦目。

(3)凸条及凹凸织物,正面紧密而细腻,具有条状或图案凸纹,而反面较粗糙,有较长的浮长线。

(4)单面起毛织物,其起毛绒的一面为织物正面;双面起毛织物,则以绒毛均匀、整齐的一面为正面。

(5)观察织物的布边,布边光洁、整齐的一面为织物正面。

(6)双层、多层及多重织物,如正反面的经纬密度不同时,则一般正面具有较大的密度或正面的原料较佳。

(7)纱罗织物,纹路清晰、绞经突出的一面为织物正面。

(8)毛巾织物,以毛圈密度大的一面为正面。

多数织物其正反面有明显的区别,但也有不少织物的正反面极为近似,两面均可应用。因此,对这类织物可不强求区别其正反面。

三、织物经纬向的确定

确定了织物的正反面后,就需判断出织物中经纱方向及纬纱方向,这对分析织物密度、经纬纱线密度和织物组织等项目来说,是先决条件。区别织物经纬向的主要依据如下。

(1)如被分析织物的样品是有布边的,则与布边平行的纱线是经纱,与布边垂直的纱线是纬纱。

(2)含有浆的纱线是经纱,不含浆的纱线是纬纱。

(3)一般织物,密度大的纱线为经纱,密度小的纱线为纬纱。

(4)筘痕明显的织物,则筘痕方向为织物的经向。

(5)织物中若纱线的一组是股线,而另一组是单纱时,则通常股线为经纱,单纱为纬纱。

(6)单纱织物的成纱捻向不同时,则 Z 捻纱为经纱,S 捻纱为纬纱。

(7)织物成纱的捻度不同时,则捻度大的纱线多数为经纱,捻度小的纱线为纬纱。

(8)如织物的经纬纱线密度、捻向、捻度都差异不大,则纱线的条干均匀、光泽较好的纱线为经纱。

(9)毛巾类织物,其起毛圈的纱线为经纱,不起圈者为纬纱。

(10)条子织物,其条子方向通常是经纱。

(11)若织物有一个系统的纱线具有多种不同线密度时,这个方向则为经向。

(12)纱罗织物,有扭绞的纱线为经纱,无扭绞的纱线为纬纱。

(13)不同原料交织时,一般棉毛或棉麻交织的织物,棉为经纱;毛丝交织物中,丝为经纱;毛丝棉交织物中,丝、棉为经纱;天然丝与绢丝交织物中,天然丝为经纱;天然丝与再生丝交织物中,天然丝为经纱。

由于织物用途极广,因而对织物原料和组织结构的要求也多种多样,因此在判断时,还要根据织物的具体情况确定。

四、织物经纬纱密度的测定

织物单位长度中排列的经纱、纬纱根数称为织物的经纱、纬纱密度,公制计算单位是指 10cm 内经、纬纱排列的根数。织物密度的大小,直接影响织物的外观、手感、厚度、强力、抗折性、透气性、耐磨性和保暖性等物理力学指标,同时它也关系到产品的成本和生产效率的高低。经纬密度的测定方法有直接测数法和间接测数法两种。

1. 直接测数法　直接测数法凭借照布镜或织物密度分析镜进行测定,密度镜如图 1-19(a)所示。织物密度分析镜的刻度尺长度为 5cm,在分析镜头下面,一块长条形玻璃片上刻有一条红线,使用时,首先旋转密度镜的移动旋钮,使镜头移至钢板尺的零刻度线上,将镜头内的红线与零刻度线重合,如图 1-19(b)所示,然后将密度镜放到样品上,使刻度线与所数系统纱线平行(即钢板尺与所数系统纱线垂直)放置,且镜头刻线处在两根纱线之间,以使开始计数时就为一整根。然后转动旋钮使镜头移动,边移动边数根数,一直到镜头刻线在 5cm 刻度时停止。若数到终点时,镜头刻线落在纱线上,超过 0.5 根不足一根时,应按 0.75 根计算;若不足 0.5 根时,则按 0.25 根计算。织物密度一般应测得三四个数据,然后取其算术平均值作为测定结果。

2. 间接测定法　间接测定法适用于密度大、纱线密度小的规则组织织物。首先分析织物组织及其组织循环经纱数(组织循环纬纱数),然后乘以 10cm 中组织循环个数,再将两个数据相乘,乘积所得数加上不足一个循环的尾数就是经纬纱密度观察值。然后按经纱密度 3 个观察

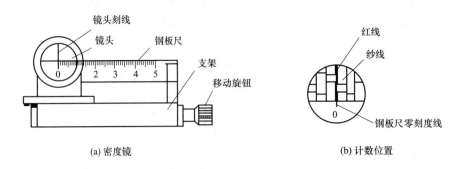

(a) 密度镜　　　　　　　　　　　　　(b) 计数位置

图 1-19　密度镜测试密度方法

值,纬纱密度 4 个观察值,分别求出算术平均数,作为织物的经、纬纱密度值。

例　沿纬向 10cm 长度内,检查出织物的组织循环经纱根数为 R_j,其组织循环个数为 n_j,则经纱密度 $P_j = R_j \times n_j +$ 尾数(根/10cm)。

同理,沿经向 10cm 长度内,检查出织物循环纬纱根数为 R_w,其组织循环个数为 n_w,则纬纱密度 $P_w = R_w \times n_w +$ 尾数(根/10cm)。

五、经纬纱织缩率测定

经纬纱织缩率是织物结构参数的一项内容。测定经纬纱织缩率的目的是为了计算纱线线密度和织物用纱量等物理量。

由于纱线形成织物后,经、纬纱在织物中交错屈曲,因此织造时所用纱线长度大于所形成织物的长度,其差值与纱线原长比的百分率称为织缩率,以 a 表示。a_j、a_w 分别表示经、纬纱织缩率(精确到 0.01)。

$$a_j = \frac{L_{oj} - L_j}{L_{oj}} \times 100\%$$

$$a_w = \frac{L_{ow} - L_w}{L_{ow}} \times 100\%$$

式中:$L_{oj}(L_{ow})$——试样中经(纬)纱伸直后的长度;

$L_j(L_w)$——试样的经(纬)向长度。

经纬纱织缩率是工艺设计的重要依据,它对纱线的用量、织物的物理机械性能和织物的外观均有很大的影响。影响织缩率的因素很多,织物组织、经纬纱原料及线密度、经纬纱密度及在织造过程中纱线的张力等的不同,都会引起织缩率的变化。

在测定织物的经、纬织缩率之前,首先应该做好试样准备,用与织物不同颜色的笔,在织物经、纬向精确地画出 5cm 或 10cm 长度(即 L_j 或 L_w),并加以明显记号,常用徒手测定法测量织缩率,将纱线从织物中轻轻拔出,先用左手握住纱线一端,右手将纱从织物中逐渐拔出,但让右端留在织物中,握住纱的右端施以适当的张力,使纱线伸直,但不产生伸长,用尺量取两个记号之间的长度。经、纬向各以 10 次观察值求出算术平均值,即得 L_{oj}(或 L_{ow}),代入织缩率公式,即可求出 a_j、a_w。这种方法简单,方便操作,但是要注意以下三点。

(1)在拔出和拉直纱线时,不能使纱线发生退捻或加捻。对某些捻度较小或强力很差的纱线,应尽量避免意外伸长。

(2)分析刮绒和缩绒织物时,应先用火柴或剪刀除去表面绒毛,然后再仔细地将纱线从织物中拔出。

(3)粘胶纤维在潮湿状态下极易伸长,故操作时应避免手汗沾湿纱线。

六、经纬纱线密度的测算

纱线密度是指1000m的纱线,在公定回潮率时的质量。计算公式如下:

$$Tt=1000\frac{G}{L}$$

式中:Tt——经(纬)纱线密度,tex;

  G——在公定回潮率时的质量,g;

  L——长度,m。

测定纱线线密度一般有两种方法。

1. 比较测定法 此方法是将纱线放在放大镜下,仔细地与已知线密度进行比较,最后决定试样的经纬纱线密度。此方法测定的准确程度与试验人员的经验有关。由于方法简单迅速,所以工厂的试验人员往往乐于采用。

2. 称重法 测定前必须先检查样品的经纱是否上浆,若经纱是上浆的,则应对试样进行退浆处理。

测定时,从10cm×10cm织物中取出10根经纱和10根纬纱,分别称其质量。测出织物的实际回潮率,在经纬纱缩率已知的条件下,经纬纱的线密度可用下式求出:

$$Tt=(1-a)\frac{1+W_\phi}{1+W}\times m$$

式中:Tt——经(纬)纱线密度,tex;

  m——10根经(或纬)纱实际的质量,mg;

  a——经(纬)纱缩率,%;

  W——织物的实际回潮率,%;

  W_ϕ——该种纱线的公定回潮率,%。

七、经纬纱原料的鉴定

正确、合理地选配各类织物所用原料,对满足各项用途起着极为重要的作用。因此,对样布的经纬纱原料要进行分析。

1. 经纬纱原料的定性分析 原料定性分析的目的是分析织物中纱线的原料组成,即分析织物是纯纺织物、混纺织物,还是交织物。鉴别纤维一般采用的步骤是先决定纤维的大类,属天然纤维素纤维,还是属天然蛋白质纤维或是化学纤维,再具体决定是哪一品种。常用的鉴别方法有手感目测法、燃烧法、显微镜法和化学溶解法等,其具体方法与纤维的鉴别方法相同。

2. 混纺织物成分的定量分析 定量分析是对织物含量进行的分析。一般采用溶解法,选用适当的溶剂,使混纺织物中的一种纤维溶解,称取留下的纤维质量,从而也知道溶解纤维的质量,然后计算混合百分率。具体方法同混纺纱线含量分析法。

八、织物质量计算

棉织物质量是指1m²织物的无浆干燥质重(g)。毛织物质量是指公定回潮率下1m²织物的克数,也可用每米织物的全幅重(g)表示。织物质量是织物的一项重要技术指标,也是对织物进行经济核算的主要指标。根据织物样品的大小及具体情况,有两种试验方法。

1. 称重法 样品面积一般取10cm×10cm。在称重前,将退浆的织物在烘箱中烘干,称其干重。则:

$$G=\frac{g'\times10^4}{L\times b}$$

式中:G——样品每平方米无浆干燥质重,g/m²;

g'——样品的无浆干燥质重,g;

L——样品长度,cm;

b——样品宽度,cm。

2. 计算法 如遇到样品面积较小,用称重法不够准确时,可根据前面分析所得的经、纬纱的线密度,经、纬密度,经、纬纱缩率进行计算。其计算式如下:

$$G=\frac{1}{100(1+W_\phi)}\times\left[\frac{P_j Tt_j}{(1-a_j)}+\frac{P_w Tt_w}{(1-a_w)}\right]$$

式中:G——样品每平方米无浆干燥质量,g/m²;

P_j、P_w——分别为样品经纱、纬纱的密度,根/10cm;

a_j、a_w——分别为样品经纱、纬纱的缩率,%;

W_ϕ——样品的经(纬)纱公定回潮率,%;

Tt_j、Tt_w——分别为样品经纱、纬纱的线密度,tex。

九、织物组织及色纱配合的分析

对样布做了各种指标测定后,最后应对经纬纱在织物中的交织规律进行分析,以求得此种织物的组织结构。在此基础上,再结合织物经纬纱所用原料、线密度、密度等因素,正确地确定织物的上机图。

在对织物组织进行分析的工作中,常用的工具有照布镜、分析针、剪刀及颜色纸等物品。用颜色纸的目的是为了在分析织物时有适当的背景衬托,少费眼力。分析深色织物时,可用白色纸做衬托,分析浅色织物时,可用黑色纸做衬托。由于织物种类繁多,加之原料、密度、纱线线密度等因素的不同,所以应选择适应的分析方法,以使分析工作能得到事半功倍的效果。常用的织物组织分析方法有三种。

1. 拆纱分析法 拆纱分析法对初学者很适用,主要用在普通单层织物、起绒织物、毛巾织物、纱罗织物、多层织物和细特、密度大、组织复杂的织物中。该方法又可分为分组拆纱法与不分组拆纱法两种。

(1)分组拆纱法。对于复杂组织或色纱循环大的组织,用分组拆纱法是精确可靠的,现将此法介绍如下。

① 确定拆纱的系统。分析织物时，首先应确定拆纱方向，目的是为看清楚经纬纱交织状态。因而宜将密度较大的纱线系统拆开，利用密度小的纱线系统的间隙，清楚地看出经纬纱的交织规律。

② 确定织物的分析表面。究竟分析织物哪一面，一般以看清织物的组织为原则。若是表面刮绒或缩绒织物，分析时则应先用剪刀或火焰除去织物表面的部分绒毛，然后进行组织分析。

③ 纱缨的分组。在样布的一边先拆除若干根一个系统的纱线，使织物的另一个系统的纱线露出 10cm 的纱缨，然后将纱缨中的纱线每若干根分为一组，并将 1、3、5、⋯奇数组的纱缨和 2、4、6、⋯偶数组的纱缨分别剪成两种不同的长度。这样，当被拆的纱线置于纱缨中时，就可以清楚地看出它与奇数组纱和偶数组纱的交织情况。

(2)不分组拆纱法。了解了分组拆纱法后，不分组拆纱法就容易了解了。首先选择好分析面，拆纱方向与分组拆纱相同，此法不需将纱缨分组，只需把拆纱轻轻拨入纱缨中，在意匠纸上把经纱与纬纱交织的规律记下即可。

2. 局部分析法　有的织物表面局部有花纹，地布的组织很简单，此时只需要分别对花纹和地布的局部进行分析，然后根据花纹的经纬纱根数和地布的组织循环数，就可求出一个花纹循环的经纬纱数，而不必一一画出每一个经纬组织点，需注意地组织与起花组织起始点的统一问题。

3. 直接观察法　有经验的工艺员或织物设计人员，可采用直接观察法，依靠目力或利用照布镜，对织物进行直接的观察，将观察的经纬纱交织规律，逐次填入意匠纸的方格中。分析时，可多填写几根经纬纱的交织状况，以便正确地找出织物的完全组织。这种方法简单易行，主要是用来分析单层密度不大、纱线线密度较大的原组织织物和简单的小花纹组织织物。

分析织物组织时，除要细致耐心外，还必须注意布样的组织与色纱的配合关系。对于白坯织物，分析时不存在这个问题。但是多数织物的风格效应不光是由经纬交织规律来体现，往往是将组织与色纱配合而得到其外观效应。因而，分析这类色纱与组织配合的织物（色织物）时，必须使组织循环和色纱排列循环配合起来，在织物的组织图上，要标注出色纱的颜色和循环规律。分析时，大致有如下几种情况。

(1)当织物的组织循环纱线数等于色纱循环数时，只要画出组织图后，在经纱下方、纬纱左方，标注颜色和根数即可。

(2)当织物的组织循环纱线数不等于色纱循环数时，往往是色纱循环数大于组织循环纱线数。在绘组织图时，其经纱根数应为组织循环经纱数与色经纱循环数的最小公倍数，纬纱根数应为组织循环纬纱数与色纬纱循环数的最小公倍数。

☞ **思考题**

1. 分别说明织物、织物组织、织物结构的含义。
2. 说明组织点、组织循环及组织点飞数的含义。
3. 什么是上机图？它包括哪几部分？各表示的意义是什么？
4. 穿综的原则是什么？主要的穿综方法有哪些？分别适用于哪些织物？
5. 什么是复列式综框？何时要采用复列式综框？

6. 穿筘图中的每筘齿穿入数,一般与什么有关,怎样确定穿入数?

7. 已知织物组织为2上2下右斜纹,组织的纹板图如下图的(a)图和(b)图,求作相应的上机图,并说明穿综方法的名称。

a   b

8. 已知组织图如下图,试完成上机图,并简要说明采用穿综方法的原因。

9. 试作平纹组织高支府绸织物的织造上机图,用综数分别为4片、6片、8片。

10. 已知组织图、穿综图和提综图如下图。

(1)构成正确上机图。

组织图 A 应配合穿综图_____,提综图_____。

组织图 B 应配合穿综图_____,提综图_____。

组织图 C 应配合穿综图_____,提综图_____。

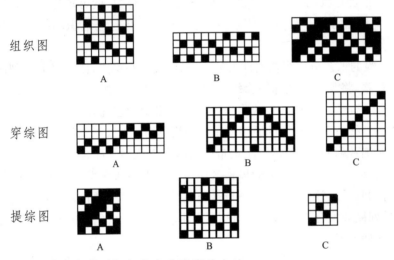

组织图   A   B   C

穿综图   A   B   C

提综图   A   B   C

(2)分别说明所列组织的名称及穿综方法。

组织图 A 称_____组织。   穿综图 A 称_____法。

组织图 B 称_____组织。   穿综图 B 称_____法。

组织图 C 称_____组织。   穿综图 C 称_____法。

11. 分析织物的步骤是什么?

12. 确定织物正反面、经纬向的依据是什么?

13. 织物组织的分析方法,拆纱分析法适用的范围是什么?

第二章　三原组织

织物组织是纺织品设计的基础与核心,是织物规格和织造过程中一项重要的技术条件参数。织物组织的变化对织物结构、外观及织物物理力学性能有显著的影响。在织物结构中,最简单的组织为原组织,它包括平纹组织、斜纹组织和缎纹组织三种组织,通常又称其为三原组织或基本组织。三原组织是织物组织结构设计中的基本元素,是各种变化组织的基础。以三原组织为基础,加以变化或者联合使用几种组织,可以形成结构复杂、外观多样的变化组织和联合组织,使织物外观效果和服用性能得以丰富和改善。

第一节　平纹组织

一、平纹组织的组织参数

平纹组织是所有织物组织中最简单的一种,其组织参数为:

$$R_j = R_w = 2$$
$$S_j = S_w = \pm 1$$

由平纹的组织参数可知,在平纹组织中共有两根经纱和纬纱,共有 $R_j \times R_w = 2 \times 2 = 4$ 个组织点,其中经纬组织点数各为 2。另外,结合飞数的定义,可以画出平纹组织图。平纹组织图如图 2-1 所示,其中图 2-1(a) 和图 2-1(b) 均为平纹组织图,图 2-1(c) 为平纹组织织物交织示意图,图 2-1(d) 为第 1 根纬纱的纬向剖面图,图 2-1(e) 为第 1 根经纱的经向剖面图。

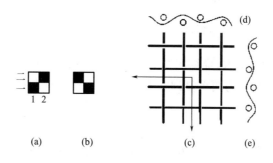

图 2-1　平纹组织图

在图 2-1(a) 和图 2-1(b) 中,1 和 2 表示经纱的排列顺序,一和二表示纬纱的排列顺序。在图 2-1(c) 中,箭头所包含的部分表示一个完整的平纹组织循环。如经组织点用黑色方块表示,那么纬组织点用白色方块表示,那么图 2-1(c) 中箭头所包含平纹组织循环可以用图 2-1(a) 所示组织图表示。

观察图 2-1(a)和图 2-1(b)可以发现,在平纹组织中,经组织点和纬组织点均匀交叉,一上一下分布。因此,平纹组织可以分式 $\frac{1}{1}$ 表示,其中分子表示经组织点,分母表示纬组织点,读作一上一下平纹。

一般画组织图时,均以左下角第一根经纱和第一根纬纱相交的方格作为起始点。当平纹组织起始点为经组织点时,那么所绘得的平纹组织为单起平纹,如图 2-1(a)所示;当平纹组织起始点为纬组织点时,那么所绘得的平纹组织为双起平纹,如图 2-1(b)所示。习惯上均以经组织点作为起始点来绘平纹组织图。当平纹组织与其他组织配合时,需要考虑起始点的位置。

二、平纹组织的上机图

织造经密较小的平纹织物时,采用两片综顺穿法,如图 2-2(a)所示;织造中等密度的平纹织物时,如中平布,采用两页复列式综框飞穿法,如图 2-2(b)所示;织造密度很大的平纹织物,如细布和府绸时,可以采用两页四列式综框,或四页复列式综框用双踏盘织造,如图 2-2(c)所示。

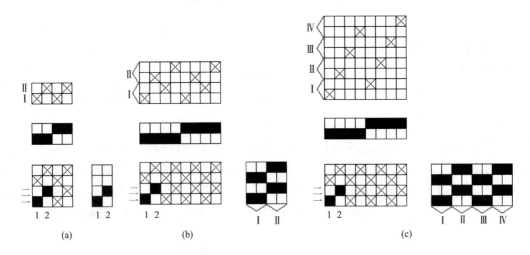

图 2-2　平纹组织织物的上机图

在图 2-2 中,组织图在下方,穿综图在上方,穿筘图在两者中间,纹板图在组织图右侧。图2-2(a)为顺穿法,图 2-2(b)为两页复列式飞穿法,图 2-2(c)为四页复列式飞穿法。

三、平纹组织的应用

在平纹织物织造过程中,经纱每次开口时,纬纱都会通过梭口,经纬纱线均匀交错,使得纱线屈曲次数增多,经、纬纱线的交织也最为紧密。所以,在同样条件下平纹织物手感较硬,质地坚牢,在织物中应用最为广泛。如棉织物中的细布、平布、粗布、府绸、帆布等,毛织物中的凡立丁、派力司、法兰绒、花呢等,丝织物中的乔其纱、双绉、电力纺、塔夫绸等,麻织物中的夏布、麻布和化纤织物中的粘纤平布、涤棉细纺等均为平纹组织的织物。

在平纹织物织造过程中,变化某些结构参数或者织造工艺,会形成各种特殊外观效应的平纹织物。例如,采用不同颜色的经纱和纬纱交织时,可以得到绚丽多彩的色织物产品。

采用特殊的结构参数设计或者整理工艺,可以形成特殊效应的平纹组织织物。其中比较常见的有以下6类。

1. 隐条隐格织物　利用不同纱线捻向对光线反射不同的原理,经纱采用不同捻向的纱线,按照一定的规律相间排列,在平纹织物表面会出现若隐若现的纵向条纹,形成隐条织物。如果经纬纱都采用两种捻向的纱线配合,则形成隐格效应。在精纺毛织物中,凡立丁、薄花呢都是采用这种设计方法。

2. 凸条效应的平纹织物　采用线密度不同的经纱或纬纱相间排列织制的平纹织物,表面会产生纵向或横向凸条纹的外观效应。当用两种线密度的经纱相间排列,与一种线密度的纬纱进行交织,将在织物表面呈现纵向条纹纹路。改变不同线密度的经纱排列比,可以得到宽窄不同的纵条纹,如图2-3(a)所示。当用一种线密度的经纱与两种线密度的纬纱交织时,织物外观则呈现横条效应。改变不同线密度纬纱排列比,可以得到宽窄不同的横条纹,如图2-3(b)所示。当采用两种线密度的经纱与纬纱相间排列,织物可以形成凸条格子效应。利用这设计方法,可以得到仿麻织物效果的服用和装饰用织物。

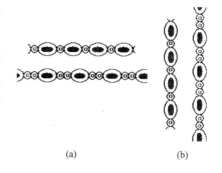

(a)　　　(b)

图2-3　凸条效应的平纹织物截面图

3. 稀密纹织物　平纹织物中利用穿筘变化,即一部分筘齿中穿入的经纱的纱线根数多,一部分筘齿中穿入的经纱根数少,或经纱采用空筘穿法,从而改变部分经纱的密度,可获得稀密纹织物。采用此方法,可以改善涤纶织物的透气性。

4. 泡泡纱织物　采用平纹组织,织物中的经纱部分分为地经和泡经,呈条形相间排列。织物采用两个织轴织造,两个织轴的送经量不同,地经和泡经的张力就不同。地经送经量少,则纱线张力大,此处织物紧短;泡经送经量多,则纱线张力小,此处织物松长。在打纬力的作用下,泡经与纬纱交织时于疏松处产生凸凹,而地经与纬纱交织形成平整的地布,在织物表面就形成了有规律的泡泡状波浪形的绉纹条子。织物常用于夏季面料和童装面料。

5. 起绉织物　采用平纹组织,利用强捻纱织成织物,经后整理加工可以形成起绉效应的织物。例如,棉织物中的绉纱织物是采用强捻纱织造,织物密度较小,结构稳定,织物轻薄透明,可作夏季面料;丝织物中的绉类产品也多用强捻纱形成各种起绉外观效果,如顺纡绉、柳条绉、双绉等。

6. 烂花织物　烂花织物经纬纱常用涤棉包芯纱,采用平纹组织形成织物后,在设计的花型处做印酸处理。由于涤棉两种原料的耐酸性不同,经整理后,印酸处的棉纤维烂掉,只剩下涤纶长丝,此处织物形成轻薄透明感,而没有印酸处仍保持原状。这样织物的花型轮廓清晰,凹凸立体感强,具有独特的风格,可以作服用面料和装饰面料。

第二节　斜纹组织

一、斜纹组织的组织参数

斜纹组织及其织物的特征:在斜纹组织的组织图上有经组织点或纬组织点构成的斜线;斜

纹组织的织物表面有由经(或纬)浮长线构成的斜向织纹。斜纹组织的参数为:

$$R_j = R_w \geqslant 3$$
$$S_j = S_w = \pm 1$$

因此,构成斜纹组织至少要有三根经纱和三根纬纱。

斜纹组织一般以分式形式表示,其分子表示在一个完整的组织循环中每根纱线的经组织点数,分母表示在一个完整组织循环中每根纱线上的纬组织点数,分子与分母之和等于一个完整组织循环所需纱线数 R。

在斜纹组织中,如果斜纹方向指向右上方,则称为右斜纹,在表示斜纹组织分式的右侧画一个向右上方的箭头表示斜纹方向,例如"$\frac{3}{1}\nearrow$",读作"三上一下右斜纹",其组织图如图 2-4(a)所示。如果斜纹方向指向左上方,则称为左斜纹,在表示斜纹组织分式的右侧画一个向左上方的箭头表示斜纹方向,例如"$\frac{3}{1}\nwarrow$",读作"三上一下左斜纹",其组织图如图 2-4(b)所示。

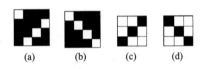

(a)　　(b)　　(c)　　(d)

图 2-4　斜纹组织

由图 2-4(a)和图 2-4(b)可知,当 $S_w = +1$ 时,S_j 是正号,为右斜纹,S_j 是负号,为左斜纹。

在原组织的斜纹分式中,分子或分母必须有一个等于 1。当分子大于分母时,在组织图中的经组织点占多数,称之为经面斜纹,如图 2-4(a)和图 2-4(b)所示"$\frac{3}{1}\nearrow$"和"$\frac{3}{1}\nwarrow$"。反之,当分子小于分母时,组织点中纬组织点占多数,称之为纬面斜纹,如图 2-4(c)和 2-4(d)所示"$\frac{1}{2}\nearrow$"和"$\frac{1}{2}\nwarrow$"。

二、斜纹组织的上机图

绘制斜纹组织图时,一般以第一根经纱与第一根纬纱相交织的组织点作为起始点,按照斜纹组织的分式,求出组织循环纱线数 R,圈定一个由 $R \times R$ 小单元格组成的大方格。然后,在第一根经纱上填绘经组织点,再按照飞数逐根填绘,完成整个组织图。具体绘图步骤如下。

(1)根据斜纹组织分式,求出组织循环纱线数,确定绘制完整组织所需大方格内包含小单元格的数目。

(2)在第一根经纱上绘制经组织点。根据斜纹方向,以第一根经纱上已绘制组织点为依据,如果为右斜纹,则在绘制第二根经纱上组织点时,向上移一格($S_j = +1$),并填绘组织点(即把第一根经纱上已绘制组织点平移到第二根经纱上并整体上移一格)。如果为左斜纹,则向下移一格($S_w = -1$),填绘下一根经纱的组织点。

（3）以下各根经纱的绘制方法以此类推，直至达到组织循环为止。

织制斜纹织物时，可以采用顺穿法，所用综页数等于其组织循环纱线数。当织物的经密较大时，为了降低综丝密度，减少经纱受到的摩擦，多数采用复列式综框飞穿法穿综，所用综页列数等于组织循环的 2 倍，每一筘齿中穿入经纱数为 3 根或 4 根。

三、斜纹组织设计应注意的问题

1. 斜纹织物的反织法 在织机上织制原组织斜纹织物时，有正织和反织之分，采用哪一种织法根据实际需要决定。例如，$\frac{3}{1}$ 斜纹采用正织时，便于及时纠正容易在布面上出现的百脚、跳花、纬缩等织疵，但开口装置耗电多、不易发现断经、拆坏布时容易损伤经纱；如果采用 $\frac{1}{3}$ 踏盘反织，能节约用电、易发现断经、拆坏布方便，但不容易检查百脚、跳花、经缩波浪纹等疵点。因此，正织和反织各有优缺点。采用反织的织造方法时，必须注意斜纹的方向。例如，如果采用反织法织制 $\frac{3}{1}$↖纱卡其时，则应按照 $\frac{1}{3}$↗上机，其上机图如图 2-5 所示。而在踏盘织机上织造时，必须相应改变开口机构中的踏盘。

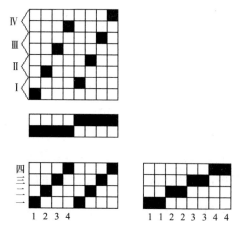

图 2-5 斜纹组织反织法上机图

2. 斜纹组织纱线捻向对织物外观的影响 斜纹织物表面的纹路是否清晰，不仅受纱线密度和织物密度的影响，还与纱线捻向有密切关系。对于斜纹织物而言，一般要求斜纹纹路清晰，因此织造斜纹织物时，必须根据纱线的捻向合理地选择斜纹方向。

当织物受光线照射时，浮在织物表面的每根纱线上可以看到纤维的反光，各根纤维的反光部分排列成带状，称作"反光带"。反光带的倾斜方向与纱线的捻向相反，即反光带的方向与纱线中纤维的排列方向相交。因此，织物中 Z 捻向的纱线，其反光带的方向向左倾斜，而 S 捻向的纱线，其反光带的方向向右倾斜。在斜纹织物中，当反光带的方向与织物的斜纹方向一致时，斜纹纹路清晰。

对于经面斜纹来讲，织物表面的斜纹线由经纱构成；同面斜纹，由于经密大于纬密，织物表面的斜纹线也由经纱构成。因此设计斜向时，主要考虑经纱捻向对织物外观的影响。当纱线为 S 捻时，织物应为右斜纹，反之为左斜纹，如图 2-6（a）所示。对于纬面斜纹来说，情况与经面斜纹相反，当纬纱为 S 捻时，织物应为左斜纹，反之为右斜纹，如图 2-6（b）所示。

由上述分析可知：只要使构成斜纹线的纱线中纤维排列的方向与织物的斜纹线方向相反，则反光带的方向就与织物斜纹线的方向一致，斜纹线就清晰，反之则不清晰。根据使用要求，一般织物经纱质量优于纬纱，同时经纱密度大于纬纱密度，所以经面斜纹织物应用较多。

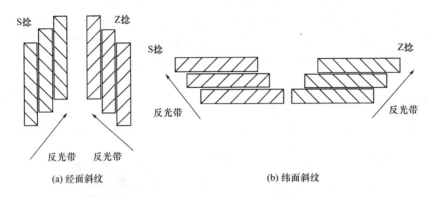

图 2-6 斜纹线倾斜方向与纱线捻向的关系

四、斜纹组织的应用

相对于平纹织物,斜纹组织其组织循环数不仅较平纹大,而且组织中每根经纱或纬纱只有一个交织点。因此,在纱线密度和织物密度相同的情况下,斜纹织物的坚牢度、耐磨性不如平纹织物,但手感相对柔软。斜纹织物的密度比平纹织物大。

斜纹织物组织应用较为广泛,一般多为经面斜纹。例如棉织物中的牛仔布,常采用 $\frac{3}{1}$ 斜纹或 $\frac{2}{1}$ 斜纹,斜纹布一般为 $\frac{2}{1}$↖,单面纱卡其为 $\frac{3}{1}$↖,单面线卡其为 $\frac{3}{1}$↗;精纺毛织物中单面华达呢为 $\frac{3}{1}$↗或 $\frac{2}{1}$↗;丝织物中的里子绸为 $\frac{3}{1}$↗。

斜纹织物表面的斜纹线倾斜角度随经纱与纬纱密度比值而变化,当经、纬纱密度相同时,右斜纹倾斜角为 45°。当经纱密度大于纬纱密度时,右斜纹倾斜角将大于 45°,反之则小于 45°。

第三节 缎纹组织

一、缎纹组织的组织参数

缎纹组织是原组织中最复杂的一种组织,其特点在于相邻两根经纱上的单独组织点相距较远,而且所有的单独组织点分布有规律。缎纹组织的单独组织点,在织物上被其两侧的经(或纬)浮长线所遮盖,在织物表面都呈现经(或纬)浮长线,因此布面平滑匀整、富有光泽,质地柔软。

缎纹组织的参数以及参数要求如下。

(1)完整组织循环纱线数 R, $R \geqslant 5$(6 除外)。

(2)正数 S,$1 < S < R-1$,并且在整个组织循环中始终保持不变。

(3)R 与 S 必须互为质数。

在缎纹组织的组织循环中,任何一根经纱或纬纱上仅有一个经组织点或纬组织点,而这些单独组织点彼此相隔较远,分布均匀,为了达到此目的,组织循环纱线数至少是 5,但 6除外。

为什么 $1<S<R-1$ 呢?因为当 $S=1$ 或 $S=R-1$ 时,绘作的组织图为斜纹组织;其次,为什么要求 R 与 S 互为质数?因为当 S 与 R 之间有公约数时,则会发生在一个组织循环内一些纱线上有几个交织点,而另一些纱线上则完全没有交织点,如图 2-7 所示而不能形成织物。为什么 $R\neq6$ 呢?因为若 $R=6$,则找不到合适的飞数构作缎纹组织。

图 2-7 不能构成组织的图解

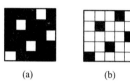

(a) (b)

图 2-8 缎纹组织图

缎纹组织也有经面缎纹与纬面缎纹之分。缎纹组织也可用分式表示,分子表示组织循环纱线数 R,分母表示飞数 S。飞数有按经向计算和按纬向计算的两种,经向飞数多数用于经面缎纹,纬向飞数多数用于纬面缎纹。图 2-8(a) $R=5$,$S_j=3$,用 $\dfrac{5}{3}$ 表示,称五枚三飞经面缎纹。图 2-8(b) $R=5$,$S_w=2$,用 $\dfrac{5}{2}$ 表示,称为五枚二飞纬面缎纹。

二、缎纹组织的上机图

绘制缎纹组织图时,以方格纸上固定的 $R_j=R_w=R$ 大方格的左下角为起始点。如果按经向飞数绘图时,就是自起始点向右移一根经纱(一行纵格)向上数 S_j 个小格,就得第二个单独组织点,然后再在向右移的一根经纱向上按 S_j 找到第三个组织点,以此类推,直至达到一个组织循环为止,如图 2-8(a)所示。图 2-8(b)是按纬向飞数向上移一根纬纱,按 $S_w=2$ 所绘制的纬面缎纹组织。

织制缎纹织物时,多数采用顺穿法。每一筘齿穿入 2~4 根。在织机上织制缎纹织物对,也可分正织与反织,两者各有优缺点。如五枚经面缎纹可采用 $\dfrac{4}{1}$ 踏盘正织,也可采用 $\dfrac{1}{4}$ 踏盘反织。正织时,产品质量和机械效率都比反织高,但断经、跳纱疵点较难发现。反织时,虽断经、跳纱疵点容易发现,利于及时处理,但产品质量与机械效率都不如正织。

三、缎纹组织设计应注意的问题

1. 经纬纱密度选择 由于缎纹组织的单独组织点分布比较均匀分散,浮线长,所以在纱线线密度相同的条件下,织物密度可比平纹织物、斜纹织物密度大。为了突出经面效应,经密应大于纬密,一般情况下,经纬密度之比约为 3∶2;同理,为了突出纬面效应,纬密应大于经密,经纬密度比约为 3∶5。

2. 缎纹组织的斜向问题 对于经面缎纹,经密大于纬密,织物表面的斜向是否清晰,决定于经纱的捻向与纹路斜向的配合;对于纬面缎纹,纬密大于经密,织物表面的斜向是否清晰,决定于纬纱的捻向与纹路斜向的配合。另外，虽然缎纹组织不像斜纹组织那样有明显的斜向，但织物表面存在一个主斜向，并随飞数的变化而变化。当飞数 $S<R/2$ 时，缎纹组织的主斜向为右斜；当飞数 $S>R/2$ 时，缎纹组织的主斜向为左斜。

根据织物风格的不同，织物表面有的要求显示斜向，有的要求不显示斜向。如直贡呢、直贡缎（经面缎）要求贡子清晰，织物表面显示斜向，因此纱直贡（经纱为 Z 捻）宜选用 $\frac{5}{3}$ 经面缎；棉横贡缎、丝织缎纹要求表面匀整，光泽好，不显示斜向，则采用纬纱为 Z 捻的 $\frac{5}{3}$ 纬面缎。

3. 合理设计纱线的线密度及捻度　根据织物风格要求，要合理选择纱线线密度。例如，棉织物中的横贡缎要求织物表面光泽好，织物柔软，宜选用较细的精梳棉纱（如 14.5tex），同时纱线的捻度在不影响织造的前提下以小为宜。而精纺毛织物中的贡呢类，要求织物表面显示斜向，手感挺括，纱线常采用较粗的精纺毛纱（如 20tex×2）。

四、缎纹组织的应用

缎纹组织织物质地柔软、富有光泽、悬垂性好，广泛应用于服装面料、被面、装饰品中。缎纹组织的棉织物有直贡缎、横贡缎，毛织物有贡呢等。缎纹在丝织物中应用最多，有素缎、各种地组织起缎花、经缎地上起纬花或纬缎地上起经花等织物，如绉缎、软缎、织锦缎等。缎纹还常与其他组织配合织制缎条府绸、缎条花呢、缎条手帕、床单等。

缎纹组织由于交织点相距较远，单独组织点被两侧浮长线所覆盖，浮长线长而且多，因此织物正反面有明显差别。正面看不出交织点，平滑匀整。织物的质地柔软，富有光泽，悬垂性较好，但耐磨性不良，易擦伤起毛。缎纹的组织循环纱线数越大，织物表面纱线浮长越长，光泽越好，手感越柔软，但坚牢度越差。

第四节　平均浮长

在织物组织中，凡某根经纱上有连续的经组织点，则该根经纱必连续浮于几根纬纱之上。凡某根纬纱上有连续的纬组织点，则该根纬纱必连续浮于几根经纱之上。这种连续浮在另一系统纱线上的纱线长度，称为纱线的浮长。浮线的长短用组织点数表示。

在经浮长线的地方没有同纬纱交错，同样在纬浮长线的地方没有同经纱交错。因此，在纱线线密度和织物密度相同的两种织物组织中，有浮长线，就会松软，浮长线越长，织物越松软。如果两个组织的浮长线数目相同，浮线长的织物比较松软。

在每根经纱和纬纱交错次数相同的组织中，可以用平均浮长来比较不同组织织物的松紧程度。

所谓织物组织的平均浮长，是指组织循环纱线数与一根纱线在组织循环内交错次数的比值。

经纬纱交织时，纱线由浮到沉或由沉到浮，形成一次交错，交错次数用 t 表示。在组织循环内，某根经纱与纬纱的交错次数用 t_j 表示，某根纬纱与经纱的交错次数用 t_w 表示。因此，平均浮长可用下式表示，即：

$$F_{\mathrm{j}}=\frac{R_{\mathrm{w}}}{t_{\mathrm{j}}} \qquad F_{\mathrm{w}}=\frac{R_{\mathrm{j}}}{t_{\mathrm{w}}}$$

式中:$F_{\mathrm{j}}(F_{\mathrm{w}})$——经(纬)纱的平均浮长;

$\quad$ $t_{\mathrm{j}}(t_{\mathrm{w}})$——经(纬)纱的交错次数。

在三原组织中,$t_{\mathrm{j}}=t_{\mathrm{w}}=2$,$R_{\mathrm{j}}=R_{\mathrm{w}}=R$。

平纹组织:$t=2$,$R=2$,$F_{\mathrm{j}}=F_{\mathrm{w}}=1$;

三枚斜纹组织:$t=2$,$R=3$,$F_{\mathrm{j}}=F_{\mathrm{w}}=1.5$;

四枚斜纹组织:$t=2$,$R=4$,$F_{\mathrm{j}}=F_{\mathrm{w}}=2$;

五枚缎纹组织:$t=2$,$R=5$,$F_{\mathrm{j}}=F_{\mathrm{w}}=2.5$;

八枚缎纹组织:$t=2$,$R=8$,$F_{\mathrm{j}}=F_{\mathrm{w}}=4$。

由此可见,在其他条件相同的情况下,三原组织中的平纹最紧密,缎纹最疏松。线密度、密度相同的织物,可以用平均浮长的长短来比较不同组织织物的松紧程度。

☞ **思考题**

1. 什么是三原组织,构成三原组织的条件是什么?

2. 用分式表达法写出下列各种常见织物组织:府绸、细平、巴厘纱、塔夫绸、单面纱卡、横贡缎。

3. 平纹隐条、隐格织物是怎样形成条、格的?

4. 机织泡泡纱织物的形成原理是什么?

5. 原组织的斜纹组织主要有什么组织和什么织物?

6. 设计斜纹组织织物时,是怎样确定斜纹方向的?

7. 构成原组织的缎纹组织的必要条件是什么?

8. 什么是飞数?

9. 缎纹组织的数字表示方法与斜纹组织有什么不同,并举例说明。

10. 构成合理的棉横贡缎的组织是什么? 为什么?

11. 试作 8 枚缎纹所有可能构成的缎纹组织的组织图。

12. 试作所有可能的 7 枚纬面缎纹组织的组织图。

13. 比较 7 枚缎纹和 8 枚缎纹组织图,并说明各自的特点。

14. 试比较平纹、$\frac{2}{1}$ 斜纹和 5 枚缎纹组织图,并说明各自的特点。

15. 分别计算以下组织图的经纱平均浮长 F_{j},并说明它们各是什么组织。

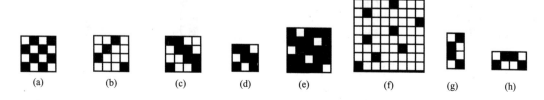

(a) $\qquad$ (b) $\qquad$ (c) $\qquad$ (d) $\qquad$ (e) $\qquad$ (f) $\qquad$ (g) $\qquad$ (h)

第三章　变化组织

变化组织是在原组织的基础上，改变组织点的浮长、飞数、斜纹线的方向和组织循环数等一个因素或多个因素而获得的各种织物组织。变化组织仍保持了原组织的一些基本特征，与原组织类似，变化组织可分为平纹变化组织、斜纹变化组织和缎纹变化组织。

第一节　平纹变化组织

平纹变化组织是在平纹组织的基础上，沿着经纱或纬纱方向延长组织点，或同时沿着经纱和纬纱方向延长组织点变化而来的。根据延长组织点方式，平纹变化组织可分为重平组织和方平组织。

一、重平组织

重平组织是以平纹组织为基础，通过沿着经纱或纬纱方向延长组织点的方法变化得到的。其中，沿着经纱方向延长组织点变化而来的组织称为经重平组织，延长纬纱方向延长组织点变化而来的组织称为纬重平组织。

（一）经重平组织

经重平组织按照插入组织点方法的不同分为规则经重平组织和变化经重平组织两类。

1. 规则经重平组织　规则经重平组织在平纹组织基础上，经纱方向在每个经组织点旁再插入一个或多个经组织点。图3-1(a)所示为$\frac{2}{2}$经重平组织，它是在平纹组织的基础上，沿着经纱方向对每个经组织点插入一个经组织点形成的。从第一根经纱来看，从下往上依次是两个经组织点，两个纬组织点，因此成为二上二下经重平组织。图3-1(b)所示为$\frac{3}{3}$经重平组织，它是在平纹组织基础上，在每个经组织点旁沿经纱方向再插入两个经组织点形成的。

<table>
<tr><td>(a)</td><td>(b)</td><td>(a)</td><td>(b)</td></tr>
<tr><td colspan="2">图3-1　规则经重平组织</td><td colspan="2">图3-2　变化经重平组织</td></tr>
</table>

2. 变化经重平组织　变化经重平组织是在平纹组织的基础上，在每个经组织点旁沿着经纱方向插入不同数目的经组织点。图3-2(a)所示为$\frac{3}{2}$变化经重平组织，图3-2(b)所示为

$\dfrac{3}{1}\dfrac{3}{2}$变化经重平组织。

3. 经重平组织组织图的绘制方法 经重平组织的组织图按照以下步骤绘制。

(1)确定组织循环经纬纱数 R_j 与 R_w，其中 R_w 等于组织分式上经组织点和纬组织点数目之和，$R_j=2$。

(2)按照组织分式的交织规律绘制第一根经纱上的组织点。

(3)在第二根经纱上绘制与第一根经纱上相反的组织点。

以 $\dfrac{3}{1}\dfrac{3}{2}$ 经重平组织为例，首先计算出组织循环经纱数 $R_j=2$，组织循环纬纱数 $R_w=9$，绘制出组织区域图，如图 3-3(a)所示；然后按照组织分式填充第一根经纱上组织点，如图 3-3(b)所示；最后在第二根经纱上绘制相反的组织点即可，如图 3-3(c)所示。

4. 经重平组织上机图的绘制 经重平组织的织物上机图与平纹织物类似，穿综时一般采用顺穿法或飞穿法，穿筘时每筘穿入 2~4 根经纱。图 3-4 所示为 $\dfrac{2}{2}$ 经重平组织按照顺穿法和飞穿法对应的上机图。

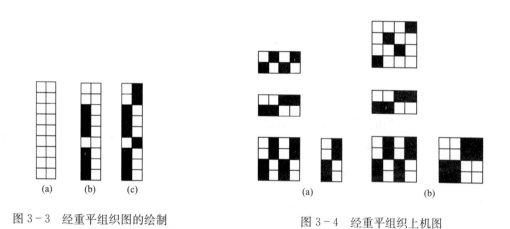

图 3-3 经重平组织图的绘制   图 3-4 经重平组织上机图

5. 经重平织物的应用 经重平织物的外观与平纹织物不同，表面呈现横条纹，当经纬纱密度和纱线细度配置适当时，横条纹效应更为明显，一般织造经重平织物时，采用较大的经密、较细的经纱和较小的纬密、较粗的纬纱。

经重平组织可用于服用和装饰性织物，如 $\dfrac{2}{2}$ 经重平和 $\dfrac{2}{1}$ 变化经重平组织常用于毛巾织物的地组织，$\dfrac{2}{2}$ 经重平组织还作为各类织物的布边组织。

(二)纬重平组织

纬重平组织按照插入组织点方法的不同分为规则纬重平组织和不规则纬重平组织两类。

1. 规则纬重平组织 规则纬重平组织在平纹组织基础上，在纬纱方向在每个经组织点旁再插入一个或多个经组织点。图 3-5(a)所示为 $\dfrac{2}{2}$ 纬重平组织，它是在平纹组织的基础上，

27

沿着纬纱方向对每个经组织点插入一个经组织点形成的。从第一根纬纱来看,从左往右依次是两个经组织点,两个纬组织点,因此成为二上二下纬重平组织。图 3-5(b)所示为 $\frac{3}{3}$ 纬重平组织,它是在平纹组织基础上,在每个经组织点旁沿纬纱方向再插入两个经组织点形成的。

2. 变化纬重平组织 变化纬重平组织是在平纹组织的基础上,在每个经组织点旁沿着纬纱方向插入不同数目的经组织点。图 3-6(a)所示为 $\frac{3}{2}$ 变化纬重平组织,图 3-6(b)所示为 $\frac{3}{1}\frac{2}{3}$ 变化纬重平组织。

图 3-5 规则纬重平组织

图 3-6 变化纬重平组织

3. 纬重平组织组织图的绘制方法 纬重平组织的组织图按照以下步骤绘制。

(1)确定组织循环经纬纱数 R_j 与 R_w,其中 R_j 等于组织分式上经组织点和纬组织点数目之和,$R_w=2$。

(2)按照组织分式的交织规律绘制第一根纬纱上的组织点。

(3)第二根纬纱上绘制与第一根纬纱上相反的组织点。

以 $\frac{3}{1}\frac{2}{3}$ 纬重平组织为例,首先计算出组织循环经纱数 $R_w=2$,组织循环纬纱数 $R_j=9$,绘制出组织区域图,如图 3-7(a)所示;然后按照组织分式填充第一根纬纱上组织点,如图 3-7(b)所示;最后在第二根纬纱上绘制相反的组织点即可,如图 3-7(c)所示。

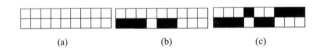

图 3-7 纬重平组织组织图的绘制

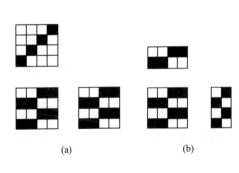

图 3-8 纬重平组织上机图

4. 纬重平组织上机图的绘制 纬重平组织的织物上机图也与平纹织物类似,穿综一般采用顺穿法或照图穿法,穿筘时每筘穿入 2~4 根经纱。图 3-8所示为 $\frac{2}{2}$ 纬重平组织按顺穿法和照图穿法对应的上机图。

5. 纬重平织物的应用 纬重平织物的表面呈现纵条纹,当经纬纱密度和纱线细度配置适当时,纵条纹效应更为明显,一般织造纬重平织物时,采用较小的经密、较粗的经纱和较大的纬密、较细的纬纱。

纬重平组织可用于服用和装饰性织物,如$\dfrac{2}{1}$变化纬重平组织常用于夏季的麻纱织物,$\dfrac{2}{2}$纬重平组织还作为各类织物的布边组织。

二、方平组织

方平组织是以平纹组织为基础,在经纱和纬纱两个方向延长组织点而形成的。按照组织点延长方式的不同,可分为规则方平组织和变化方平组织。

(一)规则方平组织

规则方平组织是以平纹组织为基础,在每个经组织点旁,沿着经纱和纬纱方向插入一个或多个组织点形成的。图 3-9(a)所示为$\dfrac{2}{2}$方平组织,图 3-9(b)所示为$\dfrac{3}{3}$方平组织。方平组织的组织循环纱线数,$R_j=R_w$,均等于组织分式的分子与分母之和。

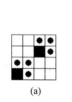 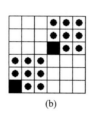 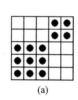 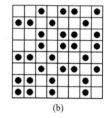

(a)　　　　　(b)　　　　　　　(a)　　　　　　(b)

图 3-9　规则方平组织　　　　　　　图 3-10　变化方平组织

(二)变化方平组织

当在平纹组织基础上变化时,沿着经纱和纬纱方向延长的组织点数目不同时,获得的方平组织称为变化方平组织。图 3-10(a)为$\dfrac{3}{2}$变化方平组织,图 3-10(b)为$\dfrac{2\ \ 1\ \ 1}{1\ \ 2\ \ 1}$变化方平组织。

1. 变化方平组织组织图的绘制方法　下面以$\dfrac{2\ \ 1\ \ 1}{1\ \ 2\ \ 1}$变化方平组织为例来叙述方平组织组织图的绘制步骤。

(1)按组织分式$\dfrac{2\ \ 1\ \ 1}{1\ \ 2\ \ 1}$确定组织循环纱线数 $R_j=R_w=2+1+1+2+1+1=8$。

(2)在第 1 根经纱和第一根纬纱上分别按照组织分式填绘组织点,如图 3-11(a)所示。

(3)从第 1 根经纱上看,凡是有经组织点的纬纱,均按第一根纬纱上的组织点交织规律绘制组织点,如图 3-11(b)所示。

(4)其他纬纱都按与第一根纬纱相反的组织点交织规律来绘制组织点,即可得到方平组织的组织图,如图 3-11(c)所示。

2. 方平组织的穿综和穿筘方式　方平组织的穿综和穿筘方式与重平组织类似,一般采用飞穿或照图穿法,每筘穿入 2~4 根经纱。

3. 方平织物的运用　方平织物的外观平整,表面呈现方块式花纹,又因为经纬浮线较长,所以方平织物表面光泽较好,常用于服用面料,如精纺毛织物中的板司呢、仿麻呢、女式呢等,还

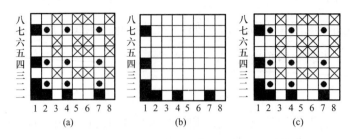

图 3-11　方平组织组织图的绘制

可用于桌布、餐巾、银幕等织物，$\frac{2}{2}$ 方平组织常用于作各类织物的布边。

4. 花式变化方平组织　变化方平组织织物常具有宽窄不等的纵横向条纹，具有仿麻织物风格。麻织物的纱线条干不均匀，所以这类组织不要求具有很强的规律性，在设计这类组织时，因组织循环纱线数较大，不能按照前面叙述的方法来绘制方平组织图。图 3-12 所示的为复杂变化方平组织，该织物具有仿麻效应，该变化方平组织的组织循环经、纬纱数并不相等，$R_j \neq R_w$。对于该组织，需要用两个组织分式分别表示经纱和纬纱的交织规律。$R_j =$ 经纱组织分式的分子与分母之和，$R_w =$ 纬纱组织分式的分子与分母之和。绘制该类方平组织图时，首先分别按经纱和纬纱的组织分式绘制第一根经纱和第一根纬纱上的组织点，然后按照与普通方平组织同样的步骤来绘制复杂变化方平组织的组织图。

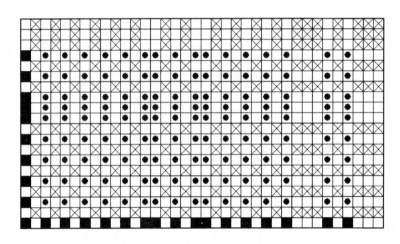

图 3-12　复杂变化方平组织

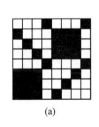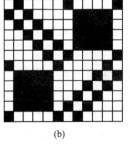

(a)　　　　　(b)

图 3-13　花式变化方平组织

在方平组织中，浮线过长会影响织物的牢度，为了克服这个缺点，对局部组织进行变化，如在经浮线上增强纬组织点，在纬浮线上增加经组织点，这类组织称为花式方平组织。在一个组织循环范围内，沿对角线作方平组织，在另一对角线作单行或多行方向相反的斜纹线，这类组织构成的织物外观呈麦粒状，因此又称为麦粒组织。图 3-13(a)所示为 $\frac{4}{4}$ 花式方平组织,图 3 - 13(b)所示为 $\dfrac{6}{6}$ 花式方平组织。

第二节 斜纹变化组织

斜纹变化组织是在斜纹组织的基础上变换组织点的浮长、组织点飞数、斜纹方向后得到的各种织物组织。

一、加强斜纹组织

加强斜纹是最简单的变化斜纹组织,它是在斜纹组织的单个组织点旁沿着经纱方向或纬纱方向延长多个连续的组织点形成。在加强斜纹中,没有单个的经(或纬)组织点存在。

加强斜纹组织的组织循环纱线数 $R_j = R_w \geqslant 4$,飞数 $S = \pm 1$,它也可以用组织分式表示,其意义与斜纹组织相同。图 3 - 14 所示为几种常见的加强斜纹组织。图 3 - 14(a)为 $\dfrac{2}{2}$↗斜纹,图 3 - 14(b)为 $\dfrac{3}{3}$↖斜纹,图 3 - 14(c)为 $\dfrac{4}{2}$↗斜纹,图 3 - 14(d)为 $\dfrac{2}{4}$↖斜纹。加强斜纹组织图中经组织点数目多于纬组织点时,称为经面加强斜纹,如图 3 - 14(c)所示,反之,称为纬面加强斜纹,如图 3 - 14(d)所示,当经纬组织点数目相等时,称为双面加强斜纹,如图 3 - 14(a)和(b)所示。

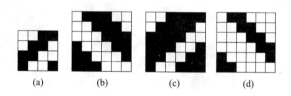

(a)　　　　(b)　　　　(c)　　　　(d)

图 3 - 14 加强斜纹组织

加强斜纹组织的组织图绘制方法与斜纹组织类似。织造经密较小的加强斜纹织物时,穿综时采用顺穿法;织造经密较大的加强斜纹织物时,穿综时采用飞穿法,以降低综丝对经纱的摩擦。织造加强斜纹织物时,穿筘时每筘穿入经纱 2～4 根。图 3 - 15 所示是利用顺穿法和飞穿

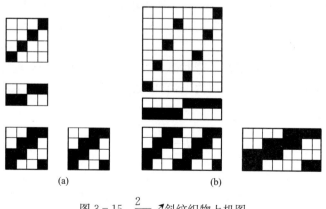

(a)　　　　　　　　　　(b)

图 3 - 15 $\dfrac{2}{2}$↗斜纹织物上机图

法的 $\dfrac{2}{2}\nearrow$ 斜纹织物上机图。

加强斜纹广泛应用于棉、毛、丝、麻等各类织物中,如哔叽、华达呢、卡其等, $\dfrac{2}{2}$ 加强斜纹还经常作为斜纹织物的布边组织。

二、复合斜纹组织

复合斜纹组织在一个完全组织内,具有两条或两条以上的不同宽度的、由经纬浮线构成的斜纹线。复合斜纹的组织分式为多分子和多分母形式, $R_j = R_w \geqslant 5$,图3-16所示为 $\dfrac{2\quad1}{1\quad1}\nearrow$ 复合斜纹,读作二上一下一上一下右斜纹。一般组织分式中有几对分子分母,对应的织物中就有几条相应的斜纹线。

图3-17所示为一些常见的复合斜纹组织,斜纹方向有左斜和右斜两种,图(a)、(b)、(c)为复合右斜纹,图(d)为复合左斜纹。与普通斜纹类似,组织图中经组织点数目大于纬组织点时,称为经面复合斜纹,如图3-17中(a)和(d),当纬组织点数目大于经组织点时,称为纬面复合斜纹,如图3-17中(c),经纬组织点数目相等时,称为双面复合斜纹,如图3-17中(b)。按此分类规则,图中复合斜纹依次可读作: $\dfrac{2\quad2}{2\quad1}$ 经面复合右斜纹, $\dfrac{3\quad1}{1\quad3}$ 双面复合右斜纹, $\dfrac{1\quad2}{2\quad3}$ 纬面复合右斜纹, $\dfrac{3\quad2\quad1}{1\quad1\quad1}$ 经面复合右斜纹。

 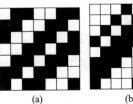 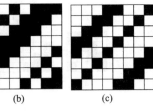 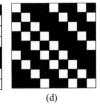

(a)　　　　　　(b)　　　　　　(c)　　　　　　(d)

图3-16 $\dfrac{2\quad1}{1\quad1}\nearrow$ 复合斜纹　　　　图3-17 复合斜纹组织

复合斜纹绘图方法与普通斜纹类似,首先按照组织分式确定组织循环纱线数,即分子与分母上数字之和,然后在第1根经纱上按组织分式填绘组织点,其余经纱按照对应的飞数(斜纹方向)进行经纬组织点填绘。复合斜纹组织上机时,一般采用顺穿法,穿筘时每筘穿入2~4根经纱。

三、角度斜纹组织

斜纹织物斜纹线的角度决定了其外观状态。当斜纹组织的经纬线飞数均为±1时,斜纹线的角度 θ 由经纬纱密度决定。以右斜纹为例,它们之间的关系可用下式表示:

$$\tan\theta = \dfrac{\dfrac{1}{P_w}}{\dfrac{1}{P_j}} = \dfrac{P_j}{P_w}$$

当 $P_j = P_w$ 时, $\tan\theta = 1$, $\theta = 45°$,如图3-18(a)所示;当 $P_j > P_w$ 时, $\tan\theta > 1$, $\theta > 45°$,如图3-18(b)所示;当 $P_j < P_w$ 时, $\tan\theta < 1$, $\theta < 45°$,如图3-18(c)所示。

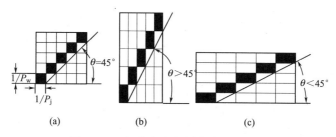

图 3-18　织物密度与斜纹线角度的关系

改变经纱密度和纬纱密度的比值,可以改变斜纹线的角度,但经纬密度相差较大会影响织物的物理力学性能。改变斜纹组织的飞数,也可达到改变斜纹线方向的目的,称为角度斜纹。增大经向飞数,斜纹组织的斜纹线角度>45°,这种斜纹组织称为急斜纹组织,$S_w=1$,S_j一般取 2 或 3,如图 3-19 中的 B、C;增大纬向飞数,斜纹组织的斜纹线角度<45°,这种斜纹组织称为缓斜纹组织,$S_j=1$,S_w一般取 2 或 3,如图 3-19 中的 D、E。

考虑到经纬纱密度与经纬纱飞数对织物表面斜纹线角度的影响,以右斜纹为例,斜纹线角度与密度、飞数的关系如下:

$$\tan\theta=\frac{\dfrac{1}{P_w}\times S_j}{\dfrac{1}{P_j}\times S_w}=\frac{P_j\times S_j}{P_w\times S_w}$$

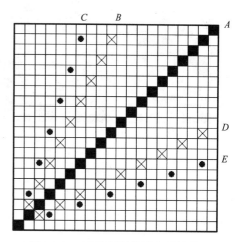

图 3-19　飞数与斜纹线角度的关系

角度斜纹一般是在斜纹、加强斜纹和复合斜纹的基础上变化而来的,其中以复合斜纹作为基础组织的角度斜纹组织应用最为广泛。

(一)急斜纹组织

急斜纹组织的 $S_w=1$,$|S_j|>1$,其组织图的绘制步骤如下。

(1)计算组织循环经纬纱线数,确定组织图范围。

$$R_w=基础组织的组织循环纬纱数$$

$$R_j=\frac{基础组织的组织循环经纱数}{基础组织的组织循环经纱数与|S_j|的最大公约数}$$

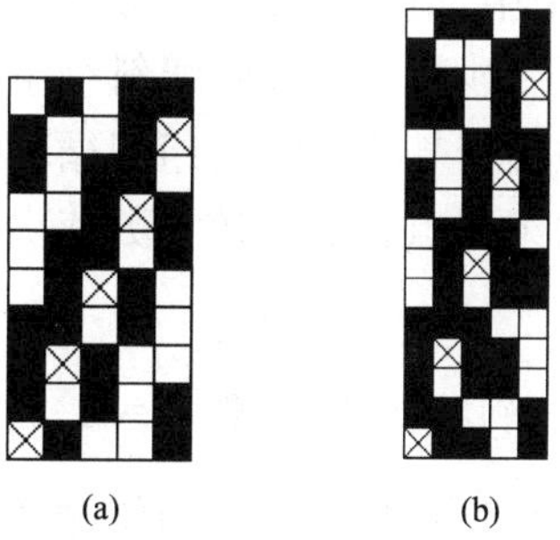

(2)在第一根经纱上按照组织分式填绘组织点。

(3)按照经向飞数 S_j 依次填绘其他经纱上的组织点。

图 3-20(a)是 $\dfrac{4\ \ 2}{3\ \ 1}$↗急斜纹组织,经向飞数 $S_j=2$,按组织分式计算组织循环纱线数,$R_w=10$,$R_j=\dfrac{10}{10\ 与\ 2\ 的最大公约数}=5$。图 3-20(b)是 $\dfrac{5\ \ 2\ \ 3}{3\ \ 1\ \ 1}$↗急斜纹,经向飞数 $S_j=3$,组织循环纱线数 $R_w=15$、$R_j=5$。

图 3-20　急斜纹组织

(a)　　　(b)

33

(二)缓斜纹组织

缓斜纹组织的 $S_j=1$，$|S_w|>1$，其组织图的绘制过程与急斜纹组织类似，具体步骤如下。

(1)计算组织循环经纬纱线数，确定组织图范围。

$$R_j=基础组织的组织循环经纱数$$

$$R_w=\frac{基础组织的组织循环经纱数}{基础组织的组织循环经纱数与|S_w|的最大公约数}$$

(2)在第一根纬纱上按照组织分式填绘组织点。

(3)按照纬向飞数 S_w 依次填绘其他纬纱上的组织点。

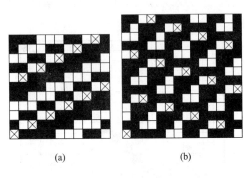

(a)　　　　(b)

图 3-21　缓斜纹组织

图 3-21(a)是 $\frac{5\ \ 2}{3\ \ 1}\nearrow$ 缓斜纹组织，纬向飞数 $S_w=2$，按组织分式计算组织循环纱线数，$R_j=11$，$R_w=\dfrac{11}{11\text{与}2\text{的最大公约数}}=11$。图 3-21(b)是 $\frac{5\ \ 2\ \ 3}{2\ \ 1\ \ 1}\nearrow$ 缓斜纹，纬向飞数 $S_w=3$，组织循环纱线数 $R_j=14$，$R_w=14$。

角度斜纹组织一般应用于棉织物和毛织物中，如棉织物中的粗服呢、克罗丁，毛织物中的礼物呢、马裤呢、巧克丁等，丝织物中的素文尚葛也采用的是角度斜纹组织 $\frac{1\ \ 1\ \ 1}{1\ \ 1\ \ 4}\nearrow$。设计角度斜纹时，飞数的绝对值要小于或等于基础组织中最大浮长的组织点数，以较好地体现斜纹线的连续趋势和角度。

四、曲线斜纹组织

在角度斜纹中，不断变化经(纬)向飞数，使斜纹线呈曲线状外观，得到的织物组织称为曲线斜纹组织。变化经向飞数的值构成的为经曲线斜纹，变化纬向飞数的值构成的为纬曲线斜纹。

设计曲线斜纹组织时，需要注意以下两点。

(1)在一个完全组织内，飞数之和 $\sum S=0$ 或为基础组织的组织循环纱线数的整数倍。

(2)最大飞数小于基础组织中最大浮线的长度。

绘制曲线斜纹组织时，首先选择基础组织，可以为斜纹、加强斜纹、复合斜纹等，以复合斜纹的应用最广。接着计算曲线斜纹的组织循环数，在经曲线斜纹组织中，组织循环经纱数等于飞数循环中飞数的个数，组织循环纬纱数等于基础组织的组织循环纬纱数。在纬曲线斜纹组织中，组织循环纬纱数等于飞数循环中飞数的个数，组织循环经纱数等于基础组织的组织循环经纱数。然后按照基础组织的组织分式填好第一根经纱或纬纱上的组织点。最后按飞数依次填绘其他经纱或纬纱上的组织点。

图 3-22(a)是以 $\frac{5\ \ 3\ \ 1}{3\ \ 1\ \ 2}$ 复合斜纹组织为基础组织的经曲线斜纹，经向飞数 $S_j=2、2、2、1、1、1、1、0、1、0、1、0、1、0、0、1、0、0、1、0、0、1、0、1、0、1、0、1、1、1、1、1、2、2、2$，组织循环纱线数 $R_j=38$，$R_w=15$。经向飞数之和 $\sum S_j=30$，为基础组织的组织循环数的 2 倍。

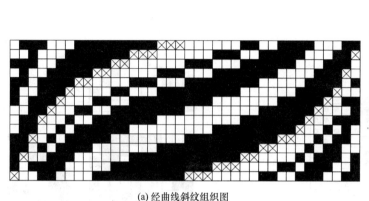 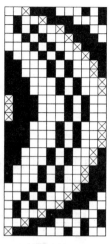

(a) 经曲线斜纹组织图　　　　　　　　　　　　　　　　(b) 纬曲线斜纹组织图

图 3 - 22　曲线斜纹

图 3 - 22(b)是以 $\dfrac{4\ 1\ 1}{3\ 1\ 2}$ 复合斜纹组织为基础组织的纬曲线斜纹,纬向飞数 S_w=2、2、2、1、1、1、0、1、0、1、0、0、1、0、0、-1、0、-1、0、-1、-1、-1、-1、-2、-2、-2,组织循环纱线数 R_j=12,R_w=26。纬向飞数之和 $\sum S_w=0$。

曲线斜纹组织上机时,一般采用照图穿法,穿筘时每筘穿入 2 根或 3 根经纱,曲线斜纹织物常用作装饰织物和服用织物。

五、山形斜纹组织

山形斜纹以斜纹、加强斜纹、复合斜纹为基础组织,通过变化飞数的正负性,使得斜纹线的方向左右或上下相反,形成类似于山峰形状的织物组织。根据山峰方向的不同,可分为经山形斜纹组织和纬山形斜纹组织。

(一)经山形斜纹

经山形斜纹组织的山峰指向经纱方向,图 3 - 23 是以 $\dfrac{3\ 2}{1\ 2}\nearrow$ 为基础组织的经山形斜纹。从图 3 - 23 中可以看出,该经山形斜纹左侧 S_j=1,右侧 S_j=-1,以飞数改变前一根经纱对称轴为左右对称,对称轴经纱称为第 K_j 根经纱。以 $\dfrac{3\ 2}{1\ 2}\nearrow$ 为基础组织,K_j=8 为例,经山形斜纹组织图的绘制步骤如下。

(1)计算组织循环纱线数,R_j=2K_j-2,R_w=基础组织的组织循环纬纱数,本例中 R_j=14,R_w=8。

(2)在第 1 根经纱上按基础组织的组织分式填绘组织点。

(3)在第 2 根经纱到第 K_j 根经纱上,按照基础组织的经向飞数 S_j,依次填绘组织点。

(4)从第 K_j+1 根经纱开始,按经向飞数为-S_j 进行组织点填绘,直到绘制完一个完全组织。

在织造经山形织物时,采用山形穿法,所用综页数一般等于基础组织的组织循环纱线数。当 K_j 小于基础组织的组织循环纱线数时,所用综页数等于 K_j。穿筘时,每筘穿入 2～4 根经纱。图 3－24 是以 $\dfrac{3}{3}\nearrow$ 为基础组织,$K_j=8$ 的经山形斜纹组织的上机图。

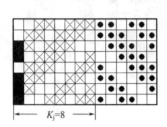

图 3－23　经山形斜纹组织

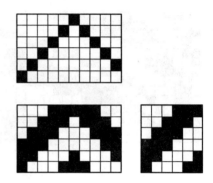

图 3－24　经山形斜纹组织上机图

经山形斜纹组织不同方向的斜纹线长度相同,即 K_j 保持不变。通过改变 K_j 的值,可以实现斜纹线长度的变化,从而获得更好的外观效应。这种斜纹线长度改变的经山形斜纹称为变化经山形斜纹组织,图 3－25 即为一例。

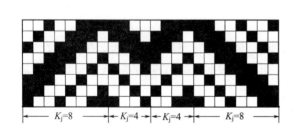

图 3－25　变化经山形斜纹组织

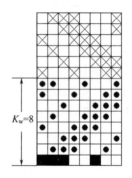

图 3－26　纬山形斜纹组织

(二)纬山形斜纹

纬山形斜纹的山峰指向纬纱方向,图 3－26 是以 $\dfrac{3}{2}\dfrac{1}{2}$ 斜纹组织为基础组织的纬山形斜纹。从图 3－26 可以看出,该纬山形斜纹下半部分 $S_w=1$,上半部分 $S_w=-1$,以飞数改变前一根纬纱对称轴为上下对称,对称轴纬纱称为第 K_w 根纬纱。纬山形斜纹组织图的绘制过程与经山形斜纹组织的绘制类似,其中组织循环纱线数 $R_j=$ 基础组织的组织循环经纱数,$R_w=2K_w-2$。

织造纬山形斜纹织物时,一般采用顺穿法,每筘穿入 2～4 根经纱。

山形斜纹织物应用广泛,棉织物中的人字呢,毛织物的大衣呢、女式呢、花呢经常采用山形斜纹织物,在床单、窗帘中也有采用山形斜纹作为基础组织的。山形斜纹还用于领带、手袋等织物中。

六、破斜纹组织

破斜纹组织由左右斜纹组成,在交界处形成破断不连续的斜纹线。左右斜纹的分界线称为断界。断界两侧斜纹方向不同,两侧相邻两根纱线,其经纬组织点相反。断界与经纱平行的称为经破斜纹,断界与纬纱平行的称为纬破斜纹。

(一)经破斜纹

经破斜纹由断界分为左右两部分,图 3-27 是以 $\frac{3}{3}\frac{1}{1}\nearrow$ 为基础组织的经破斜纹,从图中可以看出,该破斜纹左侧 $S_j=1$,右侧 $S_j=-1$,断界处两边经纱上经纬组织点相反。以 $\frac{3}{3}\frac{1}{1}\nearrow$ 为基础组织,$K_j=8$ 为例,经破斜纹组织图的绘制步骤如下。

(1)计算组织循环纱线数,$R_j=2K_j$,R_w 为基础组织的组织循环纬纱数,本例中 $R_j=16$,$R_w=8$。

(2)在第 1 根经纱上按基础组织的组织分式填绘组织点。

(3)在第 2 根经纱到第 K_j 根经纱上,按照基础组织的经向飞数 S_j,依次填绘组织点。

(4)第 K_j+1 根经纱填绘与第 K_j 根经纱上相反的组织点,即把经组织点改为纬组织点,纬组织点改为经组织点,这种方法称为底片翻转法。

(5)从第 K_j+2 根经纱开始,按经向飞数为 $-S_j$ 进行组织点填绘,直到绘制完一个完全组织。

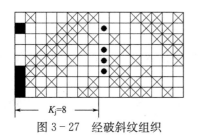

图 3-27　经破斜纹组织

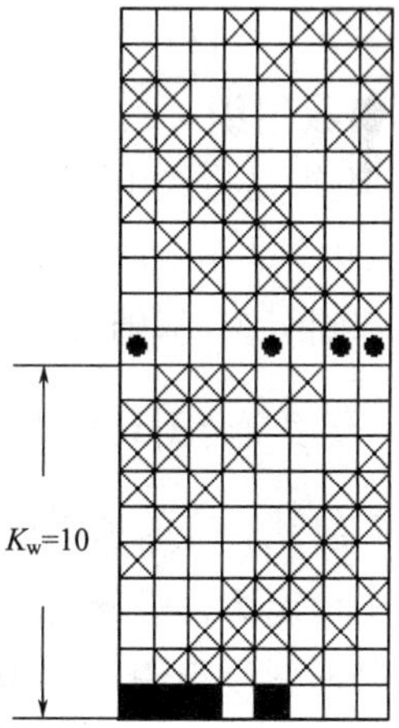

图 3-28　纬破斜纹

(二)纬破斜纹

纬破斜纹由断界分为上下两部分,图 3-28 是以 $\frac{3}{1}\frac{1}{3}$ 斜纹组织为基础组织,$K_w=10$ 的纬破斜纹。从图 3-28 可以看出,该纬破斜纹下半部分 $S_w=1$,上半部分 $S_w=-1$,断界处两边纬纱上经纬组织点相反。纬破斜纹组织图的绘制过程与经破斜纹组织的绘制类似,其中组织循环纱线数 $R_j=$ 基础组织的组织循环经纱数,$R_w=2K_w$。

破斜纹的基础组织一般选择双面加强斜纹和双面复合斜纹,以防止布面上有组织点不匀的外观感觉。破斜纹组织在断界处一般采用底片翻转法加强断界效应,但也有的破斜纹组织在断界处并不呈现底片翻转的关系,而只是改变了斜纹线的方向。图 3 - 29(a)和(b)分别是以 $\frac{3}{1}$ 斜纹和 $\frac{1}{3}$ 斜纹为基础组织的破斜纹,分别称为 $\frac{3}{1}$ 破斜纹和 $\frac{1}{3}$ 破斜纹。因为其组织循环纱线数为 4,也统称为四枚破斜纹。由于这两种织物具有缎纹织物的外观效应,因此也把它们称为四枚不规则缎纹。

同样通过改变 K_j 的值,可以实现斜纹线长度的变化,从而获得更好的外观效应。这种破斜纹称为变化破斜纹组织,图 3 - 30 所示即为一种变化破斜纹组织。

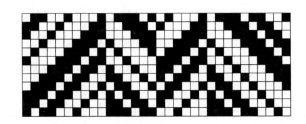

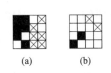

图 3 - 29　四枚破斜纹　　　　　　　　　　　　图 3 - 30　变化破斜纹组织

织造破斜纹织物时,一般采用照图穿法。破斜纹多用于毛织物的人字呢、花呢,也用于棉织物中的线呢、床单布,以及领带、手袋等色织用布中。四枚破斜纹组织因具有缎纹效应,常用于床上用品、毛毯等织物中。

七、菱形斜纹组织

菱形斜纹组织是将经山形斜纹和纬山形斜纹联合起来,通过斜纹线构成菱形图案的织物组织。菱形斜纹组织是在山形斜纹组织基础上发展起来的,其组织图的绘制步骤如下。

(1)选定基础组织,基础组织可以是斜纹、加强斜纹、复合斜纹等飞数不变的斜纹组织。本例中选择 $\frac{3}{1}\frac{1}{2}$↗复合斜纹作为基础组织。

(2)确定斜纹线转变时所需要的经纱根数 K_j 和纬纱根数 K_w。K_j 和 K_w 可以相等,也可以不相等,本例中设定 $K_j = 7$,$K_w = 7$。

(3)计算菱形斜纹组织的组织循环纱线数 R_j 和 R_w。$R_j = 2K_j - 2$,$R_w = 2K_w - 2$,由此确定组织图范围。本例中 $R_j = 12$,$R_w = 12$。

(4)在组织图的左下角开始,从左边第 1 根经纱开始,按照基础组织绘制经山形斜纹,如图中"■"所示,绘制区域从第 1 根纬纱到第 K_w 根纬纱。

(5)以第 K_w 根纬纱为对称轴,对称绘制组织图的上半部分,如图中"⊠"、"▣"所示。

从图 3 - 31 所示的菱形斜纹组织可以看出,菱形斜纹可以按 K_j 和 K_w 将组织循环分为 4 个区域,相邻区域均呈对称关系。绘制菱形斜纹组织图时,也可以先在组织图左边区域绘制纬山形斜纹,然后在右边作左边的对称组织点。

织造菱形斜纹时，一般采用山形穿综法。图 3 - 32 是以 $\frac{2}{2}\nearrow$ 为基础组织，$K_j=4$，$K_w=4$ 的菱形斜纹组织上机图。

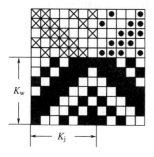

图 3 - 31　菱形斜纹组织

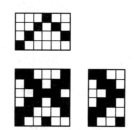

图 3 - 32　菱形斜纹组织上机图

图 3 - 33　菱形破斜纹组织

利用经破斜纹和纬破斜纹联合同样也可以构成菱形斜纹组织。图 3 - 33 所示是以 $\frac{2}{1}\frac{1}{2}\nearrow$ 斜纹为基础组织，$K_j=6$，$K_w=6$ 的菱形破斜纹组织图。

利用菱形斜纹组织的绘制原理，改变其基础组织，可以得到各种美观的菱形花纹。图3 - 34 即为两种用于丝织物的菱形斜纹组织图。

(a)　　　　　　　　　　　　　　(b)

图 3 - 34　复杂菱形斜纹组织图

菱形斜纹有着美观的花型，应用非常广泛，棉织物的线呢、床单布，毛织物中的花呢，色织物中的领带用布等都采用菱形斜纹组织进行织制。

八、锯齿形斜纹组织

将两个或两个以上的山形斜纹进行联合,将其山峰进行平移,使山峰处于一条斜线上,构成具有锯齿形外观的织物组织称为锯齿形斜纹组织。

锯齿形斜纹中,相邻山峰之间间隔的纱线根数称为锯齿飞数。根据山峰朝向的不同,分为经锯齿形斜纹和纬锯齿形斜纹两种。其中山峰方向朝着经纱方向的为经锯齿形斜纹,山峰方向朝着纬纱方向的则为纬锯齿形斜纹。

现以经锯齿形斜纹为例叙述锯齿形斜纹组织图的绘制过程。选择 $\frac{2}{2}\frac{1}{1}$ 斜纹为基础组织,$K_j=8$,锯齿飞数 $=4$(即每一锯齿的起点比前一锯齿的起点高出 4 根纬纱),组织图的作图步骤如下。

(1)选择基础组织,计算每个锯齿内的经纱根数 $=2K_j-2-$锯齿飞数 $=10$。

(2)计算组织循环内的锯齿数。

$$锯齿数=\frac{基础组织的组织循环纱线数}{基础组织的组织循环纱线数与锯齿飞数的最大公约数}=3$$

(3)计算锯齿形斜纹的组织循环纱线数 R_j 和 R_w。

$$R_j=锯齿数×每个锯齿内的经纱根数=3×10=30$$
$$R_w=基础组织的组织循环纱线数$$

(4)在组织图上,从第1根经纱开始按经山形斜纹绘制出第1个锯齿,如图3-35中"■"所示。

(5)确定其他每个锯齿的起点,用"⊠"标识。

(6)同样按经山形斜纹的绘制方法,在其他每个锯齿范围内填绘经组织点,用"●"表示。

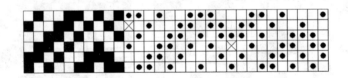

图3-35 经锯齿形斜纹组织

绘制出的经锯齿斜纹组织图如图3-35所示。纬锯齿形斜纹是在纬山形斜纹组织的基础发展起来的,组织图的绘制方法与经锯齿形斜纹类似。图3-36是以 $\frac{3}{3}\frac{2}{1}$ 为基础组织的纬锯齿斜纹,$K_w=9$,锯齿飞数 $=3$。

织制经锯齿形斜纹织物时,一般采用照图穿法,织制纬锯齿形斜纹织物时,一般采用顺穿法。锯齿形斜纹一般用于床上用品、装饰织物中。

九、芦席斜纹组织

通过变化斜纹线的方向,将织物组织沿着对角线分成四个区域,分别由左斜纹和右斜纹组成。由于这种织物外观类似编制的芦席,故称为芦席斜纹组织。芦席斜纹织物的组织图绘制方法如下。

（1）选择基础组织，一般选用双面加强斜纹组织，图 3-37(a)是以 $\frac{2}{2}$ 加强斜纹为基础组织的芦席斜纹组织。

（2）确定组织循环内，同一方向平行斜纹线的条数，本例中为两条。

（3）计算芦席斜纹组织循环纱线数 R_j 和 R_w，确定组织循环大小。

$$R_j = R_w = 基础组织的组织循环纱线数 \times 平行斜纹线的条数 = 8$$

（4）从第 1 根经纱开始，按基础组织填绘第 1 条斜纹线，到 $\frac{R_j}{2}$ 根经纱为止，如图 3-37(a)中"■"所示。

（5）在 $\frac{R_j}{2}+1$ 根经纱上，从第 1 条斜纹线末端上方，按基础组织填绘与第 1 条斜纹线方向相反的斜纹线，直至最后一根经纱，如图 3-37(a)中"⊠"表示的组织点。

（6）绘制其他各条右斜的斜纹线。每根斜纹线的起点按照基础组织向右下方平移，本例中起点向右平移两根经纱，向下平移两根纬纱，超出组织图区域的在组织图上方补齐，如图 3-37(a)中"⊡"表示的组织点。每根右斜的斜纹线与第 1 根右斜的斜纹线长度一致，占有 $\frac{R_j}{2}$ 根经纱。

图 3-36　纬锯齿形斜纹

利用同样的方法绘制其他左斜的斜纹线，每根斜纹的起点按照基础组织向右上方平移，本例中起点向右平移两根经纱，向上平移两根纬纱，超出部分在组织图左侧补齐，如图 3-37(a)中"◪"表示的组织点。同样保证每根左斜的斜纹线与第 1 根左斜的斜纹线长度一致，占有 $\frac{R_j}{2}$ 根经纱。

图 3-37(b)同样是以 $\frac{2}{2}$ 加强斜纹为基础组织，同一方向平行斜纹线条数为 4 条的芦席斜纹组织。图 3-37(c)是以 $\frac{3}{3}$ 加强斜纹为基础组织，同一方向平行斜纹线条数为 3 条的芦席斜纹组织。

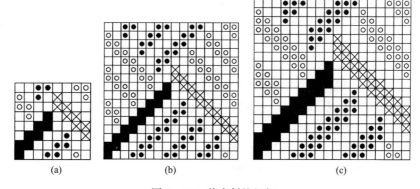

(a)　　　　　(b)　　　　　(c)

图 3-37　芦席斜纹组织

芦席斜纹上机时一般采用照图穿法,每筘穿入 2 根或 3 根经纱。芦席斜纹组织常用于服装、床单、窗帘等。

十、螺旋斜纹组织

螺旋斜纹组织是用两个相同的斜纹组织或不同的斜纹组织(两个组织循环纱线数相同)为基础,将两个组织的经纱(或纬纱)按 1∶1 间隔排列而构成的织物组织。螺旋斜纹又称为捻斜纹,在织物表面由斜纹线构成螺旋状的外观。如果配以不同颜色的色纱,这种效应会更为明显。

选择构成螺旋斜纹组织的基础斜纹组织时,应使构成螺旋斜纹组织的相邻经纱(或纬纱)上的经纬组织点大部分相反,以使奇偶数经纱(或纬纱)所组成的斜纹线相互分离,呈现螺旋形外观。螺旋斜纹的基础斜纹组织按经纱顺序排列的称为经螺旋斜纹,按纬纱顺序排列的称为纬螺旋斜纹。

经螺旋斜纹组织的组织循环经纱数等于基础斜纹组织的组织循环经纱数之和,组织循环纬纱数等于基础斜纹组织的组织循环纬纱数。纬螺旋斜纹组织的组织循环纬纱数等于基础斜纹组织的组织循环纬纱数之和,组织循环经纱数等于基础斜纹组织的组织循环经纱数。

图 3-38(a)是以两个相同的 $\dfrac{3}{2}\nearrow$ 而起点不同的斜纹组织为基础组织,绘制而成的经螺旋斜纹组织。图 3-38(b)是以 $\dfrac{3}{3}\nwarrow$ 和 $\dfrac{2}{1}\dfrac{1}{2}\nearrow$ 为基础组织绘制而成的纬螺旋斜纹组织。图 3-38(c)是以 $\dfrac{4}{4}\nearrow$ 和 $\dfrac{3}{1}\dfrac{1}{3}\nearrow$ 为基础组织绘制而成的经螺旋斜纹组织。

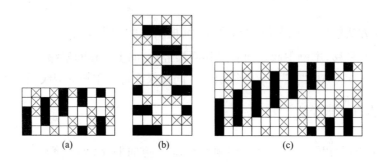

(a)   (b)   (c)

图 3-38 螺旋斜纹组织

经螺旋织物上机时,一般采用顺穿法或照图穿法,纬螺旋斜纹织物则采用顺穿法。螺旋斜纹组织一般用于毛织物的花呢中。

十一、阴影斜纹组织

通过增减经组织点,使纬面斜纹逐渐过渡到经面斜纹,或使纬面斜纹逐渐过渡到经面斜纹,其织物表面呈现由明到暗或由暗到明的斜纹线外观的织物组织称为阴影斜纹组织。

由过渡组织沿经纱方向排列而成的织物组织称为经向阴影斜纹组织,而由过渡组织沿纬纱方向排列而成的织物组织称为纬向阴影斜纹组织。由过渡组织同时沿着经纱方向和纬纱方向排列而成的织物组织称为双向阴影斜纹组织。

阴影斜纹组织循环内,由明到暗或由暗到明只变化一次的称为单过渡阴影斜纹;由明到暗再到明或由暗到明再到暗变化两次的称为对称过渡阴影斜纹。

以经向阴影斜纹为例,阴影斜纹组织图的绘制方法如下。

(1)选定基础组织,一般选择原斜纹组织,基础组织循环纱线数为R_0。单过渡阴影斜纹组织的过渡数为(R_0-1)个,对称过渡阴影斜纹组织的过渡数为$(R_0-1)+(R_0-1-2)=2R_0-4$个。

(2)计算阴影斜纹组织循环纱线数R_j和R_w。单过渡经向阴影斜纹,$R_j=R_0(R_0-1)$,$R_w=R_0$;对称过渡经向阴影斜纹,$R_j=R_0(2R_0-4)+2$,$R_w=R_0$,经纱数目加2是为了使阴影斜纹组织更为连续美观。

(3)将经纱分为(R_0-1)个区域,每个区域内包含R_0根经纱。在第1个区域内按基础组织进行组织点填绘,在其余区域依次增加或减少组织点进行填绘,直至完成阴影斜纹组织。

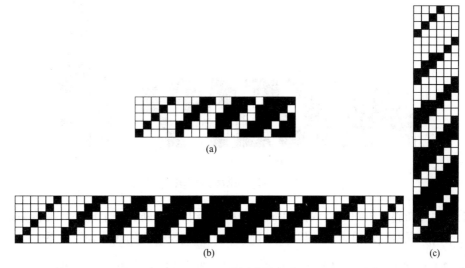

图3-39 阴影斜纹组织

图3-39(a)是以$\dfrac{1}{4}$↗斜纹为基础组织的单过渡经向阴影斜纹组织,图3-39(b)是以$\dfrac{1}{5}$↗斜纹为基础组织的双向过渡经向阴影斜纹组织,图3-39(c)是以$\dfrac{4}{1}$↗斜纹为基础组织的单过渡纬向阴影斜纹组织,图3-40是以$\dfrac{4}{1}$↗斜纹为基础组织的双向阴影斜纹组织。织造阴影斜纹组织时需要的综框数较多,故其一般用于提花织物之中。

图3-40 双向阴影斜纹组织

十二、飞断斜纹组织

以一种或两种斜纹为基础组织,按基础斜纹填绘数根纱线后,跳过数根纱线,或按一种基础组织填绘数根纱线,再按另一基础组织填绘数根纱线,使两部分斜纹在交界处断开,形成断界的织物组织称为飞断斜纹组织。飞跳的纱线根数一般为基础组织的组织循环数的一半少1根,经过依次填绘和飞跳,直至绘制好完全组织。

按照断界的方向,飞断斜纹可分为经飞断斜纹和纬飞断斜纹,断界与经纱方向平行的称为经飞断斜纹,断界与纬纱方向平行的称为纬飞断斜纹。

图3-41(a)是以$\frac{4}{4}$↗斜纹为基础组织,按照基础组织填绘5根经纱飞跳3根经纱,填绘3根经纱再飞跳3根经纱,直至循环形成经飞断斜纹组织。

图3-41(b)是以$\frac{3}{3}$↗斜纹为基础组织,按照基础组织填绘2根纬纱飞跳2根纬纱,填绘4根纬纱再飞跳2根纬纱,直至循环形成纬飞断斜纹组织。

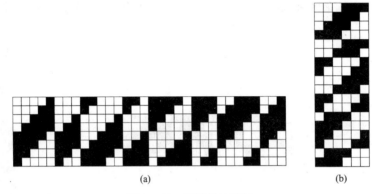

(a)　　　　　(b)

图3-41　飞断斜纹组织

以上两种飞断斜纹组织是以双面加强斜纹为基础组织,在断界处呈现底片翻转关系。当基础组织是单面加强斜纹或符合斜纹组织时,断界处不会出现完全的底片翻转关系。图3-42是以$\frac{3}{2}\frac{1}{2}$↗为基础组织,按基础组织填绘3根经纱飞跳3根经纱,再填绘5根经纱飞跳3根经纱,直至循环形成纬飞断斜纹组织。

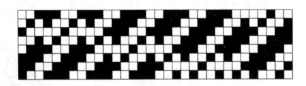

图3-42　基础组织为复合斜纹的飞断斜纹组织

图3-43是以$\frac{3}{2}\frac{1}{2}$↗和$\frac{2}{1}\frac{2}{3}$↗为基础组织,两种组织交替填绘4根经纱飞跳绘制而成的经飞断斜纹组织。

织造经飞断斜纹织物时,一般采用照图穿法,织造纬飞断斜纹织物时,一般采用顺穿法。飞

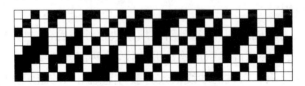

图3-43　基础组织为两种组织的飞断斜纹组织

断斜纹一般用于毛织物的花呢中。

十三、夹花斜纹组织

在斜纹组织中配一些具有几何外观的组织(方平、重平或其他小花纹组织),使织物外观活泼、优美,以增加花色品种的织物组织称为夹花组织。使用较多的几何图形有方形、十字形和与主斜纹线方向相反的斜纹线等。

绘制夹花斜纹组织时,首先应绘制主斜纹线,且要保证主斜纹线清晰和连续,然后再在空白处填入适当的几何组织。要注意的是,主斜纹线与填绘的几何组织点不能相互接触,以免主斜纹线不清晰。同时应保证最后1根经纱与第1根经纱衔接,使得组织连续。

图3-44(a)是夹入反向斜纹的夹花组织,图3-44(b)是夹入变化方平的夹花组织,图3-44(c)是夹入十字形花纹的夹花组织。从图3-44中可以看出,夹花组织具有美丽的外观,一般用于床单、窗帘等装饰性织物中。织造夹花织物时,一般采用照图穿法或顺穿法。

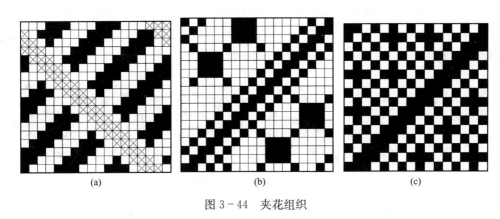

(a)　　　　　　　　　　(b)　　　　　　　　　　(c)

图3-44　夹花组织

第三节　缎纹变化组织

缎纹变化组织是在缎纹组织基础上,增加经(或纬)组织点变化组织点飞数构成的织物组织。缎纹变化组织主要包括加强缎纹、变则缎纹、重缎纹和阴影缎纹组织。

一、加强缎纹组织

加强缎纹组织是以缎纹组织为基础,在单独组织点旁添加一个或多个同类型的组织点而形成的织物组织。加强缎纹组织的组织循环纱线数与基础缎纹的组织循环纱线数相等,但由于增加了经(或纬)组织点,纱线的交织次数增多,有效地提高了织物的牢度,可以获得新的织物外观和风格。

图3-45(a)是在八枚三飞的纬面缎纹基础上在每个经组织点右侧添加了一个经组织点获得的加强缎纹组织,

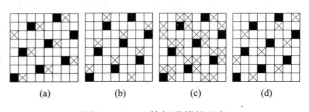

(a)　　　(b)　　　(c)　　　(d)

图3-45　八枚加强缎纹组织

这种形式的加强缎纹,一般用于刮绒织物,增加的经组织点可防止纬纱的移动,因此可以提高织物的牢度。图3-45(b)同样是在八枚三飞的纬面缎纹基础上在每个经组织点上方添加了一个经组织点获得的加强缎纹组织。图3-45(c)同样是在八枚三飞的纬面缎纹基础上在每个经组织点右侧和上方添加了三个经组织点获得的加强缎纹组织。这种加强缎纹组织表面呈斜方块效应,兼有方平和斜纹的特征,因此称为斜纹板司呢。同时,这种织物表面犹如花岗岩外观,故又称花岗岩组织。图3-45(d)是在八枚三飞的纬面缎纹基础上在每个经组织点左下方增加了一个经组织点,增加了纱线交织次数,提高了织物的牢度,常用于被面织物的花部组织。

图3-46(a)为在十枚七飞纬面缎纹的基础上,在每个经组织点四周各添加了一个经组织点,其纵向正反面经浮长和横向正反面浮长均等于3。该组织的织物手感柔软,外观呈海绵状,因此成为海绵组织。在织造该组织的织物时,采用黏度较小的粗号纱线,织物吸水性好,可用于衣料、毛巾等织物中。图3-46(b)和(c)均是十枚三飞纬面加强缎纹,常用于毛色子贡缎织物,也成为色子贡组织,其表面光滑细腻,手感厚实柔软。图3-46(d)和(e)分别是十一枚七飞和十一枚八飞纬面加强缎纹,这种加强缎纹配以较大的经纱密度,可获得正面成斜纹反面呈经面缎纹的外观,因此也称缎背华达呢。图3-46(f)是十三枚四飞纬面加强缎纹,这种组织的织物表面斜纹线陡直但不明显,常用于织造毛驼丝绵织物。

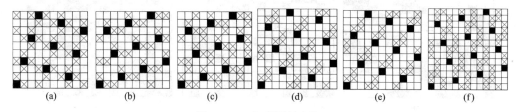

图3-46 加强缎纹组织

二、变则缎纹组织

在组织循环内,利用几个不同的飞数构成的缎纹称为变则缎纹,也称不规则缎纹。普通缎纹组织的组织循环数与飞数必须互质,即当两者有公约数时,不能作出缎纹组织,如 $R=6$ 时,S 不能为2、3、4,在必须采用六枚缎纹进行织造时,就需采用变则缎纹组织,即在组织循环内,采用变化的飞数。在图3-47(a)中,纬向飞数分别为3、2、3、4、2、4,这里的飞数之和为18。

设计变则缎纹时需注意的是,飞数仍需满足 $1 < S < R-1$,飞数之和必须为 R 的整数倍。普通的七枚缎纹组织,无论飞数取何值,所成果的缎纹分布都不太均匀,斜纹倾向非常明显。为了突出缎纹效应,就必须采用变则缎纹,如图3-47(b)所示。

有时为了获得特殊的织物外观,也采用变则缎纹进行织造,图3-47(d)、(e)、(f)所示为八枚变则缎纹,通过对纬向飞数的变化,使经组织点按要求进行特殊排列,获得了所需的外观效应。

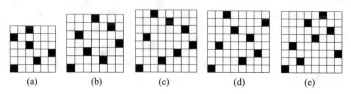

图3-47 变则缎纹组织

三、重缎纹组织

在缎纹组织的基础上,再对每个单独的经组织点(或纬组织点)沿着经纱方向(或纬纱方向)增加一个或多个经组织点(或纬组织点),所得到的织物组织称为重缎纹组织。重缎纹织物的外观保持了缎纹织物的外观,但组织循环数变大,浮长线增长,织物较为松软,在手帕、粗纺女式呢、粗花呢等织物中使用得较多。

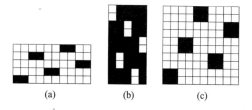

图 3-48 重缎纹组织

图 3-48(a)是五枚二飞纬面重经缎纹,图3-48(b)为五枚二飞经面重缎纹,图3-48(c)为五枚三飞经、纬向重缎纹。

四、阴影缎纹组织

阴影缎纹组织与阴影斜纹组织类似,指在组织循环内,由纬面缎纹逐渐过渡到经面缎纹的一种缎纹变化组织;也可由经面缎纹逐渐过渡到纬面缎纹;或由纬面缎纹逐渐过渡到经面缎纹,再过渡到纬面缎纹。

与阴影斜纹类似,按组织过渡情况可分为单过渡阴影缎纹和对称过渡阴影斜纹;按增加组织点的方向,可分为经向阴影缎纹和纬向阴影缎纹。

图 3-49 是以八枚三飞纬面缎纹为基础组织所作的单过渡纬面经向阴影缎纹,其过渡数等于$(R_0-1)=7$ 个,组织循环经纱数$R_j=R_0(R_0-1)=56$,组织循环纬纱数 $R_w=8$,其中 R_0 为基础组织的组织循环数。

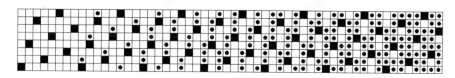

图 3-49 单过渡纬面经向阴影斜纹

图 3-50 是以五枚三飞纬面缎纹为基础组织作出的对称过渡纬面纬向阴影缎纹,过渡数等于$(2R_0-4)=6$ 个,组织循环经纱数$R_j=R_0(2R_0-4)+2=32$,组织循环纬纱数 $R_w=5$。

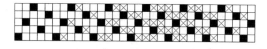

图 3-50 对称过渡纬面纬向阴影斜纹

☞ **思考题**

1. 绘制$\dfrac{3}{2}$和$\dfrac{3}{4}$变化经重平组织的组织图。

2. 试述平纹变化组织的外观特点,并阐述为突出其外观特点可采用哪些措施,举例说明。

3. 试作$\dfrac{2}{2}\dfrac{1}{1}$变化纬重平组织的上机图。

4. 试作 $\dfrac{3}{1}\dfrac{1}{1}$ 和 $\dfrac{2}{1}\dfrac{1}{1}\dfrac{1}{2}$ 变化方平组织图。

5. 试作下列加强斜纹组织的组织图。

(1) $\dfrac{3}{4}$

(2) $\dfrac{5}{3}$

6. 试作下列急斜纹组织的组织图。

(1) 以 $\dfrac{3}{1}\dfrac{4}{3}$ 为基础组织，$S_j=2$；

(2) 以 $\dfrac{5}{3}\dfrac{1}{3}$ 为基础组织，$S_j=-3$。

7. 已知某织物的经纬纱密度为 532 根/10cm×288 根/10cm，斜纹线的倾斜角为 74°，基础组织为 $\dfrac{5}{3}\dfrac{1}{2}\dfrac{2}{1}$，试作该织物的组织图（tan74°=3.5）。

8. 某织物的经纬密度相似，斜纹线的倾斜角为 63°，基础组织为 $\dfrac{4}{3}\dfrac{1}{1}\dfrac{1}{2}$，试作该织物的上机图。

9. 试阐述影响角度斜纹的斜纹线角度的因素，并用图示解释其余倾斜角度的数学关系。

10. 设计曲线斜纹时，飞数应考虑哪些因素？试以 $\dfrac{3}{1}\dfrac{2}{2}$ 为基础组织，设计一曲线斜纹组织。

11. 以 $\dfrac{3}{2}\dfrac{2}{3}\dfrac{1}{1}$ 复合斜纹为基础组织，$K_j=12$，分别作经山形斜纹、经破斜纹、菱形斜纹和菱形破斜纹。

12. 以 $\dfrac{2}{1}\dfrac{2}{3}$ 复合斜纹为基础组织，$K_w=10$，分别作纬山形斜纹、纬破斜纹和菱形斜纹组织。

13. 绘制以 $\dfrac{2}{1}\dfrac{2}{3}$ 为基础组织，$K=10$，绘制锯齿飞数等于 2 的经锯齿和纬锯齿斜纹组织图。

14. 以 $\dfrac{3}{3}$ 为基础组织，绘制同一方向有四条斜纹线的芦席斜纹组织。

15. 试以 $\dfrac{2}{1}\dfrac{2}{3}$ 复合斜纹为基础组织，按绘 4 根跳 3 根的规律作经飞断斜纹组织的上机图。

16. 试绘制以 $\dfrac{4}{4}$ 和 $\dfrac{2}{1}\dfrac{2}{3}$ 为基础组织，各绘 4 根，间隔排列的经飞断斜纹组织图。

17. 试以 $\dfrac{4}{4}$ 为基础组织，绘制经螺旋斜纹组织。

18. 试以 $\dfrac{3}{2}\dfrac{2}{3}\dfrac{1}{1}$ 复合斜纹为基础组织，通过增加经组织点的方式，设计一夹花斜纹组织。

19. 试绘制七枚变则缎纹的组织图，并阐述采用变则缎纹的原因。

20. 说明缎背华达呢织物的外观特点及其组织构成。

第四章　联合组织

联合组织是将两种或两种以上的原组织或变化组织,用各种不同的方法联合而成的新组织。构成联合组织的方法多种多样,可以是两种组织的简单拼合,也可以使两种组织的纱线交互排列,或者是一种组织上按另一种组织增加或减少组织点等。联合组织可以在织物表面形成各种几何图案或小花纹等特殊效应,其中应用较广的联合组织有条格组织、绉组织、蜂巢组织、透孔组织、凸条组织、网目组织、小提花组织等。

第一节　条格组织

条格组织是将两种或两种以上的组织并列配置,使织物表面形成清晰的条纹或格子图案的组织,可分为纵条纹组织、横条纹组织和格子组织三种。在条格组织中,以纵条纹组织的应用最为广泛。

一、纵条纹组织

纵条纹组织是两种或两种以上的组织左右并列配置,形成纵向条纹效应的组织,如图 4－1 所示。

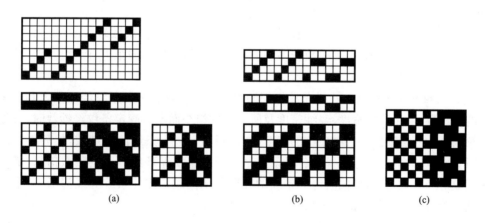

(a)　　　　　　　　　(b)　　　　　　(c)

图 4－1　纵条纹组织

1. 纵条纹组织的构作原则　构成纵条纹组织的两种或两种以上的基础组织的选择与配置,必须保证织物条纹清晰,便于织造。为此,在设计和生产纵条纹组织的过程中,应充分考虑以下原则。

(1)在各条纹交界处要求界限分明。交界处相临两根经纱的组织点最好配置成底片翻转法的关系（即经纬组织点相反）。因此，在选配基础组织时，可尽量利用经面组织和纬面组织的不同，如图4-1(a)所示的第8和第9根经纱上的经纬组织点配置、图4-1(b)所示第9和第10根经纱上的经纬组织点配置。

（2）如果交界处相临两根经纱的经纬组织点不能相反，为了使条纹分界清晰，可调整组织起点，如图4-2所示；也可在两条纹间加一根另一组织或另一颜色的纱线，但尽量不要增加上机的复杂性，不要增加用综数，如图4-3中的第4根和第11根经纱上经纬组织点的配置。

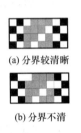

(a) 分界较清晰

(b) 分界不清

图4-2　纵条纹分界

图4-3　纵条纹组织

（3）在一个组织循环中，各种组织的交错次数不要相差太大。否则，由于各条纹的缩率差异过大，容易使生产过程中经纱的张力松紧不一而造成经纱断头，使织造困难，同时也会使织物表面不平整。这种情况可通过使用双经轴织造、或调整经密、或变化织前准备工序中的经纱张力而解决。双织轴织造会增加上机的复杂性，同时受设备的限制，所以，实际生产中应尽量避免使用。调整经密，就是使交错次数较少的那部分经纱具有较大的经密，使交错次数较多的那部分经纱具有较小的经密，如图4-1(c)所示，可使平纹密度小（2 入/筘），缎条经密大（5 入/筘）。变化织前准备工序中的经纱张力，就是在织前准备工序中，对交错次数较少的那部分经纱给予较大的张力，使其预伸长；对交错次数较多的那部分经纱给予较小的张力，以此均衡经纱的需要量，而获得良好的纵条纹织物。

2. 纵条纹组织的组织循环　纵条纹组织的组织循环经纱数是各条纹经纱数之和。每一纵条纹中的经纱数，随条纹的宽度、经纱密度及所采用的组织而定。确定条纹经纱数时，首先以每一纵条纹的经纱密度乘以每一纵条纹的宽度，初步得出每一纵条纹的经纱数，然后再加以修正（尽量把每个纵条纹的经纱数修正为各纵条纹基础组织组织循环经纱数的整数倍）。最后确定每一纵条纹的经纱数，这时应同时考虑条纹的界限分明问题。为使条纹界线清晰，每个纵条纹的经纱数应为每筘齿穿入数的整数倍。

纵条纹组织的组织循环纬纱数，是各纵条纹所用的基础组织组织循环纬纱数的最小公倍数。

实例：由 $\frac{2}{1}$ 右斜纹与 $\frac{5}{2}$ 经面缎组成纵条纹。织物经密 $P_{j1}=P_{j2}=230$ 根/10cm，条纹宽度 $a_1=2$cm，$a_2=1.5$cm，则第一纵条纹经纱数$=P_{j1}\times a_1=23\times2=46$ 根。因为 $R_{j1}=3$，所以第一纵条纹经纱数修正为3的倍数，为45 根。同理，第二纵条纹经纱数$=P_{j2}\times a_2=23\times1.5=34.5$

根。因为 $R_{j2}=5$，所以第二纵条纹经纱数修正为 5 的倍数，为 35 根。

$$R_j=45+35=80$$

$$R_w=3 与 5 的最小公倍数=15$$

3. 纵条纹组织的上机条件 织制纵条纹织物时，可采用分区间段穿法[图 4-1(a)]或照图穿法[图 4-1(b)]。各条经纱数应是每筘齿穿入数的整数倍；采用分区间段穿法，交织频繁的组织穿在前区。

4. 纵条纹组织的应用 纵条纹组织可以用比较简单的组织使织物形成美观大方的纵条花纹，在棉、毛、丝、麻各类织物中均有广泛应用。如棉织物中的缎条府绸（$\frac{5}{2}$经面缎$+\frac{1}{1}$平纹）、变化麻纱，毛织物中的各种花呢、女式呢，丝织物中的缎条青年纺（$\frac{5}{3}$纬面缎$+\frac{1}{1}$平纹）、涤爽绸等，其在家用纺织品中的床上用品、窗帘布等织物中尤为多见。

二、横条纹组织

两种或两种以上的组织沿纵向上下配置，形成横向条纹效应的组织，称为横条纹组织。横条纹组织较少单独应用，其绘制原理及方法与纵条纹相似，只是以不同的组织上下配置而已。其穿综方法用顺穿法，综框片数等于横条纹组织循环经纱数。

横条纹织物上机时，应充分考虑横向纬面组织的密度。为保证织物横向条纹清晰、饱满、突出，纬密要加大，在织机上应通过卷取机构的改造而获得，即采用间歇停卷装置。这对许多企业而言都是比较困难的。而局部纬密的增大会降低生产量，这也是市场上横条纹织物较少的主要原因之一。

三、方格组织

方格组织是利用经面组织和纬面组织沿经向和纬向成格形间跳配置而成。其特点是处于对角位置的两部分配置相同组织。方格组织的格子可呈正方形（将完全组织划分成田字形的四等分），也可成长方形（划分的四部分不相等），格子大小可相等，也可不等。方格组织还可以与纵、横条纹组织联合应用。

1. 设计方格组织的注意事项

（1）绘制方格组织时，应注意分界处界线分明，即分界处相邻两根纱线上的经纬组织点必须相反。

（2）采用正、反面组织配置方格组织时，处于对角位置的部分，不仅组织相同且起始点也应相同，这样才能使织物外观整齐、美观，否则会破坏组织的连续性，影响织物外观，如图 4-4 所示。

要使对角位置的相同组织的起始点相同，应使基础组织的第一根经纱和最后一根经纱上的两个单独组织点距上下边缘相等来作为组织循环最左边和最右边的两根经纱组

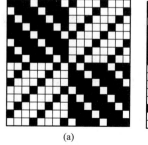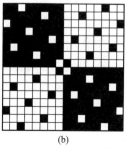

(a)　　　　　　　(b)

图 4-4 配置不良的方格组织

织点配置,如图4-5(a)A—A所示。同样找出基础组织的纬纱,两根邻纬纱的单独组织与左右边缘相等,作为组织循环最上边和最下边两根纬纱的组织配置,如图4-5(a)B—B所示。

(3)应尽可能防止四个等分组织的共同交界处(即完整组织的中央)出现平纹组织点,如图4-4(b)所示,这样,完全组织的中央会呈现"低洼"状态。而图4-5(b)和图4-6(a)、(b)等方格组织就避免了这种状态,使织物很平整。

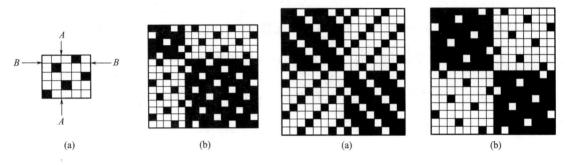

图4-5 组织点连续的方格组织   图4-6 方格组织

2. 方格组织的绘作方法 由同一组织的正反面沿经纬两个方向并列配置而成的基本方格组织的绘作方法如下(图4-7)。

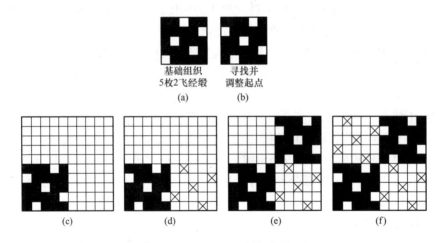

图4-7 方格组织的绘制

(1)选择某种经(或纬)面组织作为基础组织。

(2)确定完全组织大小,并将完整组织划分成田字形的四等分。

(3)作出基础组织。

(4)根据中心对称关系找起点。

(5)将调整起点的基础组织填入完整组织的左下角部分。

(6)按底片翻转法逐一填绘其他三部分组织。

四、格子组织

由纵条纹组织和横条纹组织联合构成的方格花纹组织,称为格子组织。

典型的格子组织织物是缎条手帕,其组织关系如图 4-8(a)所示,其中地组织为平纹,缎条部分为 4 枚不规则缎纹。穿综为 8 页综间断穿法,如图 4-8(b)所示,可以看出,经向缎条所需综片数等于其完全组织经纱数,其余部分所需综片数等于地组织与纬向缎条两者完全经纱数的最小公倍数。故在选择缎、地组织时,需顾及综片数。一般不应使综片总数超过 16 片。平纹缎条手帕织物平纹处的纱线密度为 320 根/10cm,缎纹处密度为 640 根/10cm。

在设计此手帕织物的过程中,纵向条纹的经密较大,横向条纹的纬密较大,故在纵横向条纹

平纹	经缎	平纹	经缎	平纹	2cm
纬缎	重纬经面缎	纬缎	重纬经面缎	纬缎	2cm
平纹	经缎	平纹	经缎	平纹	32cm
纬缎	重纬经面缎	纬缎	重纬经面缎	纬缎	2cm
平纹	经缎	平纹	经缎	平纹	2cm
2cm	2cm	32cm	2cm	2cm	

(a)

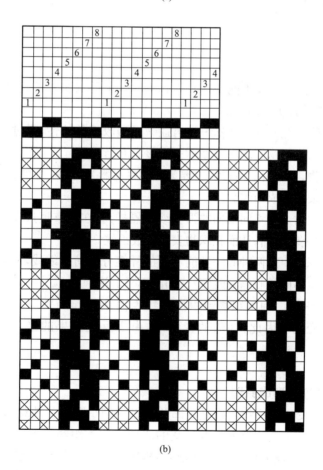

(b)

图 4-8　平纹缎条手帕组织图

交界处，经纬密度均比较大，因此在生产过程中极易形成弓纬，从而影响织物的外观效果。因此，在组织设计时，该部分宜采用重纬缎组织（图4-9），即两根纬纱的运动规律相同，以减少经纬纱交织次数，提高织物的可密性。

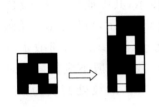

图4-9　经面重纬缎组织

这种格子组织还广泛应用于头巾、桌布等服饰与装饰织物中。设计这类格子组织时，还应使组织点稀疏的嵌条组织（通常为缎条提花）加大经纬密度。经向嵌条应加大经密；纬向嵌条，在织机上应采用停送、停卷装置，以增加纬密，突出缎条效应。这类织物上机时，仍采用间断穿法穿综。

第二节　绉组织

在日常生活中，经常会看到一些起泡起绉类的织物，这些织物都具有共同的外观特征：表面不平整，有明显的起泡、起绉效应。这类织物以其外观别致，立体感强，舒适、免烫、休闲的风格，得到广大消费者的喜欢。

一、起绉织物的种类

起绉织物有以下几种。

（1）织造泡泡纱。运用粗细不同、密度不同的经纱，采用双织轴送经，最终在织物表面形成纵向的泡条。这种泡条有明显的折褶。

（2）碱缩泡绉织物。充分利用纯棉织物遇强碱强烈收缩的特性，通过后整理在织物局部表面印上强碱糨糊，从而使织物的表面收缩不一而形成泡绉。

（3）热轧泡绉织物。利用化学纤维（主要为热塑性材料）在高温条件下形状改变和重新定型的方法，从而在织物表面形成绉纹。

（4）强捻纱泡绉织物。将不同捻向的强捻纱间隔排列，在后整理过程中，经练煮，使原来定捻的纱线产生自然回缩和扭曲，从而在织物表面形成绉纹。

（5）弹力纱泡绉织物。用两种收缩性能不同的纤维分别纺成纱线，间隔排列，经织造、染整加工后，由于纱线产生不同的收缩，布面形成凹凸不平的泡泡。

（6）绉组织泡绉织物。利用织物组织使织物表面获得起绉效应的方法，主要是利用织物表面经纬浮长的变化。因此，在人的视觉中，由于反光效果的差异，形成高低不平的绉效果。

二、绉组织的特征与形成原理

利用经纬浮点的变化在织物表面呈现凹凸不平的细小颗粒状外观的绉效应的组织，称为绉组织。绉组织织物在生活中有着极其广泛的应用。这类织物起绉主要是由织物组织中不同长度的经纬浮线，在纵横方向错综排列，则结构较松的长浮组织点受结构较紧的短浮组织点的作用，而在织物中轻轻凸起，使织物表面形成满布分散且规律不明显的微微扭曲的细小颗粒状,形如起绉。绉组织所织成的织物较平纹织物手感柔软,厚实,弹性好,表面反光柔和。

一个好的绉组织应使织物表面形成的微微扭曲的颗粒细小而无明显规律,并便于织造。为此,构作绉组织必须注意下列几点。

(1)织物表面的经纬组织点不能有明显的斜纹、条子或其他规律出现。不同长度的经纬浮线配置得越复杂,就越能掩盖其规律性,那么织物表面起绉的效果就越好。因此,组织循环大些,效果就会较好,但应注意尽量减少生产中的复杂程度,如综页不宜过多,每页综的载荷应尽量相近。

(2)在一个组织循环内,每根经纱与纬纱的交织次数应尽量一致,相差不要过大,以使每根经纱的缩率趋于一致,否则将影响梭口的清晰度及织物外观。

(3)在组织图上,经(或纬)浮线不宜过长,不应有大量相同的组织点(经或纬组织点)集中在一起,以免影响起绉效果。

三、绉组织的构作方法

1. 增点法 增点法也称叠加法或重叠法,是以某一原组织或变化组织为基础,然后在此组织的基础上按另一种组织的规律增加经组织点构成绉组织。图4-10(a)所示为以4枚纬破斜纹为基础,按6枚不规则缎纹增加经组织点。

在平纹组织的基础上,按4枚不规则缎纹的规律增加经组织点而构成的绉组织,它的作图方法是先在8×8的范围内画平纹组织,然后再在奇数经纱和偶数纬纱相交处,按4枚不规则缎纹填绘经组织点而成,如图4-10(b)所示。

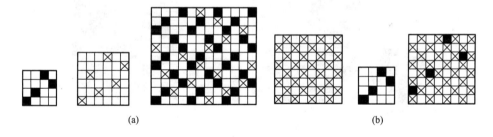

(a)   (b)

图4-10 增点法形成的绉组织

2. 移绘法 采用移绘法绘制绉组织时,是将一种组织的经(或纬)纱移绘到另一种组织的经(或纬)纱之间,如图4-11所示。移绘时,两种组织的经纱可采用1∶1的排列比,也可采用其他排列比。采用此法绘制的绉组织,当经纱排列比为1∶1时,其组织循环经纱数为两种基础

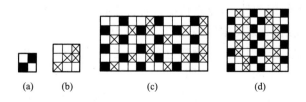

(a)   (b)   (c)   (d)

图4-11 移绘法构作的绉组织

组织的组织循环经纱数的最小公倍数乘以 2,组织循环纬纱数等于两种基础组织的组织循环纬纱数的最小公倍数。

3. 调序法　调序法即调整同一种组织的纱线次序构成绉组织。用这一方法绘制绉组织时,一般以有长短浮长线变化的组织作为基础组织,然后按构成绉组织外观的要求变更基础组织经(或纬)纱的排列次序而成。图 4-12(a)是以 $\dfrac{3\quad 1\quad 1}{2\quad 2\quad 2}\nearrow$ 为基础组织,采用 1、5、9、2、6、10、3、7、11、4、8 的经纱排列顺序绘制成的绉组织。图 4-12(b)是以 $\dfrac{2\quad 1\quad 1}{1\quad 2\quad 1}$ 急斜纹为基础组织,采用 1、4、2、1、3、4、2、3 经纱排列顺序绘制成的绉组织。

图 4-12　调序法形成的绉组织

4. 旋转法　设计绉组织,特别是组织循环数较小的绉组织时,一般情况下往往会出现直向、横向或斜向的纹路,用旋转法加以变化,便可以使纹路消失,从而使绉组织外观更为匀称,如图 4-13 所示。

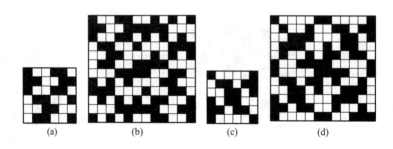

图 4-13　旋转法设计的绉组织

图 4-13(a)的组织外观比较单调,同时在织物表面有直条纹出现,将其经纬纱线循环扩大一倍,然后把图 4-13(a)逆时针旋转 90°,4 块合并起来即为图 4-13(b),图 4-13(b)的外观较为多变,而且消除了直条纹路。图 4-13(c)外观有斜向纹路,经旋转合并后得到图 4-13(d),其小花纹外观较别致,且起绉较均匀。

应用旋转法改善绉组织的外观,是常用的一种方法,但必须注意其经纬组织循环数,所选用的基础组织一般为同面组织,或每根纱线上的经纬组织点相近的组织,组织循环不宜大于 6,以免综片过多,增加上机难度。因旋转时织物组织扩大一倍,所以如果要在多臂机上织造,则只适合在原绉组织循环数较小的图形上应用。

5. 省综设计法　上述运用各种方法绘制的绉组织,因经纱循环受到综页数的限制,组织图都不可能太大,因此在织物表面,经纬纱的交织情况必然还会呈现出一定的规律性,以致影响织物的外观。所以,在生产实际中,为了获得起绉效果较好的织物,就必须扩大组织循环,同时又要在使用综片较少的织机上织造生产,在这个前提下设计的绉组织,称为省综设计法。这种方法可以在使用较少综页数的情况下,按照绘作绉组织的原则,合理安排经纬纱的沉浮规律,从而获得绉效应较好的绉组织。

省综设计法绘制绉组织的步骤如下。

(1)确定综页数(K)。一般是根据生产实际需要和织机设备条件来选定。通常为 4 片、6 片和 8 片。在生产实际中,因 4 片综变化范围较小,不够理想,因此一般多用 6 片或 8 片进行织造。下面以 6 页综为例来讲述。

(2)确定完全组织经纬纱数。一般完全组织经纱数最好为综页数的倍数,完全组织纬纱数为所选的几个基础组织的完全组织纬纱数之和或为其倍数。另外,完全组织经纬纱数差异不能太大。如图 4-14 所示,$R_j = 60$,$R_w = 40$。

(3)设计纹板图。一般根据每次提升 $\frac{1}{2}$ 综片数的方法来绘制。n 片综中,每次提升 $\frac{n}{2}$ 片综有几种不同的情况,可用数学的组合公式求出。

$$C_n^k = \frac{n!}{k! \ (n-k)!}$$

式中:k——每次开口提升的综片数。

当 $k = \frac{n}{2}$ 时:

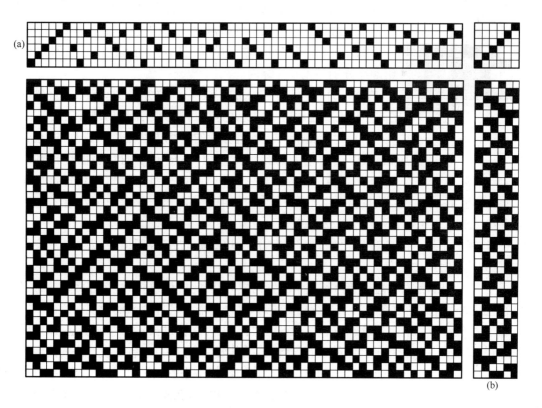

图 4-14　绉组织上机图

$$C_n^{\frac{n}{2}} = \frac{n!}{\frac{n}{2}!\left(n-\frac{n}{2}\right)!} = \frac{n!}{\left(\frac{n}{2}!\right)^2} = \frac{n\times(n-1)\times\cdots\times1}{\left[\frac{n}{2}\times\left(\frac{n}{2}-1\right)\times\cdots\times1\right]^2}$$

当 $n=6$ 时，$C_6^3=20$，即有 20 种不同的提升规律，如图 4-15 所示。

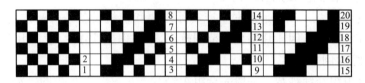

图 4-15 绉组织提综规律图

将这 20 种不同提升规律的纹板作有序的排列(图 4-16)，使其符合相邻两块纹板必须有一处且只能有一处在管理同一片综的纹孔位置上连续植有纹钉或连续不植纹钉，以保证经纬浮长的出现但不超过 2 个组织点。

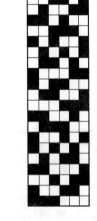

将每块不同提升规律的纹板均使用 2 次而编成 40 块纹板的纹板图，如图 4-14(b)。

(4)设计穿综图。设计穿综图时，应遵守以下几点。

① 首先将完全组织经纱数分成若干组，每一组的经纱数等于综片数。图 4-14 中 $R_j=60$，$K=6$，所以以将经纱分为 10 组。

② 经纱顺次分组穿满整个穿综循环，而在整个穿综循环中，每片综框上穿入的综丝数应尽量相同。例如，某绉组织其经纱循环为 24 根时，如果采用 6 片综，则一个穿综循环内每片综上穿入 4 根综丝，即把 24 根经纱分为 4 组顺序分别穿入 6 片综内。

③ 在同一片综内相邻穿入的 2 根综丝，必须最少间隔 3 根经纱的位置(首尾循环时也要注意这一情况)，这样可避免绉组织出现直条纹路。

图 4-16 省综设计法纹板图例

④ 在同一穿综循环内，每组综片的穿综方法是随机排列的，且各组都不应相同，即在一个大的穿综循环内，不应有小的穿综循环出现。如图 4-14 所示，第一组 1、2、3、4、5、6 顺穿；第二组 3、1、5、2、6、4；第三组 3、5、2、6、1、4；第四组 3、6、5、2、4、1；第五组 5、3、4、6、2、1；第六组 4、3、2、5、1、6；第七组 3、2、1、6、5、4；第八组 1、2、5、3、6、4；第九组 2、1、6、3、5、4；第十组 1、3、2、4、6、5。

(5)纹板的排列。把基础组织的每根纬纱看成一块纹板，进行纹板编链，为了达到良好的绉效应，排列纹板时应注意四点。

① 由于绉组织是以长短经纬浮长交错配置而成的，因此排列纹板时，相邻两块纹板必须有一处在管理同一片综的纹孔位置上连续植有纹钉，这样才能保证经浮长的出现。

② 每根经纱或纬纱上连续经或纬浮长不应太长，因为浮长过长不易卷缩拱起，影响颗粒状起绉外观，特别是使用较粗的经纬纱进行设计时，尤其要注意这一点(省综设计法的绉组织为使织物表面起绉细腻，一般经向连续不超过 2 点，纬向连续不超过 3 点)。也就是说，在管理同一片综的一列纹孔位置上，不应出现好几块纹板连续植有纹钉；在同一块纹板上，也不应出现连续植有过多的纹钉数。

③ 每根经纱的交织次数应尽量一致。

④ 每根经纱上的经组织点数与纬组织点数应尽量相等。

(6)作绉组织图。用编排好的穿综图和纹板图作绉组织图。用任何一个编排好的穿综图与纹板图均可以求出相应的绉组织图,作绉组织时,所取经纬纱循环数一般不宜相差太大。

四、绉组织的应用

由上可知,构作绉组织的方法多种多样,无论采用哪一种方法绘作绉组织,都必须注意所形成绉组织的织物表面起绉的效果,如效果不良,可用改变基础组织或作图等方法加以改进。绉组织在各种织物中都有应用,在棉织品的色织物中用得较多,在毛织物、化纤织物及丝织物中也都有应用。

第三节 蜂巢组织

织物表面呈现四周高、中间低的凹凸花型,且状如蜂巢的组织,称为蜂巢组织。

一、蜂巢组织织物外观形成原理

蜂巢组织的织物之所以能形成边部高中间凹的蜂巢形外观,是因为在它的一个组织循环内,有紧组织(交织点多)和松组织(交织点少),两者逐渐过渡相间配置。在平纹组织处,因交织点多,所以较薄;在经纬浮长线处,没有交织点,织物较厚。在平纹组织处,其织物表面是凸起还是凹下,可分两种情况。在组织图上,一种是图4-17中的甲部分,在平纹组织以甲为中心的上

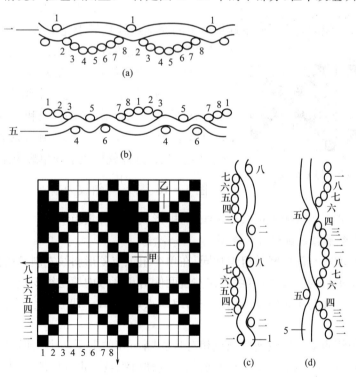

图4-17 蜂巢组织图

面和下面是经浮长线,而在其左面和右面是纬浮长线,因组成此处平纹的经纬纱均是浮在织物表面的浮长线,所以把平纹带起而形成织物表面凸起的部分。另一种情况正相反,如图4－17中的乙部分,在平纹组织以乙为中心的上面和下面是纬浮长线(即在织物背面是经浮长线),在其左面和右面是经浮长线(即在织物背面是纬浮长线),因此把平纹在织物反面带起,而在织物表面凹下。另外,因经纬浮线是由浮长线逐渐过渡到平纹组织的,所以织物表面的凹凸程度亦是逐渐过渡的,由此形成蜂巢形外观。

图4－17(a)和(b)为蜂巢组织的截面图,由截面图也可看出蜂巢组织外观的形成。图4－17(a)、图4－17(b)是织物横截面图(第一纬、第五纬);图4－17(c)、图4－17(d)是织物纵截面图(第1经、第5经)。

从图4－17(a)与图4－17(d)中可看出第一纬处于最高位置(织物正面)。从图4－17(b)与图4－17(c)可看出第1经处于最高位置(织物正面)。因此第1经与第一纬交叉处高而凸起(即图4－17中的甲部分)。从图4－17(a)与图4－17(d)可看出第5经处于最低位置(织物正面)。从图4－17(b)与图4－17(c)可看出第五纬处于最低位置(织物正面)。因此第5经与第五纬交叉处低而凹下(即图4－17中乙部分)。

二、蜂巢组织绘图方法

1. 简单蜂巢组织组织图的绘制 简单蜂巢组织是在单个组织点的菱形斜纹基础上绘作而成的。

(1)选定基础组织。简单蜂巢组织通常是以原组织纬面斜纹,如$\frac{1}{3}$、$\frac{1}{4}$、$\frac{1}{5}$、$\frac{1}{6}$等为基础组织的。

(2)确定完全组织的大小。简单蜂巢组织的完全经纱数等于完全纬纱数,与具有相同基础组织的菱形斜纹相等,即$R_j = R_w = 2K_j - 2$。

(3)填绘单个组织点的菱形斜纹。

(4)菱形斜纹的斜纹线把整个组织分成四部分,然后在其相对的两个三角形区域内(上和下两部分或左和右两部分)填绘经组织点,填绘时,必须与原来的菱形斜纹之间空一个组织点,这样就构成了简单蜂巢组织。

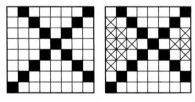

图4－18 简单蜂巢组织

图4－18是以$\frac{1}{4}$斜纹为基础,$K_j = K_w = 5$的菱形斜纹;再在其左右两侧对角区域内填绘经组织点,即形成简单蜂巢组织。

2. 几种变化蜂巢组织组织图的绘制

(1)组织循环大小与简单蜂巢组织相同,在单个组织点菱形斜纹左斜纹线的下方,隔一个纬组织点,再作一条平行的斜纹线,然后再在左右两侧对角区域内填绘组织点。填绘时,与双条斜纹线中的一条相连,而与单条斜纹线仍空一纬组织点,如图4－19所示。这种组织具有长方形的蜂巢外观。

(2)将单个组织点菱形斜纹变成顶点相对且相隔一纬的上下两个山形斜纹,然后在左右两侧对角区域内填绘经组织点,如图4－20所示。这种组织具有正方形的外观。但是其完全经纬纱数不相等,$R_j = 2K_j - 2$,$R_w = 2K_w$。

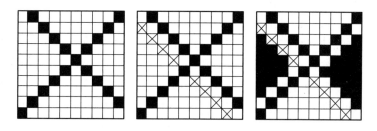

图 4－19　变化蜂巢组织(1)

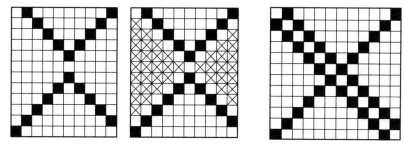

图 4－20　变化蜂巢组织(2)　　　　图 4－21　变化蜂巢组织(3)

(3)在单个组织点菱形斜纹的左斜纹线下方,隔一个纬组织点,再作一条平行的左斜纹线,然后在左右两侧对角区域内填绘经组织点,各成一个菱形区域,其经纬最长的浮长线等于$\left(\dfrac{R}{2}-1\right)$。填绘时,经组织点与双条斜纹线相连,而与单条斜纹线相隔一个纬组织点。再在上下两对角区域绘两个经组织点菱形。每个菱形上下各半,各与双条斜纹线相连,与单条斜纹线隔一个纬组织点。所绘成的组织图如图 4－21 所示。这种组织称为勃拉东蜂巢组织。

三、蜂巢组织的应用

蜂巢组织上机采用顺穿法或照图穿法。在织机综框允许的情况下,应尽可能采用顺穿法,这样操作简单、方便,而且每一页综框上的负荷相等。当组织循环较大时,宜采用照图穿法,这样可以节约综框。用蜂巢组织所织成的织物表面美观,立体感强,比较松软,富有较强的吸水性,因此在各类织物中均有应用。在棉织物中,常用于织制餐巾、围巾、床毯等。用作服装或装饰织物时,常设计成各种变化蜂巢组织,或与其他组织联合。

第四节　透孔组织

透孔组织织成的织物,其表面具有均匀分布的小孔。由于这类织物的外观与复杂组织中由经纱相互扭绞而形成孔隙的纱罗织物类似,因此又称为假纱罗组织或模纱组织,但是织物外观孔眼的稳定性不如纱罗组织。

一、透孔组织的特征与形成原理

现以图4-22为例,说明透孔组织织物孔隙的形成原因。由图4-22可看出,第3与第4根经纱及第6与第1根经纱都是按平纹组织和纬纱交织,其经纬组织点相反。因此,第3与第4根经纱及第6与第1根经纱就不易互相靠拢。另外,在第二与第五根纬纱浮长线的作用下,使第1、第2、第3根经纱向一起靠拢,第4、第5、第6根经纱向一起靠拢。因此,在第3与第4根经纱之间及第6与第1根经纱之间,形成纵向的缝隙。同理,在第三与第四根纬纱之间及第六与第一根纬纱之间形成横向缝隙。这样就使织物表面出现了孔眼,如图4-22(b)所示,○处为孔眼位置。

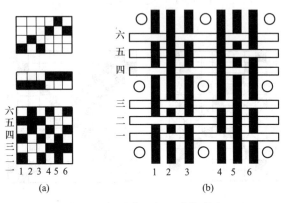

图4-22 透孔组织空隙的形成

二、简单透孔组织

绘制简单的透孔组织,第一步要确定其组织循环纱线数,简单透孔组织的$R_j = R_w$,并且为偶数,常见的有$R = 6$、$R = 8$、$R = 10$、$R = 14$几种。第二步在意匠纸上画出组织图的范围,并把R_j、R_w分别分成两组。第三步在组织图的左下角填绘基础组织,使得连续的浮长线分别构成"十"字形、"井"字形、"田"字形。第四步按照底片翻转的关系画出其余的组织点。图4-22(a)、图4-23(a)、图4-23(b)、图4-23(c)分别为$R = 6$、$R = 8$、$R = 10$、$R = 14$的透孔组织。

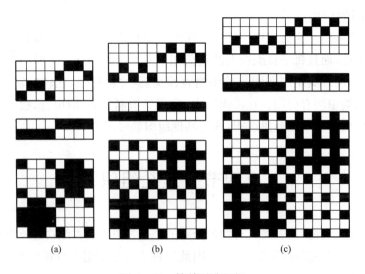

(a)　　　　　(b)　　　　　(c)

图4-23 简单透孔组织

透孔组织浮长线的长度对孔眼大小有很大的影响，浮长线越长，织物表面形成的孔眼越大。但是浮长线太长，织物将过于松软，会影响织物的服用性能，织物表面也会过于粗糙。因此，服用面料的浮长线一般小于5个组织点。

织制透孔组织时，密度不宜太大，否则透孔效果不明显。为了增加孔眼效果，穿筘时应将每组经纱穿入同一筘齿内，如图4-22与图4-23所示，甚至在每组经纱之间空出一两个筘齿。纬向可采用间歇卷取的方法，使每组纬纱间有空隙。简单透孔组织一般采用4页综的间断穿法。

三、花式透孔组织

简单透孔组织在织物表面形成满地规则的细小孔隙，花型较单一。在实际生产及应用中，常采用其他组织与透孔组织联合构成各种花型优美的花式透孔组织。透孔组织的小单元可以按照各种几何图形与平纹组织相配合，构成花式效果。设计花式透孔组织时，应注意组织循环不宜太小，以免花型效果不明显。图4-24所示为两种花式透孔组织。

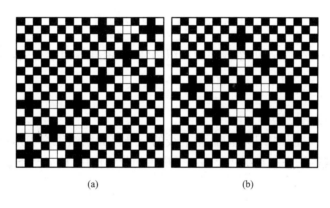

(a)　　　　　　　　　　(b)

图4-24　花式透孔组织

四、透孔组织的应用

透孔组织广泛用于棉、麻、丝等轻薄织物中，主要取其多空、轻薄、凉爽、易于散热、透气等特点，一般适用于稀薄的夏季服装用织物，毛织物中应用较少。在涤纶等合成纤维织物中采用透孔组织既增添了花纹，又改善了合成纤维透气性差的缺点。

第五节　凸条组织

一、凸条组织及其形成原理

使织物的正面产生纵向、横向或倾斜方向的凸条，而反面则为纬纱或经纱的浮长线组织，成为凸条组织。凸条组织织物有别于灯芯绒织物，它是靠织物组织直接形成其凸条外观，而灯芯绒是通过织物组织和后整理而产生凸条外观的。

凸条组织是由浮长线较长的重平组织和另一种简单组织联合而成。凸条效应的形成是由于在凸条组织内,一部分经纱与纬纱(或纬纱与经纱)交织成固结组织,以较紧密的结构呈现在织物的正面;另一部分以长浮线状态沉在织物的反面,织物下机后由于反面长浮线收缩,使正面的紧密固结组织因受反面的收缩作用力而凸起,形成凸条外观。图4-25(a)所示为其组织图,图4-25(b)为其横向剖面图。

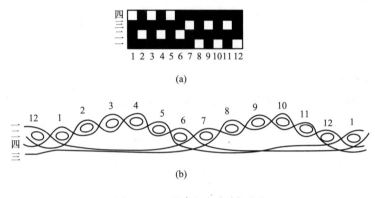

图4-25 凸条组织与剖面图

凸条隆起的程度与织物结构、纱线性能和织物经、纬密度等因素有关,沉浮的浮长线越长,则凸起的程度显著。

二、凸条组织的构图方法

常见的凸条组织以重平组织为基础,重平线的一半以固结组织交织形成凸条的表面,重平线的另一半以长浮线的形态沉在织物反面起下机后的收缩作用,构成凸条组织。凸条组织的构图步骤如下。

1. 选择基础组织和固结组织 基础组织一般选用$\frac{4}{4}$重平、$\frac{6}{6}$重平或$\frac{6}{6}$斜纹等组织,基础组织的浮长线应是固结组织纱线循环的整数倍;固结组织根据织物外观需要选择,常采用平纹、$\frac{1}{2}$、$\frac{2}{1}$斜纹或$\frac{2}{2}$斜纹等组织。

2. 确定固结组织和基础组织的排列比 一般常用的排列比为1:1或2:2,较少采用2:2以上的排列比,因排列比过大,容易使织物正面漏出浮长线的痕迹。

3. 计算凸条组织的经、纬纱循环

纵凸条组织:R_j=基础组织的经纱循环

R_w=基础组织的纬纱循环×固结组织纬纱循环

横凸条组织:R_j=基础组织的经纱循环×固结组织经纱循环

R_w=基础组织的纬纱循环

4. 画基础组织和固结组织 例如,选$\frac{6}{6}$重平组织为基础组织,平纹组织为固结组织,固结组织和基础组织的排列比为2:2,画经凸条组织。

由公式计算凸条组织的经、纬纱循环为:

$$R_j = 基础组织的经纱循环 = 12$$

$$R_w = 基础组织的纬纱循环×固结组织纬纱循环 = 2×2 = 4$$

在凸条组织的经纬纱循环内,画出其凸条组织图,如图4-26所示,图4-26(a)为基础组织的组织图,(b)为凸条组织的组织图,(c)为横向剖面图。

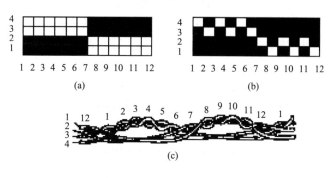

图4-26 凸条组织的构图

三、增加凸条效应的方法

凸条的隆起程度除受其上述织物上机参数的影响外,还有其他措施可以提高凸条织物的隆起效应。

在两凸条组织之间加入两根平纹组织的经纱作为分割线,再加上合适的穿筘,能够明显提高凸条织物的隆起程度,如图4-27(a)中的第7根和第8根经纱所示。在凸条织物的中间加入几根较粗的纱线作为芯线,同样可以增强凸条的丰满程度,如图4-27(b)中的第4根、第5根和第14根、第15根经纱即是芯纱。从织物的横截面图可以看出,芯纱位于凸条的下面,纬浮长线的上面,并未与任何一根纬纱交织,它只起一个衬垫作用,可以使用较差的原料。

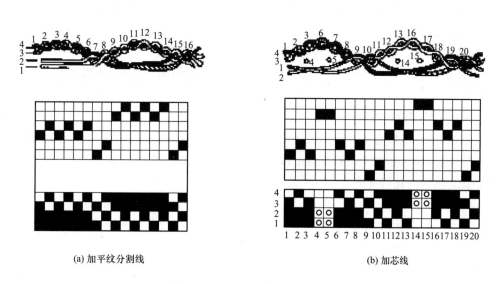

(a) 加平纹分割线　　　　　　　　　(b) 加芯线

图4-27 增强凸条效应的方法

第六节　小提花组织

一、小提花组织及其形成原理

采用多臂织机织造,在织物表面运用两种或两种以上的组织变化形成花纹外观的组织称小提花组织。应用小提花组织织制的织物称为小提花织物,因其表面呈现明显的花纹,所以与大提花织物相比,除了工艺、设备条件以及花纹变化的受限程度外,与大提花织物没有本质的区别。

小提花组织利用两种或两种以上的组织构成,它不同于联合组织的是两种组织的应用比例相差较大,一般把应用比例大的称为地组织,另一种组织称为花纹组织。为了织造顺利进行,地组织往往选用比较简单的组织,平纹地小提花是最常见的小提花织物。

小提花织物的花纹可以由经浮长线构成,即经起花组织;也可以由纬浮长线构成,即纬起花组织;或经、纬浮长线联合构成。还可以在透孔、蜂巢等组织上起花纹。花纹形状多种多样,可以是散点,也可以是几何图案,花纹分布可以是条形、斜线、曲线、山形、菱形等。

二、小提花组织的设计和注意事项

设计小提花织物应注意以下事项。

(1)花纹组织、地组织配合时,花、地交接要清楚,使得花纹清晰,不变形,对平纹地小提花来讲,花组织的浮长线以单数为宜。

(2)起花部分的浮长线不要太长,对平纹地小提花来讲,一般经浮长线不超过3个组织点,最多用5个组织点,纬浮长线可以稍长些。浮长线过长,织物的细洁程度受影响,织物的强力也受到影响。

(3)设计花型时,应考虑织机的综页容量,一般不要超过16页综。

(4)起花部分的经纱交织次数不要与地组织相差太大,尽可能采用单织轴织造,以减少工艺的复杂性和加工成本。

(5)每次开口提综数尽可能均匀,花型配置应相对均匀分布。

(6)起花部分只起点缀作用,织物的密度可与地组织相同,采用平筘,不用花筘。

三、小提花组织设计举例

设计小提花组织时,要首先确定织物花纹纹样、起花方法,再根据花纹尺寸、经纬密度,确定组织循环纱线数,最后在地组织的基础上改变起花部分的某些组织点,使之形成花纹。下面举例说明小提花织物的花型构成。

1. 经浮线花纹　图4-28及图4-29是以经浮线形成的小花纹。其中图4-28为向一个方向倾斜的四个不连续的短斜线所形成的小花纹,在布面上分散分布。其织物外观如图4-28(b)所示,图4-28(a)为其组织图。

图4-29是由经浮线形成的菱形小花纹,且连续配置成直条形花纹,其织物外观如图4-29(b)所示,图4-29(a)为其组织图。

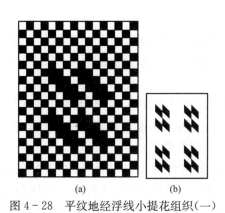

(a)   (b)

图 4 - 28　平纹地经浮线小提花组织(一)

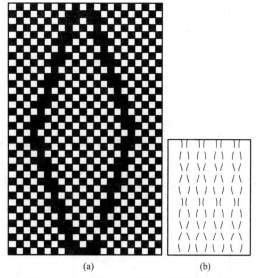

(a)   (b)

图 4 - 29　平纹地经浮线小提花组织(二)

2. 纬浮线花纹　图 4 - 30 为纬线花纹,其织物外观如图 4 - 30(b)所示,图 4 - 30(a)为其组织图。

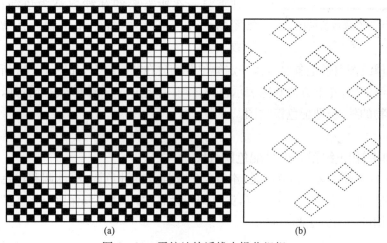

(a)   (b)

图 4 - 30　平纹地纬浮线小提花组织

3. 经、纬浮线联合花纹　图 4 - 31 为经、纬浮线联合组成的花纹,其织物外观如图 4 - 31(b)

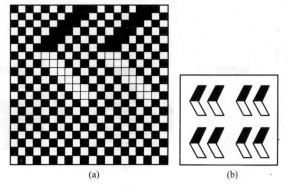

(a)   (b)

图 4 - 31　平纹地经、纬浮线联合小提花组织

所示,图4-31(a)为其组织图。

第七节 色纱与组织配合——配色模纹组织

利用不同颜色的纱线与织物组织相配合,在织物表面能构成各种不同的花型图案。这说明织物的外观不仅与组织结构有关,而且与经纱、纬纱的颜色配合有关,这种配合能使织物的外观更加丰富多彩。

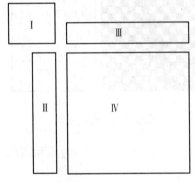

图4-32 配色模纹排列图

色纱与组织配合,所得织物的花型图案是多种多样的,这种花型图案称为配色模纹。配色模纹在棉、毛、丝、麻、化纤等各种织物中应用得非常广泛。

为了更方便地描述各种色纱排列和构建配色模纹图,需引入有关概念。各种颜色经纱的排列顺序简称为色经排列,色经排列重复一次所需要的经纱数称为色经循环;各种颜色纬纱的排列顺序简称为色纬排列,色纬排列重复一次所需要的纬纱数称为色纬循环。配色模纹图的大小等于色纱循环和织物组织循环的最小公倍数。

构建配色模纹图习惯把各要素按一定的位置摆放在艺匠纸上,如图4-32所示。图中左上方的Ⅰ区表示组织图,左下方的Ⅱ区表示色纬排列,右上方的Ⅲ区表示色经排列,右下方的Ⅳ区表示所形成织物的外观,即配色模纹图。

一、由组织图和色纱循环绘制配色模纹图

1. 模纹图的绘制 这里强调的是,本教材中仅涉及两种色调,深色调和浅色调。在配色模纹图中,无论是经组织点还是纬组织点,深色调用涂黑"■",浅色调保留空格"□"。

配色模纹图的绘制方法和步骤。

(1)首先确定所用的组织图、色经循环和色纬循环。如图4-33所示,采用$\frac{2}{2}\nearrow$组织,色经、色纬的排列顺序为2A4B2A,所以色经循环和色纬循环均为8,配色模纹循环也等于8。

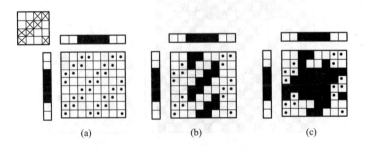

(a)   (b)   (c)

图4-33 配色模纹图的绘制方法

(2)在分区图的相应位置绘制组织图、色经及色纬的排列顺序,并在配色模纹循环内填绘组织点。为了避免组织点与模纹图混淆,组织图中的经组织点用小点即可,如图 4-33(a)所示。

(3)根据色经的排列顺序,在相应色经(■符号)纵行内的经组织点处,填绘色经的颜色,如图 4-33(b)所示。同样在相应色纬(■符号)的横行内的纬组织点处,填绘色纬的颜色,如图 4-33(c)所示。

2. 各种配色模纹图 根据组织和色纱排列的变化可以得到各种各样花型外观的配色模纹图。

(1)条形花纹。

① 横条形花纹。图 4-34 所示为一平纹组织,两种颜色构成横条形花纹。其构图步骤如下。

a. 在配色模纹图位置轻轻画织物组织图。

b. 画色经排列。

c. 画色纬排列。

d. 在相应色经(■符号)纵行内的经组织点处,填绘色经的颜色。

e. 在相应色纬(■符号)横行内的纬组织点处,填绘色纬的颜色。

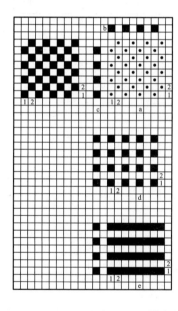

经纬纱排列	■	1
	□	1
		2

图 4-34 横条形花纹配色模纹图

② 竖条形花纹。图 4-35 所示为一平纹组织,两种颜色构成的竖条形花纹。其构图步骤同上。

(2)条格花纹。横条形花纹和竖条形花纹结合,可以产生不同的条格花纹,图 4-36 所示为一平纹组织,采用不同的色经、色纬排列,可产生格状效果。

(3)各种几何图案花纹。由前面学过的各种变化组织,如斜纹、芦席斜纹、菱形斜纹等配以合适的色纱排列,可构成各种各样的花纹,如图 4-37 所示。

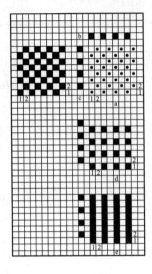

经纱排列	■	1
	□	1
		2
纬纱排列	□	1
	■	1
		2

图 4-35　竖条形花纹配色模纹图

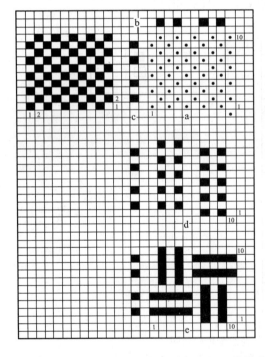

经纬纱排列	□	1	1	2	1	1	=	6
	■	1	1	1	1		=	4
								10

图 4-36　条格花纹配色模纹图

(4)犬牙格花纹。利用 $\frac{2}{2}$ 斜纹构成犬牙格花纹,在日常生活中经常看到,如图 4-38 所示。

(5)鸟眼花纹。一种花纹可以用不同的组织来构成,常用的鸟眼花纹可以用多种织物组织构成,如图 4-39 所示。

(6)阴影花纹。绉组织和色纱巧妙配合,可产生阴影效果,如图 4-40 所示。

组织图　　　　　模纹图

经纬纱排列	□	1
	■	1
		2

经纬纱排列	■	1
	□	1
		2

图 4-37　各种几何图案花纹

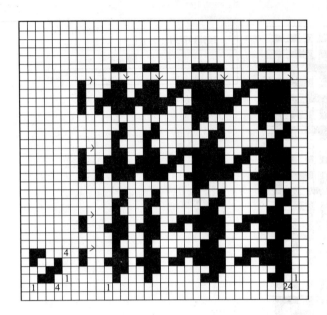

经纬纱排列						
□	2	2	4	4	=	12
■	2	2	4	4	=	12
	4					24

图 4 - 38　犬牙格花纹

经纬纱排列	□	1	1	2
	■	2		2
				4

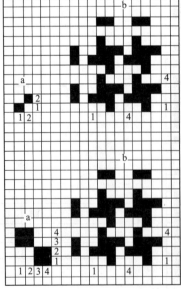
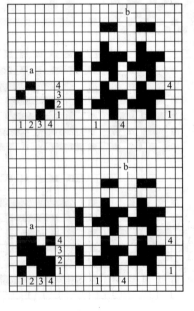

图 4 - 39　鸟眼花纹

经纬纱排列	□	3	4	3	2	2	3	4	3	=	24
	■	2	3	4	6	4	3	2		=	24
											48

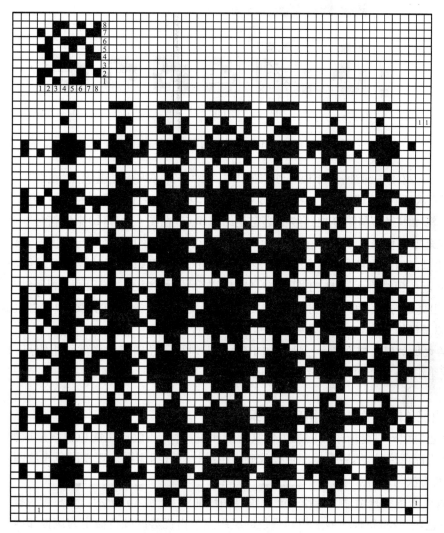

图 4-40　阴影花纹

二、由色纱循环和配色模纹绘制组织图

进行色织物设计时,常常遇到已知经纱、纬纱排列和配色模纹图,需确定织物组织的情况,此时,就要根据配色模纹和经纱、纬纱排列,分析配色模纹中每一个组织点的性质。现以配色模纹图 4-41 为例说明。

1. 确定必然的经组织点和必然的纬组织点　由图 4-41(a)中一个配色模纹和色纱循环可知第 1 根经纱与第 2 根纬纱相交织处显深色,因第 1 根经纱是深色,第 2 根纬纱是浅色,可以断定这个组织点是经组织点,在图 4-41(b)中以符号"⊠"表示,同理第 2 根经纱与第 3 根纬纱,

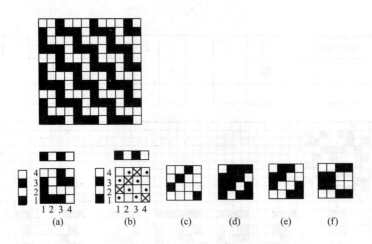

图4-41 已知色纱排列与配色模纹作组织图

第3根经纱与第4根纬纱,第4根经纱与第1根纬纱亦都必须是经组织点,在图4-41(b)中以符号"⊠"表示;同样道理第1根经纱与第4根纬纱,第2根经纱与第1根纬纱,第3根经纱与第2根纬纱,第4根经纱与第3根纬纱都必定是纬组织点,在图4-41(b)中以符号"□"表示。

2. 确定可变的经组织点 在4-41(a)配色模纹图中,第1根经纱与第1根、第3根纬纱相交织,无论是经组织点还是纬组织点,均显深色,即这两个组织点可以是经组织点,亦可以是纬组织点,对配色模纹都无影响,在图4-41(b)中以符号"⊡"表示。同理第3根经纱与第1根、第3根纬纱相交处均显深色,第2根、第4根经纱与第2根、第4根纬纱相交处均显浅色,与色纱相同,既可以是经组织点,亦可以是纬组织点,均以符号"⊡"表示。

3. 构建组织图 根据图4-41(b)中的色纱排列和已经确定的必然经组织点、必然纬组织点和可变组织点,可作出几个组织图,如图4-41(c)、图4-41(d)、4-41(e)、4-41(f)所示。

三、由配色模纹确定色纱循环和组织图

因为色组织外观与所采用的配色模纹密切相关,所以在设计由配色模纹形成的色织物时,常常先考虑配色模纹,然后根据配色模纹确定色纱排列和组织图。现以配色模纹图4-42为例说明之,其方法与步骤如下。

1. 假定色纬排列顺序 选择一配色模纹循环如图4-42(b)所示。观察配色模纹图中每根纬纱的颜色,一般将每根纬纱上相同颜色的组织点数占优势的颜色假定为该根纬纱的颜色。如图4-42(b)所示,第1根、第3根纬纱深色占优势,第2根、第4根纬纱浅色占优势,故假定第1根、第3根纬纱为深色,第2根、第4根纬纱为浅色。

2. 确定必然的经组织点 根据已假定的色纬排列顺序,观察配色模纹图中每根纬纱上的每个组织点的颜色,以确定那个是必然的经组织点及该组织点的颜色。凡是与观察的纬纱颜色不同的组织点必然是经组织点。如图4-42(c)所示,第1根纬纱为深色,而在配色模纹图中第1根纬纱与第4根经纱的交织点是浅色,说明这个组织点必然是经组织点,且这根经纱也一定是浅色。同理找出其他的必然经组织点,如图4-42(c)所示。

3. 确定色经的排列顺序 当必然的经组织点确定后,首先检查每根经纱上所有的必然经组织点的颜色是否相同,如果每根经纱上的必然经组织点都只有一种颜色,即说明原来假定的

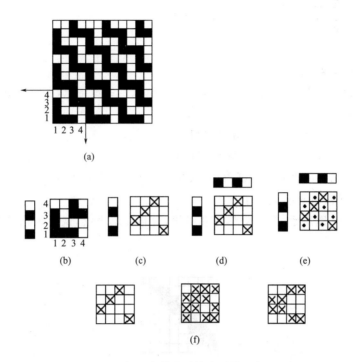

图 4－42　已知配色模纹确定色纱排列与组织图

色纬排列顺序是正确的,而且每根经纱上的颜色也就由该根经纱上的必然的经组织点的颜色决定了。因此,可把各根经纱的颜色填绘在配色模纹图的上方,即为色经的排列顺序,如图 4－42(d)所示。如在必然经组织点图中,某根经纱上有两根或两根以上颜色的必然经组织点,则说明原来假定的色纬排列顺序是错误的,需重新假定色纬排列顺序。

4.　构建组织图　当色纬排列顺序、色经的排列顺序都确定后,问题回到了前面"由色纱循环和配色模纹绘制组织图"的内容,从而求可变组织点,如图 4－42(e)所示,组织图如图 4－42(f)所示。

☞ 思考题

1. 以八枚五飞(三飞)经(纬)面缎纹为基础组织,绘作一纵条纹组织。

2. 以 $\frac{2}{2}$ 经重平、$\frac{2}{2}\nearrow$ 和 $\frac{2}{2}$ 方平为基础组织,绘作一纵条纹组织。

3. 以四枚不规则缎纹为基础组织,$R_j = R_w = 16$,绘作小方格组织的上机图。

4. 以五枚三飞经(纬)面缎纹组织为基础,绘作 $R_j = R_w = 10$ 的方格组织。

5. 设计绉组织的注意事项有哪些?

6. 以 $\frac{2}{3}\nearrow$、$\frac{3}{2}\nearrow$、$\frac{1}{1}$ 为基础组织,采用经纱排列为 1、9、5、7、3、6、2、4、12、10、8、11 构成绉组织。

7. 以 $\frac{3}{2}\nearrow$、$\frac{2}{2}\nearrow$ 为基础组织,分别采用经纱次序为:

(1)1、8、3、2、5、4、6、7。

(2)2、1、4、3、5、6、8、7。

(3)1、7、3、5、2、4、8、6。

试绘作这三个绉组织图。

8. 试自由设计一个$R_j=36$，$R_w=20$，采用 6 页综织制的绉组织，并说明设计思路。

9. 试设计一平纹与绉地的条子织物组织。

10. 试绘作$R_j=R_w=12$的简单蜂巢组织。

11. 试述透孔组织(假纱罗)在织物表面形成孔的原理。

12. 试作$R_j=R_w=8$的透孔组织图，并以"○"标出孔眼所在的位置。

13. 试设计一平纹与透孔的条子组织。

14. 纹样如题 14 图所示，黑格处填透孔组织，白格处填平纹，试画该花式透孔组织上机图，要求用综数≤16。

题 14 图

15. 设$R_j=24$，$R_w=8$，以$\frac{2}{2}\nearrow$为固结组织，试绘凸条组织的上机图。

16. 以$\frac{8}{8}$经重平和纬重平为基础组织，平纹组织为固结组织，按照纹样图(下图)绘制纵横联合凸条组织(甲区和乙区各代表经纬纱 16 根)。

乙	甲
甲	乙

17. 以$\frac{6}{6}$纬重平组织为基础，平纹组织为固结组织，绘制凸条组织，并加芯线和分割线。

18. 试设计一个平纹地经纬起花小提花组织的组织图，并画出穿综图和纹板图，花形效果如题 18 图所示。

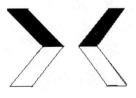

题 18 图

19. 已知色纱排列和配色模纹如下图，求组织图。

题 19 图

20. 已知配色模纹图如下，求色纱排列和组织图。

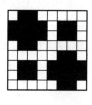

题 20 图

第五章 复杂组织

原组织、变化组织、联合组织都是由一个系统的经纱和一个系统的纬纱构成的,在复杂组织的经、纬纱中,至少有一个方向的纱线(经纱或纬纱)是由两个或两个以上系统的纱线组成的。即至少使用两个或两个以上系统的经纱和一个系统的纬纱,或者两个或两个以上系统的纬纱和一个系统的经纱交织而成,甚至经纱和纬纱各有两个或两个以上系统。这种组织结构能增加织物的厚度,提高织物的耐磨性,能得到一些简单组织无法得到的性能和模纹。它们在服装用织物、装饰用织物和产业用织物中已得到广泛应用。

原组织、变化组织和联合组织等组织虽然种类很多,结构各异,但都由一个系统的经纱和一个系统的纬纱构成,而复杂组织的纱线系统复杂得多。因此,在设计绘图、上机与织造工艺等方面都比较复杂。

复杂组织的主要构成方法如下。

(1)由一个系统经纱和若干系统纬纱或若干系统经纱和一个系统纬纱构成。同方向各个系统的纱线,在织物中相互重叠。

(2)若干系统的经纱和若干系统的纬纱构成的复杂组织,可以制成两层或两层以上的织物,层与层之间根据要求可以相互分离,也可以按一定方法联结在一起。

(3)一个系统的经纱或纬纱与地组织构成复杂组织,这些经纱或纬纱在织造或整理过程中被割断或部分被割断,割断的纱头在织物表面形成竖立的毛绒。

(4)两个系统经纱和一个系统纬纱,结合两个系统经纱张力差异和送经量大小的不同,并配合特殊打纬方法,在织物表面形成毛圈。

(5)两个系统的经纱与一个系统的纬纱交织而成的,利用两个系统经纱的相互扭绞,在织物表面形成稳定的孔眼。

由上述各种构成方法可知,复杂组织的织造比单层组织复杂得多。应用于复杂组织中的经纱在织缩率、线密度、纤维材料或上机张力等方面显著不同时,则需用双经轴织造,有的复杂组织织物还需采用特殊的综及经纱张力调节装置。同样,当纬纱的纤维材料、线密度、颜色等各不相同时,则需以多梭箱织造。

复杂组织及其织物的种类很多,各种复杂组织织物都有其各自的特殊性能与风格。各种原组织、变化组织和联合组织都可成为复杂组织的基础组织,复杂组织按其形成方法分类,主要有重组织(分为重经组织、重纬组织)、双层组织及多层组织(分为管状组织、双幅组织、表里换层组织、表里接结组织、多层组织)、起毛起绒组织(分为纬起毛组织、经起毛组织、地毯组织、毛巾组织)、纱罗组织。

第一节 重组织

重组织是复杂组织中比较简单的一类,它分为重经组织与重纬组织两类。重经组织是由两个或两个以上系统的经纱与一个系统的纬纱交织而成的,称经二重组织或经多重组织。重纬组织是由两个或两个以上系统的纬纱与一个系统的经纱交织而成的,称纬二重组织或纬多重组织。

纱线在织物中可重叠状配置,不需要采用高密度的纱线就可以增加织物的质量和厚度,又可使织物的正反面获得不同组织、不同色彩的花纹,丰富了织物的外观。

由于重组织是由两个或两个以上系统的经纱或纬纱交织而成,所以在织物的设计与生产中,有以下几方面作用。

可织成双面织物。包括正反两面具有相同组织、相同色彩的同面织物以及不同组织或不同色彩的异面织物。在平素织物中应用较多,如双面缎等。

可织成织物表面由不同色彩或不同原料所形成的色彩丰富、层次多变的花纹织物。在提花织物中应用较多,如留香绉、金雕缎、花软缎、织锦缎等丝织物。

由于经纱或纬纱组数的增加,不但能够美化织物的外观,而且可以增加织物的重量、厚度,改善其坚牢度以及保暖性。

在实际生产中,应用较多的重组织有经二重组织、经起花组织、经三重组织、纬二重组织、纬起花组织、纬三重组织。

一、重组织构成原理

构成重经组织的两组或两组以上的经纱以及构成重纬组织的两组或两组以上的纬纱如何才能相互重叠,使显现在织物表面的经纱或纬纱(表经或表纬)能够较好地掩盖背衬在里面的经纱或纬纱(里经或里纬)呢,其构成原理如下。

(1)表经(或表纬)纱、里经(或里纬)纱与纬纱(或经纱)交织的组织点,在一个完全组织循环内必须有一个公共的组织点,这是构成重组织最基本的一条原理。

因为表里经纱(或表里纬纱)只有在它们相同的组织点内才能借助机械的作用产生滚动和滑移,否则,表里经纱(或表里纬纱)组织点位置的不同将产生相互阻挠或顶撞,以致不能形成重叠效果。

图5-1(a)为表里经有一个共同组织点的重经组织图和经向剖面图。图5-1(b)为表里没有共同组织点的组织图和经向剖面图。很显然,图5-1(a)由于有共同组织点,因此能形成重经组织。而图5-1(b)虽然具有两组经纱,但由于无共同组织点,故不能得到重组织的重叠效果。

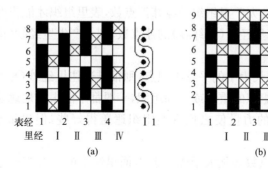

图5-1 重经组织重叠原理图

图 5-2(a)为表里纬有一个共同组织点的重纬组织图及纬向剖面图。图 5-2(b)为表里没有共同组织点的组织图和纬向剖面图。很显然,由于图 5-2(a)里纬纬浮点的前后均是表纬纬浮点,所以重叠效果好,在表面只看到表纬长浮纱。图 5-2(b)由于里纬纬浮点的前后是表纬的经浮点,因此相互不能重叠,故不能得到重纬组织的重叠效果。

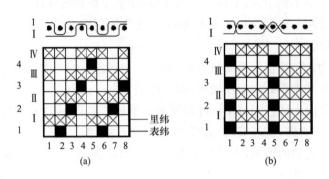

图 5-2 重纬组织重叠原理图

(2)表里经纱(表里纬纱)在一个完全组织内,表经纱(或表纬纱)的浮长必须大于里经纱(里纬纱)的浮长,这样才能使表经(表纬)的浮长纱遮盖住里经(里纬)的浮长纱。

图 5-3(a)为表经经浮点数等于 7,里经浮点数等于 1,以浮点数等于 7 的遮盖住浮点数等于 1 的重经组织图。

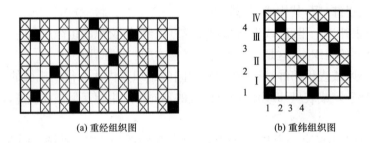

图 5-3 重组织经纬循环示意图

在图 5-3(b)中,表纬纬浮点数等于 3,里纬纬浮点数等于 2,它是以 3 个纬浮点遮盖 2 个纬浮点的重纬组织图。

总之,表组织的经纬浮点数大于里组织的经纬浮点数,表里组织才能很好地重叠。相反,若表经纱(表纬纱)的浮点数小于里经纱(里纬纱)的浮点数,则会产生里经纱(里纬纱)遮盖表经纱(表纬纱)的情况。

若表经纱(或表纬纱)为浮长为 1 的平纹组织点,则很难遮住里经纱(里纬纱)浮长同样为 1 的组织点,因此表组织为平纹组织的重经或重纬组织,一般都不能很好地遮盖里组织的组织点。而重纬组织虽然可以借打纬的力量使之比重经组织遮盖得好些,但也很难达到完全遮盖的目的。

因此,重组织表组织的浮点数必须大于或等于 2,而里组织的浮线要短于表组织的浮线,这样里组织才能很好地被遮盖。

（3）表组织和里组织的完全经纬纱数必须相等或表组织是里组织的整倍数,如果表里基础组织不成整倍数,就不能很好地重叠,同时还会增加重组织的经纬纱循环数。

图5-4(a)表组织为8枚缎纹,(b)里组织为5枚缎纹,(c)表经：里经＝1∶1排列的重经组织图。从图5-4(c)可看出,在重经组织中,里经组织点有的能被表经遮盖,有的不能被遮盖。而且重组织未能达到一个循环,若要达到一个完全循环组织,其经纱循环数必须是8和5的最小公倍数乘以排列比之和,即80根,纬纱循环数为40根。因此,设计重组织时,表里组织的经纱（或纬纱）循环必须选择相等或成整数倍才合理。

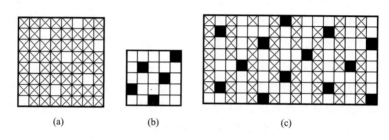

(a)　　　　　　(b)　　　　　　　　　(c)

图5-4　经二重组织图

二、重经组织

在重经组织中,显现在织物表面的经纱称为表经,重叠在表经下面的经纱称为里经,表经与纬纱交织的组织称为表组织,里经与纬纱交织的组织称为里组织,重叠在一起的表经、里经称为一个重组织。通常将两组经纱与一组纬纱交织而成的重经组织称为经二重组织,将三组以上经纱与一组纬纱交织而成的重经组织称为经多重组织。经二重组织与经多重组织的构成原理、设计原则、绘图方法及上机要点基本相似。织物中应用经二重组织较多。经三重及经多重组织由于受到织造条件的限制而应用不广。重经组织也可用于制作双面织物,其中包括使织物正反面具有相同外观效应的同面重经组织和使织物正反两面具有不同外观效应的异面重经组织。

（一）经二重组织

经二重组织是由两个系统的经纱与一个系统的纬纱交织而成的,如图5-5所示。其织物呈两重,正反两面均显经面效应。在两个系统的经纱中,一个系统称为表经,它与纬纱交织成表重组织,简称表组织,显现于织物表面,另一系统经纱称为里经,它与纬纱交织成里重组织。里重组织从织物反面所见的称为反面组织,从织物正面所见（假设能看见）的称为里组织。反面组织与里组织互为底片翻转效应。

1. 经二重组织的组织图绘制方法

（1）表组织和里组织的选择。经二重组织织物正反两面均显经面效应,其基础组织可相同或不相同,但表面组织多数是经面组织,反面组织也是经面组织,因此里组织必是纬面组织。

（2）浮长线的注意事项。为了在织物正反两面具有良好的经面效应,表经的经组织点必须将里经的经组织点遮盖

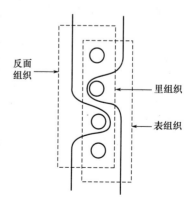

图5-5　经二重组织的结构示意图

住,即必须使里经的短浮线配置在相邻表经两浮长线之间。同时,经纱交织时,每根纬纱要和两种经纱交织,并使纬纱的屈曲均匀且尽可能小。

(3)排列比的选择。重经组织的表里经纱排列比,根据织物的质量及使用目的要求而定。经二重组织的排列比采用1:1与2:1的为多,为了使表经纱更好地遮盖住里经纱,表里经的排列比应符合表经≥里经。当表里经纱线密度与密度相同时,可采用1:1的排列比,若仅仅只是为了增加织物的质量和厚度,则可以采用原料较差、线密度较大的里经纱线,此时可采用2:1的排列比。

(4)经二重组织的组织循环经纬纱线数的确定。

① 经二重组织的组织循环纬纱数。当两基础组织的纬纱数相等时,则组织循环纬纱数等于基础组织的纬纱数;当两基础组织的纬纱数不等时,则组织循环纬纱数等于表里组织的组织循环纬纱数的最小公倍数。

② 经二重组织的组织循环经纱数。当两基础组织的经纱数相等时,则组织循环经纱数等于基础组织经纱数乘以表里经排列比之和;当两基础组织的经纱数不等时,则组织循环经纱数为两基础组织经纱循环数的最小公倍数乘以排列比之和。

当表里经的排列比为$m:n$,表组织的组织循环纱线数为R_m,里组织的组织循环纱线数为R_n时,则经二重组织的组织循环纱线数R_j的计算通式为:

$$R_j = \frac{R_m 与 m 的最小公倍数}{m} 与 \frac{R_n 与 n 的最小公倍数}{n} 的最小公倍数 \times (m+n)$$

例如:某经二重组织,表经:里经=2:2,$R_m=3$,$R_n=4$,则:

$$R_j = \left(\frac{3 与 2 的最小公倍数}{2} 与 \frac{4 与 2 的最小公倍数}{2} 的最小公倍数\right) \times (2+2) = 24$$

(5)经二重组织的绘图步骤。经二重组织绘图步骤如图5-6所示。

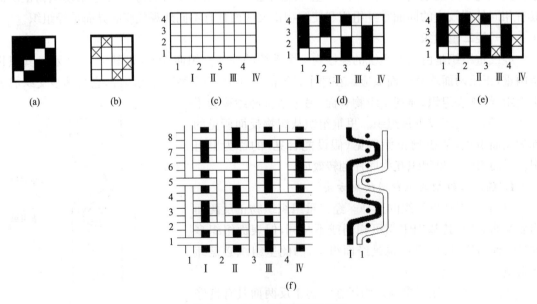

图5-6　经二重组织绘图步骤

①绘制复杂组织时,不可能同时绘出织物表里两系统纱线的交织情况。因此假设表里经纱位于同一平面上,在意匠纸上分别画出表经和里经的基础组织图,如图5-6(a)和(b)所示。

图5-6(a)是表组织为 $\dfrac{3}{1}\nearrow$,图5-6(b)是里组织为 $\dfrac{1}{3}\nearrow$ 。

②根据已知表面组织、里组织及表里纱排列比求出重经组织之组织循环经纱数和组织循环纬纱数,在意匠纸上划定纵横格数。

组织循环经纱数 $R_j=4\times2=8$,组织循环纬纱数 $R_w=4$ 。

将已知表里经纱排列比1:1标出,图中纵行代表表经,纵向箭矢所示的粗线代表里经,横行代表纬纱,如图5-6(c)所示。

③根据重组织的原理,按排列比在表里经纱的位置上,将表里经之基础组织分别用不同符号填在意匠格上,如图5-6(d)和(e)所示。

为了保证表里基础组织的组织点能很好地重叠,使重经织物表面具有良好的外观效应,必须符合重组织的构成原理,而且还必须使里经的经浮点尽可能配置在表经的经浮长线中间,且表里经组织点的排列方向相同。图5-6(f)为经二重组织的结构图和经向剖面图。

2. 经二重组织的上机要点

(1)穿综及纹板。重经组织因为具有两组或两组以上的经纱,当表里经纱不同或张力差异较大时,则穿综方法采用分区穿法。因为表经的提综次数较多,故表经宜穿入前区综页内,里经则穿入后区综页内。若表里经纱相同,且表里组织较为简单,则可采用顺穿法。

重经组织所用的综页数应等于表里两基础组织纱线循环数之和。重经组织的纹板数则等于表里基础组织纬纱循环数的最小公倍数。

图5-7为同面经二重组织双面缎纹的上机图。

图5-8为同面经二重组织双面斜纹的上机图。

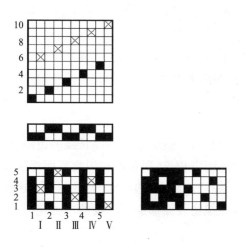

图5-7　同面经二重组织双面缎纹上机图

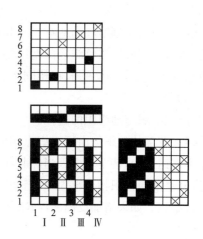

图5-8　同面经二重组织双面斜纹上机图

图5-9为异面经二重组织上机图。

图5-7、图5-8、图5-9均采用分区穿综法。在图5-7中,因表里基础组织都为5枚缎纹,需要10片综。在图5-8中,表里基础组织都为4枚斜纹,需要8片综。在图5-9中,表里

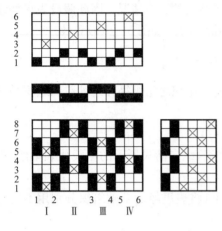

图 5-9 异面经二重组织上机图

基础组织分别为 $\frac{2}{2}$ 方平和 4 枚破斜纹,因为方平组织需用 2 片综,4 枚破斜纹需用 4 片综,则其综片数为 6 片综。

(2)穿筘方法。因重经组织的经纱密度较大,为了使织物表面不显露接结痕迹。经二重组织的表里两组经纱必须穿入同一筘齿中,这样便于表里两组经纱的相互重叠。故筘齿穿入数一般等于表里经排列比之和或其倍数。如表里经纱排列比为 1:1 时,则每 2 根或 4 根经纱穿入同一筘齿中,如表里经纱的排列比为 2:1 时,则每 3 根或 6 根经纱穿入同一筘齿中。

(3)经轴。当表里经纱在原料、强度、缩率或表里组织等方面显著不同时,在织造过程中,表里经纱应分别卷绕在两个经轴上,采用双经轴织造。反之,若表里经纱的强度、缩率等方面相同或相近,则可采用单经轴织造,以减少经轴安装及织造的困难。

3. 经起花组织 经起花织物是指在简单组织基础上,织物局部采用经二重组织,织物表面由部分经浮线构成花型。经起花织物由起花部分和不起花部分组成。不起花部分一般为简单组织,即只有一组经纱和纬纱交织构成地组织,这组经纱为地经。起花部分织物结构与设计是按照花纹要求在起花部位由两个系统经纱(即花经和地经)与一个系统纬纱交织。起花时,花经与纬纱交织使花经浮在织物表面,利用花经浮长变化构成花纹;不起花时,该花经与纬纱交织形成纬浮点,即花经沉于织物反面。起花以外部分为简单组织,仍由地经与纬纱交织而成。这种局部起花的经起花织物大都呈现条子或点子花纹。此外,尚有起花部位遍及全幅的经起花织物,其花经分布在全幅形成满地花。经起花织物花型清晰、立体饱满、色彩丰富,具有类似绣花织物的风格,大多应用在色织轻薄型织物中。与平纹地小提花织物相比,因为使用了花经,使其花型更加突出,色彩对比更强,在相同综页条件下可以织出更大的花纹。设计经起花组织时,应掌握下列原则。

(1)起花组织与地组织的选择。

①经起花部位的织物由经组织点构成。根据花型要求,一般织物经纱浮长线的组织点数,少至一个多达五个,甚至更多。当经起花部位经向间隔距离较长,即花经在织物反面浮线较长时,则容易磨断而使织物不牢固,故需间隔一定距离加一经组织点,即与纬纱交织一次,这种组织点称接结点。如果增加反面的浮长线并将其剪掉,在织物表面形成不连续的单独花形,则成为剪花织物。

②地组织可按照织物品种、花型要求来选择。当要求织物厚实时,则地组织往往采用变化组织、联合组织等组织;有些薄型织物如府绸、细纺采用经起花组织,其地组织大多采用平纹组织。

为了花型突出,要求地布平整,地组织的浮线不干扰花经的长短浮线。花经的接结点应视花型要求合理配置。当花经接结点与两侧地经组织点相同时,即两侧地经组织点均为经组织点,则接结点可不显露;当花经接结点一侧与地组织的组织点相同时,则接结点轻微显露;当花经接结点与两侧地组织的组织点均不相同时,即两侧地经组织点均为纬组织点,则接结点会暴露出来。但也有不少织物利用接结点的显露,给予合理配置,构成花型的一部分,如构成一种衬托的隐条纹,以增加花型的层次和立体感。这在经起花织物上是常见的。经起花织物地组织多数采用平纹组织,因为平纹组织交织点多,地布较平整,且平纹均为单独组织点,无论花型大小,都容易使花经的浮线与接结点配合。

③花经与地经排列比,可根据花型要求、织物品种而定。常用的排列比为1:1、1:2、2:2、1:3等,根据花型要求也可采用一种以上的排列比。

④花型配置的大小及稀密,应考虑美观、坚牢与织造条件等因素。如起花经浮线不能过长,否则会影响织物的坚牢度。

例一女线呢织物,其花型为纵向两个散点排列。图5-10(a)是部分组织图,仅为织物花型的一部分,该组织要求接结点不显露于织物表面。图5-10(a)中符号■表示起花组织,其起花经纱浮长为4,由三根花经构成,与地经相间排列;符号☑表示花经的接结点,符号×表示地组织,为凸条组织[如图5-10(a)中标出的8根经纱]。该地组织将花经接结点遮盖住。从图中可以看出,由于起花经纱两侧的地组织经浮较长,故影响花经排列,使起花效果不如平纹地组织。又如另一女线呢织物,花型为经向散点排列,地组织为平纹,起花组织花经纱接结点要求细小地散布于点子之间,组成花型的一部分,其织物的部分组织图如图5-10(b)所示。

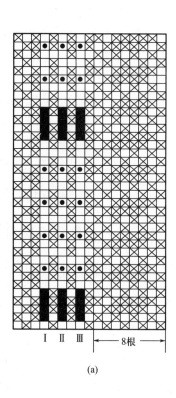

(a)

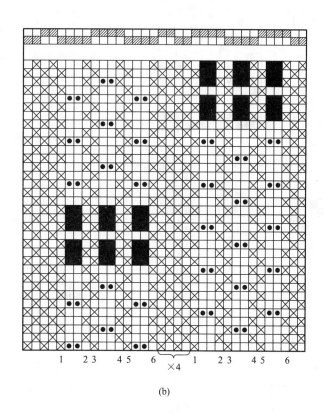

(b)

图5-10　经起花织物组织

图 5 - 10(b)中符号同前例,起花组织经纱浮长为 3,地组织为平纹,花经接结点仅一侧与地组织相同,故微显露于织物表面组成花型的一部分。

(2)经起花组织的上机。

①穿综采用分区穿法。一般地经纱穿在前区,使开口清晰,起花组织经纱穿入后区,其中花纹相同的经纱穿入同一区内。

②穿筘时,一般将花经夹在地经中间,[如图 5 - 10(b)穿筘图所示],并穿入同一筘齿中;或使花经穿入数为地经穿入数的 1 倍,如此穿法便于花经浮起。

③经起花组织经纱张力的处理。当起花组织与地组织的交织点数相差很大时,则花经与地经的张力就不一样。花经张力小易造成织造困难,如果采用双轴织造,则花经与地经可分别卷在两个织轴上,张力可分别处理,这样能使花型清晰,织造顺利。但织轴的卷绕长度较难控制,而且布机操作也麻烦。如两种组织的平均浮长差异不大时,则可采用单织轴织造,只要在准备、织造工序中采取适当措施,如整经时对花经加大张力,进行预伸,就可减少花经在织造过程中因受力而伸长。当绘制物组织时,尽量使花组织与地组织的交织次数接近,酌情采用预伸等措施,这样,仍可采用单织轴织造,减少设备改装工作。

(二)经三重组织

经三重组织是由三组经纱(表经、中经、里经)与一组纬纱重叠交织而成。经三重组织一般用于丝织物当中。

经三重组织构成原理与经二重组织相同,但必须考虑三组经纱的相互遮盖,三组经纱之间必须有相同的组织点,因此,一般来说,表层组织为经面组织,里层组织为纬面组织,中层组织为双面组织,表经、中经、里经的排列比一般选择 1:1:1。其完全组织经纱循环数等于基础组织经纱循环数的最小公倍数乘以排列比之和,其完全组织纬纱循环数等于基础组织纬纱循环数的最小公倍数。

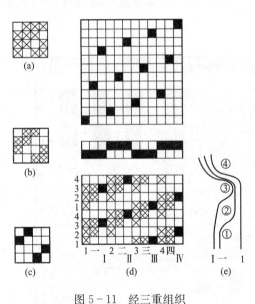

图 5 - 11 经三重组织

图 5 - 11 所示为同面经三重组织的上机图及经向剖面图,图 5 - 11(a)为 $\frac{3}{1}$↗斜纹作表层组织,图 5 - 11(b)为 $\frac{2}{2}$↗斜纹作中层组织,图 5 - 11(c)为 $\frac{1}{3}$↗斜纹作里层组织,表、中、里经纱排列比为 1:1:1,其上机图如图 5 - 11(d)所示,其经向剖面图如图 5 - 11(e)所示。经三重组织的穿综图一般采用分区穿法。

三、重纬组织

重纬组织是由两组或两组以上的纬纱与一组经纱交织而成的。它不仅能增加织物的厚度与重量,还能在织物表里两面显现相同或不同的组织、色彩和花纹。重纬组织根据选用纬纱组数的多少,可分为纬二重组织、纬三重组织、纬四重组织及纬四重以上的组织。重纬组织由于受织造条件影响较少,因此在织物中,一般采用增加纬纱组数来增加织物表面的色彩与层次,较多地应用于织制毛毯、棉毯、丝毯、锦缎、厚呢绒、厚衬绒或色织薄型呢等产品中,也可用于产业用纺织品,如工业用滤布等。

(一)纬二重组织

1. 重纬组织的组织图绘法

(1)纬二重组织织物的正反两面均显纬面效应,其基础组织可相同也可不同,但表面组织多是纬面组织,反面组织也是纬面组织,因此里组织必是经面组织。

(2)为了在织物正反面具有良好的纬面效应,表纬的纬浮线必须将里纬的纬组织点遮盖住,这必须使里纬的短纬浮长配置在相邻表纬的两浮长线之间。经纬纱之间配置是否合理,可通过纵向与横向截面图进行观察。

(3)表里纬排列比的选择,取决于表里纬纱的线密度、基础组织的特性以及织机梭箱装置的条件等因素。一般常用 1∶1、2∶1 或 2∶2 等排列比。如织物正反面组织相同时,如里纬纱为线密度高的纱线,表里纬排列比可采用 2∶1;若表里纬纱线密度相同,则排列比采用 1∶1 或 2∶2。重纬组织的表里基础组织以及排列比的选择原则与重经组织基本相同。

(4)重纬组织组织循环纱线数的确定。

①重纬组织组织循环经纱数。当两基础组织经纱数相等时,则组织循环经纱数等于基础组织的经纱数;当两基础组织经纱数不等时,则组织循环经纱数等于表里组织组织循环经纱数的最小公倍数。

②重纬组织组织循环纬纱数。当两基础组织的纬纱数相等时,则组织循环纬纱数等于基础组织的纬纱数乘以表里纬排列比之和;当两基础组织的纬纱数不等时,则组织循环纬纱数等于表里组织组织循环纬纱数的最小公倍数乘以排列比之和。

当表里纬的排列比为 $m∶n$ 时,表组织的组织循环线数为 R_m,里组织的组织循环纱线数为 R_n 时,则纬二重组织的组织循环纱线数 R_w 的计算通式为:

$$R_w = \left(\frac{R_m 与 m 的最小公倍数}{m} 与 \frac{R_n 与 n 的最小公倍数}{n} 的最小公倍数 \right) \times (m+n)$$

(5)绘图步骤。重纬组织的组织图绘制方法基本上与重经组织相同,故可按重经组织的作图步骤作图。图 5－12 所示为以斜纹为基础组织的同面纬二重组织图。

①在意匠纸上分别画出表经和里经的基础组织图,如图 5－12(a)、(b)所示。

图 5－12(a)是表组织为 $\frac{1}{3}\nearrow$,图 5－12(b)是里组织为 $\frac{3}{1}\nearrow$。

②根据排列比求出重纬组织之组织循环经纱数和组织循环纬纱数,在意匠纸上划定纵横格数。

按已知表面组织与里组织及表里纬纱排列比求得:

组织循环经纱数 $R_j=4$

组织循环纬纱数 $R_w=4×2=8$

按排列比在表里纬纱的位置上,用不同符号编上序号,如图 5－12(c)所示。

③根据重组织的原理,将表里纬之基础组织分别用不同符号填在意匠格上,如图 5－12(d)、(e)所示。

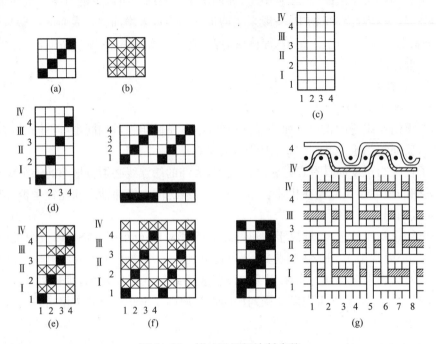

图 5-12 纬二重组织绘制步骤

为了确保表里基础组织的组织点能很好地重叠,使重纬织物表面具有良好的外观效应,除必须符合重组织的构成原理外,还必须使里纬的纬浮点尽可能配置在表纬浮长线的中央,且表里纬组织点的排列方向相同。图 5-12(f)为图 5-12(e)所示纬二重组织的上机图、结构图和纬向剖面图。

2. 重纬组织的上机要点

(1)穿综。重纬组织穿综一般采用顺穿法。若表里组织的经纱循环数相等,则综页数等于基础组织所需的综页数;若表里组织的经纱循环数不等,则综页数应等于两个基础组织所需综页数的最小公倍数。

(2)穿筘。重纬组织的筘齿穿入数与一般单层组织相同,即根据使用原料性能、线密度、织物组织和经纱密度等因素而定。若纬二重织物纬密较大时,经密不宜过大,每筘齿穿入数一般为 2~4 根。因织造时经纱受外力作用大,故可采用强力较高的原料作为纬纱。

重纬组织上机图的绘法与重经组织相同。

图 5-13(a)、(b)为表里纬基础组织图,图 5-13(c)为同面纬二重组织上机图。图 5-14 (a)、(b)为表里纬基础组织图,图 5-14(c)为异面纬二重组织上机图。

3. 纬起花组织 纬起花组织是由简单的织物组织再加上局部纬二重组织构成的。纬起花组织的特点是按照花纹要求在起花部位采用纬二重组织起花。其起花部位是由两个系统纬纱(即花纬和地纬)与一个系统经纱交织而形成花纹。起花时,花纬与地纬交织,花纬浮线浮在织物表面,利用花纬浮长构成花纹;不起花时,该花纬沉于织物反面,正面不显露。起花以外部位为简单组织,由地纬与经纱交织而成。为了突出纬起花组织的花纹效果,通常选用色彩鲜艳的纱线做花纬。当采用一种以上纬纱时,要用多梭箱织机织制。此组织大多用于生产色织产品。

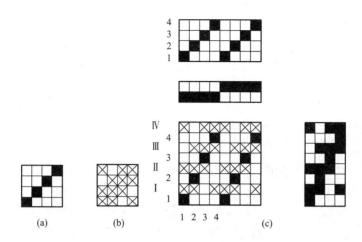

图 5-13　同面纬二重组织上机图

（1）起花组织与地组织的选择。

①纬起花部位，织物由花纬与经纱交织，花纬的纬浮长构成花纹，根据花型要求，一般织物纬浮长为 2～5 根。织物表面起花部位往往是比较少的，当纬起花部位纬向的间隔距离较长（花纬在织物反面浮长较长），对织物坚牢度及外观有一定的影响时，就要每隔四五根经纱，安排一根经纱用于接结该沉下去的纬纱。接结时，该经纱沉于花纬的下方，称接结经。

②地组织大多采用平纹组织，地布平整，花纹突出。接结经与地纬交织时，其接结组织点虽然难免要露于织物表面，但接结经的色泽与纱线密度常和地经相同，所以对织物外观无明显影响。

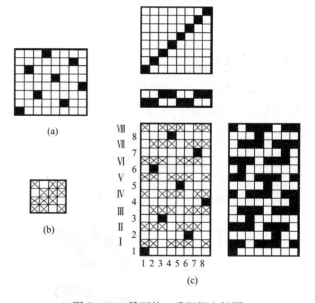

图 5-14　异面纬二重组织上机图

③花纬在织物正面起花时，浮长不能过长，如花型需要浮长较长时，就利用地经中的一根在织物正面压抑花纬浮长，这一般由接结经旁边的一根地经来完成。常用花纬浮长以三四根为宜。有时为了仿照结子纱效果，常利用纬起花组织。

④花纬与地纬的排列比一般按花型要求和织造设备而定。花纬多，则花型突出，产量较低。同时应考虑设备的投纬条件，一般花纬与地纬采用 2：2、2：4、2：6 等排列比。

⑤纬起花组织组织循环纱线数的确定原则与经起花组织相同。

如图 5-15 所示，符号 ▣ 表示花纬浮在织物表面的浮长，均为两根纬纱并列，花纬浮长为 4；符号 ▣ 表示花纬沉于织物反面，故地经必须全部提起；符号 ■ 表示接结经纱与地纬交织时的

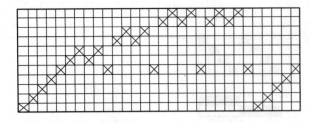

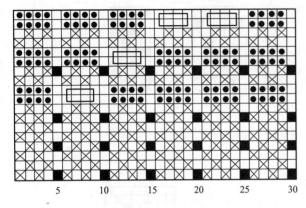

图 5-15　纬起花织物组织图

经组织点,花纬在织物背面的浮长较长,如果没有接结经在背部接结,那么织物反面浮长将很长,图 5-15 中第 5、第 10、第 15、第 20、第 25、第 30 根经纱为接结经纱,接结经与地纬以 $\frac{1}{2}$ 交织。在起花部分,花纬与地纬排列比为 2:2,地经与接结经排列比为 4:1。起花部分组织循环经纱数 $R_j = 30$,组织循环纬纱数 $R_w = 20$。

(2)纬起花组织的上机。穿综采用分区穿法,一般地综在前,起花综在后,接结经综在中间。图 5-15 中起花部分共用 11 页综织造,其中 1～4 为地综,接结经在中间用 1 页综,三种花型各用 2 页综(共用 6 页综)。穿筘时,接结经与相邻经纱穿入同一筘齿中。有时为了突出花纬,还可在起花部位采用停卷装置。

(二)纬三重组织

纬三重组织由一组经纱与三组纬纱(表纬、中纬、里纬)重叠交织而成。纬三重组织的构成原理与纬二重组织相同,它必须考虑三组纬纱的相互遮盖,三者之间都必须具有相同的组织点。

图 5-16 所示为纬三重组织上机图及纬向剖面图。图 5-16(a)为 $\frac{1}{3}$ ↗作表组织,图 5-16(b)

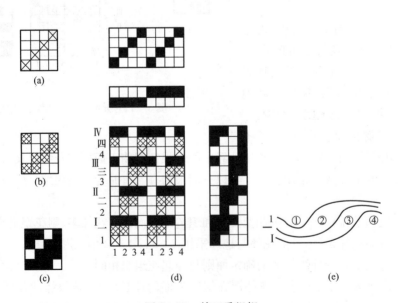

图 5-16　纬三重组织

为 $\frac{2}{2}\nearrow$ 作中间组织,图 5-16(c)为 $\frac{3}{1}\nearrow$ 作里组织。表、中、里纬排列比为 1:1:1,图5-16(d)为其上机图,图5-16(e)为纬向剖面图。

绘制纬三重的方法如下。

(1)原组织、变化组织、联合组织均可作为纬三重组织的表纬、中纬与里纬的基础组织。

(2)纬三重组织的排列比一般为 1:1:1。

(3)确定组织循环纱线数,其组织循环经纱数等于三个基础组织经纱循环数的最小公倍数,组织循环纬纱数等于基础组织纬纱循环数的最小公倍数乘以排列比之和。

当表纬:中纬:里纬的排列比=1:1:1 时:

R_w=三个基础组织纬纱循环数的最小公倍数×(1+1+1)

当表纬:中纬:里纬的排列比为 $m:n:l$ 时:

$$R_w=\left(\frac{R_m \text{与} m \text{的最小公倍数}}{m} \text{与} \frac{R_n \text{与} n \text{的最小公倍数}}{n} \text{与} \frac{R_l \text{与} l \text{的最小公倍数}}{l} \text{的最小公倍数}\right)\times(m+n+l)$$

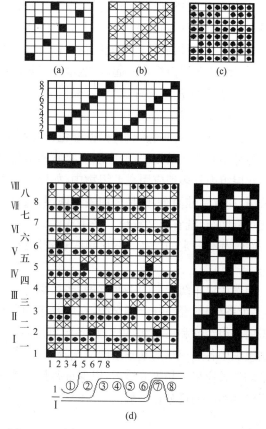

图 5-17　同面纬三重组织的上机图及纬向剖面图

图 5-17 为同面纬三重组织的上机图及纬向剖面图。其中图(a)为 $\frac{8}{5}$ 纬面缎纹作表组织,(b)为 $\frac{2}{2}$ 斜纹作中间组织,(c)为 $\frac{8}{5}$ 经面缎纹作里组织。表、中、里三组纬纱排列比为 1:1:1,则组织循环数 $R_j=8$,$R_w=8\times3=24$。上机采用 8 片综顺穿,每筘齿穿入 4 根。

纬三重组织采用顺穿法。在丝织物和粗纺毛织物中,常用到纬三重组织,如丝织物中的织锦缎就常用纬三重组织。

第二节　双层组织及多层组织

由两组或两组以上各自独立的经纱与两组以上各自独立的纬纱交织而成相互重叠的两层(或称表里两层)织物,称为双层织物或多层织物,形成双层织物或多层织物的组织称为双层组织或多层组织。

(1)织物中应用双层组织或多层组织,使用一般的织机便可织制管状织物;利用窄幅织机可生产宽幅织物;使用两种或两种以上的色纱作为表里经纱、表里纬纱,且按一定几何图案交替更换表里层位置,能构成纯色或配色花纹;表里层用不同缩率的原料,能织出高花效应的织物;利用双层组织或多层组织在一起,还能增加织物的厚度和质量。

(2)双层组织的织物种类繁多,根据上下两层连接方法的不同可形成多种织物。连接上下层的两侧构成管状织物;连接上下层的一侧构成双幅或多幅织物;在管状或双幅织物上加上平纹组织,可以构成各种袋物;根据配色花纹图案,使表里两层相互交换可构成表里换层织物;利用各种不同的接结方法,使两层织物紧密地连接在一起,即构成接结双层织物。

双层组织较多地应用在毛织物中,如厚大衣呢及工业用呢的造纸毛毯等。在棉织物中也逐渐采用,如双层鞋面布,原是采用表里两层各自分开织造,然后再黏合,现在可一次织成,这种双层交织鞋面布,既省工又省料。采用双层交织鞋面布还能使鞋的服用性能,如透气性、坚牢度、耐磨性等都有一定的提高。双层组织还较广泛地用于织制水龙带,医学上的人造血管也采用该组织。

随着产业用纺织品的不断发展,多层织物越来越得到重视。三层(或多层)织物由三个系统(或多个系统)的经纬纱分别交织,在织物中相互重叠,并以一定的方式连接起来的织物。三层组织由三组经纱和三组纬纱构成,各自独立成组的经纬纱交织形成织物的表层、中层和里层。多层组织中各层织物的基础组织应选择简单的平纹、斜纹等组织,且所选用的各基础组织之间的平均浮长应尽量相等或接近,以保证每层织物织缩率近似,使布面平整,织造顺利。多层组织各层经纬纱线的排列比一般为 $1:1:1$。

一、双层组织的织造与构成原理

织制双层织物时,有两个系统各自独立的经纱和纬纱,在同一机台上分别形成织物的上、下两层。上层的经纱和纬纱称为表经、表纬,下层的经纱和纬纱称为里经、里纬。双层组织的织物表里重叠,从织物的正反面分析都只能观察到织物的一部分,为便于弄懂其构成原理,设想将下层织物移过一定距离,画在表层空隙之间,表达出两层的结构。

图 5-18 所示为表层组织与里层组织均为平纹组织的双层织物示意图。图中,表经:里经=1:1,表纬:里纬=1:1。织造双层组织时,按投纬比例依次织制织物的上下层,织上层时,表经按组织要求分成上下两层与表纬交织,而里经全部沉于织物下层和纬纱并不交织;织下层时,即里纬投入时,表经纱必须全部提起,里经按组织要求分成上下两层与里纬交织,而表经与里纬并不交织。

图 5-19 以织物的纬向剖面图说明了双层组织的构成原理。图中以空白表示表经、表纬,以斜剖纱表示里经、里纬。表里经纱均按 1:1 排列,表里层组织均为 $\frac{2}{2}$ 纬重平。图 5-19 (a)表示第一根表纬织入时的经纱位置。这时所有里经全部下沉不与表纬交织,而表经按组织要求提升一半与表纬交织形成表层组织。图 5-19(b)表示第一根里纬织入时的经纱位置。这时所有表经全部提升不与里纬交织,而里经按组织要求提升一半与里纬构成里层组织。每一组纬纱各与自己系统的经纱交织,从而构成互相分离的表里两层组织,如图 5-19(c)和(d)所示。

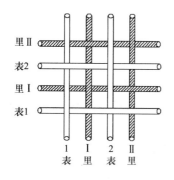
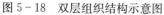

图 5-18　双层组织结构示意图

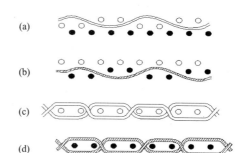

图 5-19　双层组织构成原理图

图 5-20 表示平纹双层织造的提综情况,表经穿 1、2 页综,里经穿 3、4 页综。提综情况如下:织第一纬:织上层,投表纬 1,里经沉于下面,第 1 页综上升,如图 5-20(a)所示;织第二纬:织下层,投里纬Ⅰ,表经全部提起,第 3 页综上升,如图 5-20(b)所示;织第三纬:织上层,投表纬 2,里经沉于下面,第 1 页综下降,仅第 2 页综仍留在上升位置,如图 5-20(c)所示;织第四纬:织下层,投里纬Ⅱ,表经全部提起,第 4 页综上升,如图 5-20(d)所示。

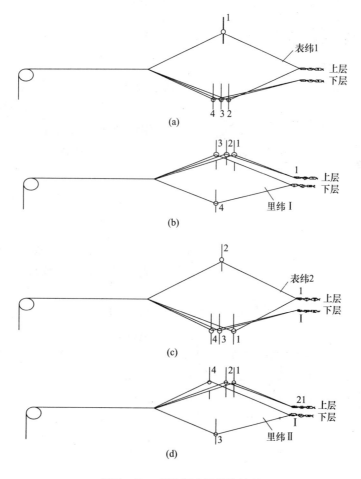

图 5-20　双层织造的提综情况

由此可知,织制双层组织的必要条件是:投里纬织下层时,表经必须全部提升,不与里纬交织;投表纬织上层时,里经必须全部沉在梭口下部,不与表纬交织。

1. 绘制双层组织织物的注意事项

(1)双层组织中表、里组织点的确定,不如二重组织严格。双层织物是两层独立的织物,除不同色泽外,暴露疵点的可能性较小,因此表、里两层可用两种组织交织点近却不相同的组织。如表组织为$\frac{2}{2}$方平,里组织为$\frac{2}{2}\nearrow$,组织性质较接近,织物较平整。但如表组织为平纹,里组织为缎纹,则两种组织的上、下两层织物因织缩率不同影响织物的平整,织制就有些困难。

(2)表经与里经的排列比,与经纱排列比和采用的经纱密度、织物的要求有关。如果表经细里经粗,表里经的排列比可采用2:1;如果表里经纱密度相同,一般采用1:1或2:2;又如织物的正面要求紧密,反面要求稀疏一些,在表里经采用相同密度的情况下,表里经的排列比可采用2:1;若要求织物的正反面紧密度一致,则表里经排列比可以采用1:1或2:2。

(3)同一组的表里经穿入同一筘齿内,以便表里经上下重叠。

(4)表里纬投纬比与纬纱的线密度、色泽和所用织机的类型有关。

2. 绘制双层组织的步骤

(1)确定表、里层的基础组织,分别画出表组织及里组织的组织图。如图5-21(a)、(b)所示,表、里组织均为平纹组织。

(2)确定表、里经纬纱排列比。如图5-21(c)所示,表经:里经为1:1,表纬:里纬为1:1。

(3)按经二重组织和纬二重组织,根据组织循环纱线循环的计算公式,分别求出经纬纱线循环数。

$$R_j = 2 \times (1+1) = 4$$
$$R_w = 2 \times (1+1) = 4$$

(4)按照表里经纱的排列比,表里纬纱的投纬比,决定组织图中表经、里经、表纬、里纬,并分别注上序号。如图5-21(e)所示,图中1、2……分别表示表经与表纬,Ⅰ、Ⅱ……分别表示里经与里纬。

(5)把表层组织填入代表表组织的方格中,把里层组织填入代表里组织的方格中,如图5-21(d)所示。

(6)由于是双层织造,织里纬时,表经必须全部提起。因此,描绘组织图时要注意表经与里纬相交织的方格中,必须全部加上特有的经组织点,如图5-21(e)中

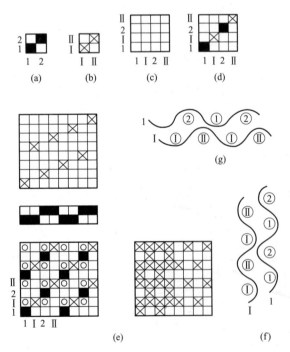

图5-21 双层组织图描绘方法及上机图

符号⊡所示。这些经组织点是双层织物组织结构的需要。图 5 - 21(e)为双层组织的上机图。

设计穿综图、纹板图与单层组织的方法相同。穿综时,一般采用表经穿在前页综,里经穿在后页综的分区穿法。

二、管状组织

管状组织是利用一组纬纱,在分开的表里两层经纱中,以螺旋形的顺序相间地自表层投入里层,再自里层投入表层而形成的圆筒形空心袋组织,即连接双层织物组织的两边缘处的织物。可用非圆形织机织制管状织物,如医用的人造血管、紧密纺纱用的网格圈、消防用的水龙带、工业用的造纸毛毯、圆筒形过滤布及无缝袋子等。

(一)管状组织的构成原理

(1)管状组织由两组经纱和一组纬纱交织而成,这组纬纱既作表纬又兼作里纬,起着两组纬纱的作用,它往复循环于表里两层之间。与表里经纱交织,形成织物的表里层。

(2)该组织的表里两层仅在两侧边缘相连接,而中间则截然分离。

(3)表里两层的经纱呈平行排列,而表里两层的纬纱则呈螺旋形。

(二)管状组织的设计要点

1. 管状织物基础组织的选择

(1)绘制管状组织时,必须首先确定管状组织的表里组织。管状组织应选用同一组织作为表里层的基础组织。由于管状组织呈筒形,四周均匀无缝,因此在满足织物要求的前提下,为简化上机工作,基础组织应尽可能选用简单组织。通常用原组织或变化组织作为管状组织的基础组织。

(2)选用何种基础组织,应根据织物的不同用途和要求而定。因管状织物只有一组纬纱往复循环于表里两层,如要求织物折幅处组织连续,则应以纬向飞数 S_w 为常数的组织作为基础组织,如平纹、斜纹、纬重平、缎纹等。若对织物折幅处组织连续要求不严时,则可采用 $\frac{2}{2}$ 方平、$\frac{2}{2}$ 破斜纹、$\frac{1}{3}$ 破斜纹作为基础组织。

2. 管状织物的经纱数和纬纱循环数

(1)管状织物总经纱数的计算及确定。织制管状织物时,织物的表层和里层的连接处应保持织物组织的连续。而管状织物总经纱数的确定影响管状织物的表层和里层相连处组织的连续性。因此,总经纱数的确定是很重要的,不能随意增加或减少。

根据管状织物的用途和要求确定管状织物的半径 r,再根据半径计算管幅 W,假定管状织物的单层经密为 P_j,然后再确定管状织物的总经纱数 M_j。

$$W = 2\pi r \div 2 = \pi r$$
$$M_j = 2WP_j$$

为确保织物折幅处连续,将计算出的总经纱数按下列公式进行修正。

$$M_j = R_j Z \pm S_w$$

式中:M_j——上下两层总经纱数;

$\quad P_j$——单层织物的经密;

R_j——基础组织的经纱循环数；

Z——表里基础组织循环个数；

S_w——基础组织的纬向飞数(常数)。

当投纬方向从右向左投第一纬时，S_w取正号；从左向右投第一纬时，S_w取负号。

(2)纬纱循环数。管状组织表、里层经纱的排列比通常为1：1，表、里纬投纬比为1：1。当表、里纬排列比为1：1时，管状组织纬纱循环数为基础组织纬纱循环数的2倍。

(三)管状组织的绘制步骤

管状组织作图步骤如图5-22所示。

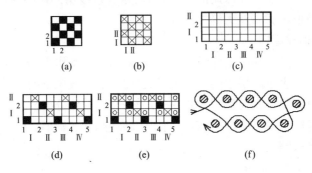

图5-22　管状组织作图步骤

(1)分别绘制表里层基础组织图，如图5-22(a)、(b)所示。

(2)必须将表里层之经纬纱移至同一平面内，间隔排列。在意匠纸上绘制纵、横格，如图5-22(c)所示。

(3)将表里层基础组织分别用不同符号填入意匠纸的方格内，如图5-22(d)所示。

(4)在里纬与表经相交的方格内填入符号"⊠"，表示织入里纬，表经全部提起。图5-22(e)为管状组织的组织图。

(5)图5-22(f)为管状组织切面图。

如果组织循环为比较大的缎纹组织，画切面图时，可画2根表纬、2根里纬。第一纬决定组织起始点，第1纬与第2纬之间的组织点决定飞数。有了起始点与飞数，表里基础组织就能画出。

例　5枚经缎为基础组织，$S_w=3$，$Z=5$，投第一纬从左向右，作管状组织图。

$$M_j = R_j Z - S_w = 5 \times 5 - 3 = 22$$

图5-23(a)为以5枚缎纹为基础组织的管状组织纬向切面图，图5-23(b)、(c)为表、里基础组织，图5-23(d)为管状组织图。

(四)管状组织上机要点

1. 穿综方法　管状组织一般采用顺穿法或分区穿法穿综。如用分区穿法，则表经应穿入前区，里经则穿入后区。管状组织的综页数等于表里层基础组织所需综页数之和。

2. 穿筘方法　每筘齿穿入的经纱数应为表里经排列比之和或为其倍数，即为2或2的倍数。由于织造过程中纬缩的影响，织物边缘的经密稍微偏大，造成管状织物的密度不匀，可以采用下列方法解决。

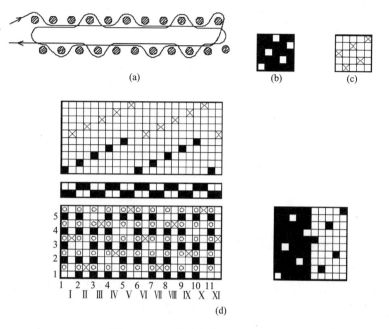

图 5-23 5枚经缎管状组织图

(1)较轻薄的管状织物可采用逐渐减少边部筘齿穿入数的方法。若织物筘齿穿入 4 根,则边部筘齿穿入数应为 3、2、1。这样在机上时,边部经密小于中间经密,但下机后,由于纬缩的作用可使中间与边部的经密趋于一致,如图 5-24 所示。

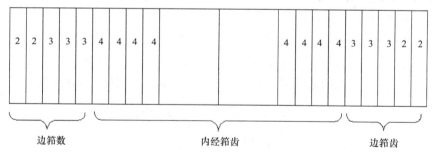

图 5-24 管状织物穿综示意图

(2)对于中厚型的管状织物,需在管状织物两侧折幅处的内侧各采用 1 根较粗及张力较大的特线(边线),用来控制纬纱收缩,防止边密偏大。特线单独穿在独立的综片内,当投入里纬时,特线提升;当投入表纬时,特线下降。在整个管状织物形成过程中,特线不与纬纱交织,而是夹在表、里层之间,织物下机后,要将特线从织物中抽掉(图 5-25)。因此特线仅起控制纬纱收缩以防边密偏大的作用。此外,当织物密度很大、纱线较粗、纬纱张力很大、布幅较窄以及使用特线不能达到要求时,可用内撑幅器来防止因纬纱收缩而造成边部密度偏大的疵点,以内撑幅器来替代特线。内撑幅器为一舌状金属片,其截面与管状织物的管幅相同。将其活装在筘上能做上下滑动,上机时内撑幅器置于表里经之间,打纬时则能插入管状织物内,起到撑幅的作用。

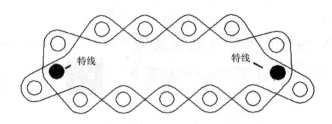

图 5-25 平纹管状组织的纬向剖面图

3. 投纬方向 投纬方向必须同计算总经根数时所确定的投纬方向一致,否则将改变管状织物基础组织的纬向飞数。

三、双幅组织

连接表里层的一侧可构成双幅组织,下机展开后,即为单幅织物。在窄幅织机上能生产幅度宽一倍或两倍的双幅组织织物,必须以双幅或三幅组织来织造。织制双幅织物时,使上下两层织物仅在一侧进行连接,将织物自织机上取下展开时,便获得比上机幅度大一倍或几倍的宽幅织物。这类组织在毛织物中应用较多,如生产造纸毛毯等产品。

(一)双幅组织设计的要点

1. 双幅织物基础组织的选择 因双幅织物下机展开后为一单幅织物,所以表组织和里层反面组织应为同一组织。由于双幅织物在开口一侧织有相互独立的上下两层的布边,所以其基础组织不受纬向飞数的限制,可选用任何组织作为基础组织。一般以简单组织,如平纹、斜纹、缎纹及方平等组织应用较多。

2. 双幅织物表里经纱排列比 双幅织物表里经纱排列比可采用 1：1 或 2：2,其中以 1：1 较好。其表、里纬纱排列比必须是 2：2。

3. 双幅织物经纬组织循环数及总经纱数 双幅织物经纬组织循环数取决于织物的层数、基础组织的组织循环纱线数及基础组织的复杂程度(不仅采用简单组织,亦有采用经二重、纬二重、双层组织等)。双幅织物的总经根数由所设计织物的单幅幅宽及成品经密决定。

$$总经根数＝边经根数＋内经根数$$

$$内经根数＝\frac{WP_{\mathrm{j}}}{10}$$

式中：W——织物单幅内幅宽,cm;

P_{j}——织物单幅成品经密,根/10cm。

所设计的内经根数应修正为基础组织经纱循环数的整数倍,而与纬向飞数无关。

(二)双幅织物组织图的作图方法

双幅织物除了纬纱的投入次序与双层组织不同之外,其余均与双层织物相同。

1. 计算经纬纱循环数

$$R_{\mathrm{j}}=2R_{\mathrm{j}}'$$

$$R_{\mathrm{w}}=\frac{a_{\mathrm{w}}}{m}\times(m+n)$$

式中: R_j' ——基础组织经纱循环数;

m ——表里纬排列比的前项数值;

n ——表里纬排列比的后项数值;

a_w ——基础组织最小公倍数。

2. 确定表里组织　先绘出表组织,再绘出表组织的反面组织作为里组织。图5-26(a)为 $\frac{1}{2}$ 纬面斜纹表组织,图5-26(b)为里组织。

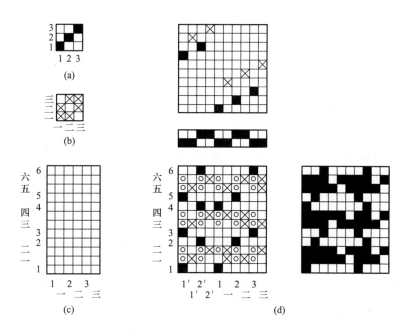

图5-26　斜纹双幅织物组织图

3. 标注表里经纬序号　在划定的组织循环内,用阿拉伯数字标注表经、表纬序号,用汉字数字标注里经、里纬序号,如图5-26(c)所示。

4. 填绘组织点　在表经与表纬相交的格子内填绘表组织,在里经与里纬相交的格子内填绘里组织,在里纬与表经相交的格子内填入织入里纬表经提升的符号,图5-26(d)即为所绘制的 $\frac{1}{2}$ 右斜双幅织物上机图。

图5-27所示织物的基础组织为平纹组织,图5-27(a)为组织图与穿综图,图5-27(b)为横截面图。图中A与B是织双幅织物的特有经纱。A为特纱,它比布身的经纱粗,用以改善折幅处的织物外观,不与纬纱交织。B为缝纱,用以将织机上下两层织物缝在一起,使织物在织机上平整,下机后缝纱需拆掉,不妨碍布幅的展开。

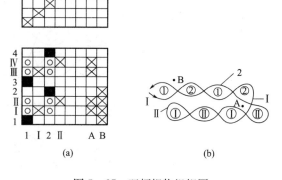

图5-27　双幅织物组织图

(三)双幅织物的上机要点

1. 穿综方法　可以采取分区穿法或顺穿法,如用分区穿法,表经穿前区,里经穿后区。地部(不含边)所需综片数为基础组织经纱循环数的 2 倍。

2. 穿筘方法　每筘齿穿入的经纱数应为 2 或 2 的倍数,为使双幅织物展开后各处经密基本一致,在表里层连接侧应逐渐减少筘齿穿入的经纱数,或者增加一根特纱,也可两种方法联合使用。

3. 织轴　双幅织物上下两层所用纱的原料、线密度、织物组织等应相同,因表里经织缩率一致,故可用单织轴织机织制双幅织物。

四、表里接结双层组织

(一)表里接结组织的构成条件

接结双层织物是依靠各种接结方法,使上下分离的表里两层之间构成一个整体的织物,即双层组织的表里两层紧密地连接在一起,其相应的组织称为表里接结组织。这种织物一般表层要求高,里层要求比较低,故表层常配以品质优良、线密度较小的原料,以使织物外观良好。里层有时仅作为增加织物重量、厚度之用,故采用品质较差、纱密度较大的原料。这种组织在毛、棉织物中应用较广,一般常用它织制厚呢或厚重的精梳毛织物、家居织物以及鞋面布等织物。

1. 接结方法的分类及选择

(1)织表层时,里经提升与表纬交织构成接结,称为"里经接结法"或称"下接上"接结法。

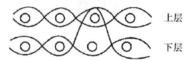

(2)织里层时,表经下沉和里纬交织构成接结,称为"表经接结法"或称"上接下"接结法。

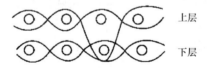

(3)织表层时,里经提升与表纬交织,同时表经下沉与里纬交织,共同构成织物的接结,称为"联合接结法"。

(4)采用附加的一组经纱与表里纬纱交织形成接结组织,称为"接结经接结法"。

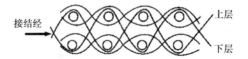

(5)采用附加的一组纬纱与表里经纱交织形成接结组织,称为"接结纬接结法"。

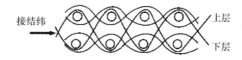

前三种接结法,是利用表里层自身经纬纱接结的,统称为自身接结法。后两种接结法需用附加的经纱或纬纱,统称为附加纱接结法。上述五种接结方法各有优缺点,一般采用前三种。前三种方法是利用上下两层中自身的某些纱线来接结,织制方便,节约纱线。但是参与接结的纱线比不参与接结的纱线屈曲大,张力大,会引起织物中经(纬)纱缩率不同,容易影响织造和织物外观,使织物不平整,在表里层颜色不同时,若接结不妥,接结点容易在织物表面暴露出来。目前生产中以采用里经接结法较多。因为这种方法只要接结点安排适当,可不致使其暴露于布面,织物表面也较平整。

接结经接结法或接结纬接结法因接结时要增加一组经纱或纬纱,用纱量增加,而且接结经织缩率较大,必须采用双织轴织造。采用接结纬接结法时,必须使用 3×3 梭箱的织机织制。所以后两种方法一般较少采用,但不管采用什么接结法,都应考虑接结的牢固和接结点对外观的影响。

2. 选择接结组织时应考虑的因素

(1)在一个组织循环内,接结点分布应均匀。

(2)从织物正面看,若接结点为经组织点,则应位于左右表经长浮纱之间,若为纬组织点,则应位于上下表纬长浮纱之间。

(3)若表组织为斜纹一类有方向性的组织,则接结点的分布方向应与表组织的斜纹方向一致。

若表层组织为经面斜纹或经面缎纹,为了有利于接结点的遮盖,一般选用里经接结法。同理,如果表层组织为纬面斜纹或纬面缎纹,则选用表经接结法比较合适。采用联合接结法可增加接结牢度,在其他条件相同的情况下,表里经纱的张力将趋于一致,可采用一个经轴制织。

接结经接结法和接结纬接结法,一般用在表层经、纬纱线密度小而里层经、纬纱的线密度大或表、里层经、纬纱颜色相差悬殊的场合。这时若采用自身接结法,由于表里经、纬纱粗细和颜色的差别,不利于接结点的遮盖。采用的附加纱应细而坚牢,其色泽与表层的经纬色相近。附加接结纱接结法比自身接结法牢固,且织物外观比较丰满,但生产工艺复杂。

(二)接结双层组织的设计要点

1. 表里层组织的选择 接结双层组织的表里层基础组织可相同,亦可不同,大多选用原组织或变化组织。当表里两层基础组织不同时,首先应根据织物要求确定表层组织,然后再确定里层的组织。

2. 表里经纬纱排列比的确定 接结双层组织确定经纬纱的排列比时,应考虑织物的用途、织物表里层的组织、纱线线密度和经纬纱的密度等因素。若表、里经或表里纬纱线密度相同,当表里经和表里纬排列比为 1:1 或 2:2 时,表里组织应相同或表里组织交织次数应相同或接近,以使表里经织缩一致,以利于织物平整。若表里经和表里纬纱的排列比不等,一般表层经纬纱均多于里层经纬纱,这主要是避免里层经纬纱数少于表层而产生结构疏松

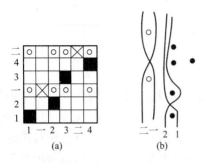

图 5-28　组织结构与排列比的关系

的弊病,可选择里层组织的经纬交织数多于表层,以使表里层结构松紧程度趋向一致,从而达到织物平整的要求。例如,当表里层经纬纱排列比均为 2:1 时,如表组织选用 4 枚斜纹或 8 枚缎纹时,里组织可选用平纹,如图 5-28 所示。

3. 接结双层组织的经纬纱循环数　表里组织的循环数是根据织物表里两层基础组织进行计算的。若表里两层基础组织的循环数相同,且表里层经纬纱排列比为 1:1 时,则该组织的经纱或纬纱循环数就等于表里层基础组织的经纱或纬纱循环数的 2 倍;若表里两层的组织循环不相同,而表里层经纬纱的排列比仍为 1:1 时,则该组织的经纱或纬纱循环数等于表里层基础组织的经纱或纬纱循环数的最小公倍数的 2 倍。故选择表里层基础组织时,其循环数尽量相同,或为约数、倍数的关系,这样才能使双层组织的经纬循环数不致过大。

(三)表里接结双层组织组织图的作图步骤

(1)首先确定表里两层的基础组织,然后按基础组织再确定接结组织。

(2)确定表里经纬纱的排列比,并按基础组织(包括接结组织)循环及排列比计算双层组织的循环数。

(3)在一个组织循环内,用不同的序号,按确定的排列比分别标出表里两层的经纬纱,并分别填入各层的基础组织。

(4)根据两层的接结方法,在相应的方格内填入接结组织。

1. 里经接结法组织图的绘制(下接上)　如图 5-29 所示,以 $\frac{3}{3}$ 斜纹为表里基础组织,表里经纬纱排列比均为 1:1,接结组织为 $\frac{1}{5}$ 斜纹所绘作的里经接结双层组织图。图 5-29(a)为表层组织,(b)为里层组织,(c)为里经接结组织。其作图步骤如下。

(1)根据表组织、里组织、接结组织及排列比计算经纬循环数。

在一般情况下,当表里经纬排列比为 1:1 时,双层组织的经纬组织循环数等于基础组织循环数的最小公倍数(指表组织、里组织和接结组织的最小公倍数)乘以排列比之和。即:

$$R_j = R_w = 6 \times (1+1) = 12 \text{ 根}$$

当表里经纬排列比不等于 1:1 时,双层组织的经纬组织循环数只要使表里组织与接结组织都画完循环即可。

如表组为 6 枚斜纹,里组织为 3 枚斜纹,接结组织为 6 枚斜纹,表里经纬排列比均为 2:1 时,其双层组织的经纬纱组织循环数可按以下情况计算。

①当采用里经接结时:

$$R_j = \text{基础组织循环的最小公倍数} \times \text{排列比之和} = 6 \times (2+1) = 18 \text{ 根}$$

$$R_w = \text{表组织循环} + \text{里组织循环} = 6 + 3 = 9 \text{ 根}$$

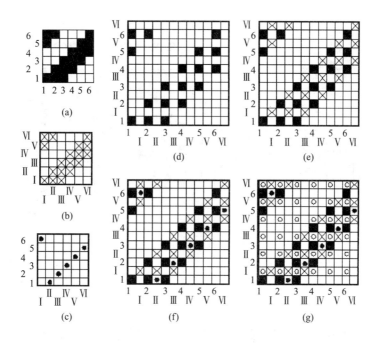

图 5-29 里经接结法组织图的绘制

②当采用表经接结时：

$$R_j=6+3=9\ 根$$

$$R_w=6\times(2+1)=18\ 根$$

所以当表里经纬的排列比不等于 1∶1 时,双层组织经纬循环数需视具体情况而定。

(2)根据排列比在 R_j、R_w 范围内,用不同的序号分别标出表经、表纬及里经、里纬。

(3)确定接结组织和里组织的起始点,把表组织填绘在表经与表纬相交的方格内,用符号"■"表示,如图 5-29(d)所示。再把里组织填绘在里经与里纬相交的方格内,用符号"⊠"表示,如图 5-29(e)所示。

(4)在里经与表纬相交的方格内填绘接结组织,用符号"●"表示,并使接结点配置在左右两根相邻的表经长浮纱之间,使里经浮点被表经长浮纱所遮盖,如图 5-29(f)所示。

(5)在表经与里纬相交的方格内填入符号"⊡",表示里纬织入时表经提升,不参与里层交织,如图 5-29(g)所示。

图 5-30 所示为按表里经纱排列比为 1∶1、表里纬纱排列比为 2∶2 绘作的里经接结双层组织图。

2. 表经接结法双层组织图的绘制(上接下)

例 1 如图 5-31 所示,它是以 $\dfrac{3}{3}$ 斜纹为基础组织,表里经纬纱排列比均为 1∶1,接结组织为 $\dfrac{5}{1}$ 斜纹,所绘作的表经接结双层组织图。图 5-31(a)为表层组织,图 5-31(b)为里层组织,图 5-31(c)为表经接结组织。其作图步骤如下:

(1)求出双层组织经纬循环数 R_j、R_w。

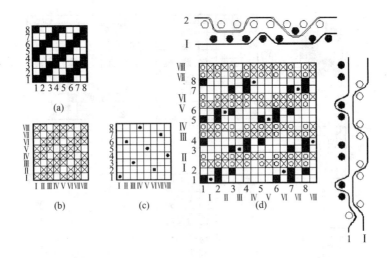

图 5-30 里经接结双层组织组织图

(2)填绘表、里基础组织。

(3)在表经与里纬相交处填绘接结组织。符号"△"是纬浮点,表示里纬浮于表经之上,这种纬浮点应配置在上下两根相邻的表纬长浮中间,使里纬的纬浮点被表纬长浮线所遮盖。图 5-31(d)为表经接结双层织物的组织图。

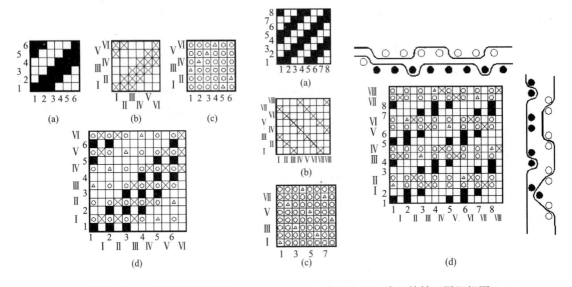

图 5-31 表层接结法双层织物的组织图　　图 5-32 表经接结双层组织图

例 2　如图 5-32 所示,它是以 $\frac{2}{2}$ 斜纹、$\frac{1}{3}$ 斜纹分别为表里基础组织,表里经纱排列比为 1 : 1,表里纬纱排列比为 2 : 2,接结组织为 8 枚缎纹所绘作的表经接结双层组织图。图 5-32(a) 为表层组织,图 5-32(b)为里层组织,图 5-32(c)为接结组织,图 5-32(d)为表经接结双层组织图及经纬向剖面图。

例 3　图 5-33 为香岛绉地组织图,表里层基础组织均为平纹,表里经纬纱的排列比均为 1:1,用"上接下"法,接结组织为 4 枚斜纹。图 5-33(a)为表层组织,图 5-33(b)为里层组织,图 5-33(c)为接结组织,图 5-33(d)为双层组织图及经纬向剖面图。

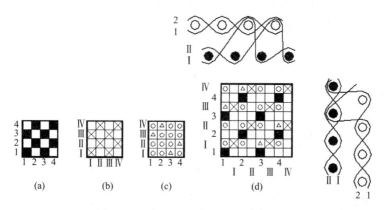

图 5-33　提花丝织物香岛绉地组织图

3. 联合接结法组织图的绘制　要使双层组织接结坚牢,则可同时采用表经接结法与里经接结法,如图 5-34 所示。图 5-34(a)为表层组织图,图 5-34(b)为里层组织图,图 5-34(c)为里经接结组织,图 5-34(d)为表经接结组织,图 5-34(e)为双层组织图及经向剖面图。

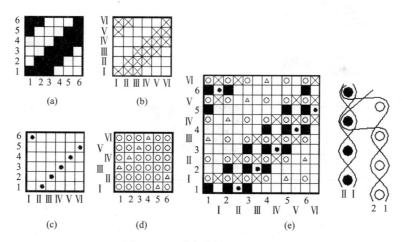

图 5-34　联合接结双层组织图

4. 附加线接结法组织图的绘制　采用接结经接结法时,双层织物采用了三组经纱(表经、里经、接结经)与两组纬纱(表纬、里纬)交织,当采用接结纬接结法时,双层织物采用三组纬纱(表纬、里纬、接结纬)与两组经纱(表经、里经)交织,接结纱和表里经或表里纬三者的排列比,可根据组织的性质与织物的密度而定,通常接结纱的密度比表里纱的密度要小。

织造时,由于接结经的屈曲程度比表里经的屈曲程度大得多,因此接结经必须另卷一个经轴。接结纬的屈曲程度也比表里纬大,因此织缩也大。接结纬一般与表里纬不同,因此需采用多梭箱装置。

例1 以$\frac{2}{2}$斜纹组织作为表里的基础组织,采用接结经接结,表里经纬纱的排列比均为2:1,表经:接结经为2:1,三种经纱的排列次序为表经1根,里经1根,表经1根。这种排列形式适宜于里层经纬较粗的双层织物,如图5-35所示。图5-35(a)为表层组织图,图5-35(b)为里层组织图,图5-35(c)为接结经与表纬接结组织图,图5-35(d)为接结经与里纬接结组织图,图5-35(e)为接结经接结双层组织上机图,图5-35(f)为第一根接结经与第2根表经、第Ⅰ根里经的经向剖面图。

图中接结经以一、二、等数字标出。

在接结经与表里纬接结时,接结经浮于表纬之上而沉于里纬之下。不进行接结时,接结经配置在上下层组织之间。

表纬交织的经浮点用"●"表示,接结经与里纬交织的纬浮点用"▲"表示。

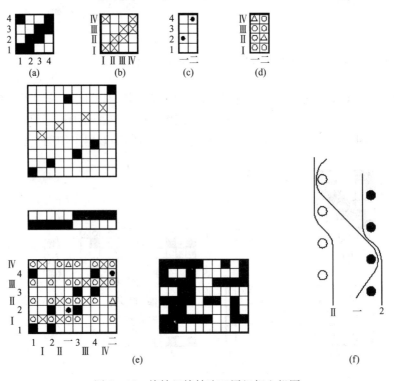

图5-35 接结经接结法双层组织上机图

例2 如图5-36所示,表组织为$\frac{1}{3}$破斜纹,里组织为$\frac{3}{1}$破斜纹,表经:里经为1:1,表纬:里纬:接结纬为1:1:1,采用接结纬接结双层组织。图(a)为表组织,图(b)为里组织,图(c)为接结纬与表经接结的组织图,图(d)为接结纬与里经接结的组织图,图(e)为接结纬接结的双层组织上机图,图中接结纬次序以一、二等数字标出,图(f)为第1根表纬、第Ⅰ根里纬、第1根接结纬的纬向剖面图。从图中可清楚地看出,使用接结纬接结时,首先要使接结纬沉于全部表经之下,然后使某根表经沉于接结纬之下,是纬浮点,用符号"▣"表示。而使某根里经浮于接结纬之上,是经浮点,用符号"▲"表示。接结点的选择要有利于被邻旁的组织点掩盖。

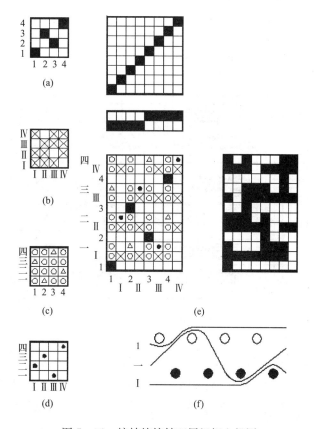

图 5-36 接结纬接结双层组织上机图

(四)接结双层组织的上机要点

1.经轴 若表里层组织相同或交织数接近,且表里经、纬采用相同原料,并同时采用联合接结法,那么织造时表里经纱的缩率一致,这时可采用单经轴织制。如果表里层采用不同的组织或表里层组织的交织数相差较大,则织造时表里经纱的缩率将不同。这时表里经应分别卷在两只经轴上,否则会影响织物的手感,并使织造发生困难。

2.穿综 双层组织的穿综大体上与重经组织相同,一般提升次数较多的一组经纱穿入前区,另一组则穿入后区。所需综框数与表里层基础组织及接结组织的经纱循环数有关。

3.穿筘 筘齿穿入数主要与经纱排列比有关,一般以一个或两个排列比之和穿入一筘齿。如经纱排列比为表1里1,一般每筘齿穿入2根或4根。如表里经纱按2∶1排列,一般每筘齿穿入3根或6根,但应按表1里1表1次序穿筘,而不宜按表2里1次序穿筘,在实际操作时将边部的一根表经穿入边筘,以第2根表经开始穿入正身筘齿。当表里经以4∶1排列时,情况亦类似,一般按表2里1表2次序穿,所不同的是应将边部起始两根表经穿入边筘齿。

五、表里换层双层组织

表里换层组织是以不同的线密度、原料或颜色的表里经纬纱,沿织物花纹轮廓处调换表里经纬纱的位置,同时将表里两层连成一整体的组织。

表里两组经(或纬)时而在织物的表层,时而在织物的里层,如图 5-37 所示。为确切地表述,应以甲、乙经(或纬)区分,而不以表、里经(或纬)区分。表里换层的双层组织的织制原理与一般双层组织相同,若表里换层组织的各种因素配合恰当,则可以织出绚丽多彩的衣着或装饰织物。在提花丝织物中,表里换层组织应用较多。

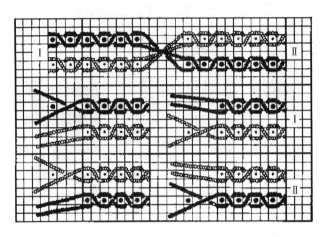

图 5-37　表里交换双层组织的示意图

(一)表里换层组织的设计要点

1. 基础组织的选择　一般采用简单组织作表里层的基础组织。由于表里两层是各自独立的,所以表里组织可以相同,也可以不同,并且对表里层组织的起始点位置无任何要求。常采用的基础组织有平纹、$\frac{2}{2}$方平、$\frac{2}{2}$斜纹等组织,其中平纹组织应用最多。这样可以减少用综,便于上机,也可使织物质地紧密。

2. 经纬纱原料的选择　经(或纬)纱的线密度、色彩、种类可以相同,也可以不同,各种因素如配合得当,可织出绚丽多彩的衣着用或装饰用织物。经纬纱颜色越多,则织物花纹色彩越丰富。如表里组织均为平纹,甲经为黑色,甲纬为红色,乙经、乙纬均为白色,则甲经与甲纬交织的平纹组织为紫红色;甲经与乙纬交织的平纹组织为灰白色;乙经与甲纬交织的组织为粉红色;乙经与乙纬交织的组织为纯白色,织物表面可有 4 种色彩。

3. 排列比的确定　甲、乙经(或纬)的排列比,应根据纱线线密度和设计意图而定,常采用1:1、2:2、2:1等比例。

4. 纹样的设计　表里换层织物按花纹轮廓调换甲乙经纬纱在表里层的位置,主要靠花纹来表现织物的外观和风格,如图 5-38 所示。

(二)表里换层组织图的绘制

(1)设计表里换层的纹样图,如图 5-39(a)所示。

(2)确定纹样各部分的表里层组织。图 5-39 采用平纹组织为其表里层组织,图(b)为表层组织,图(c)为里层组织。

(3)确定表里经(或纬)排列比,并绘出各区的双层组织。在表里换层组织中,由于经纬纱需按纹样要求换层,在某一位置为表层的表经、表纬,到另一位置就换为里层的里经、里纬。为了

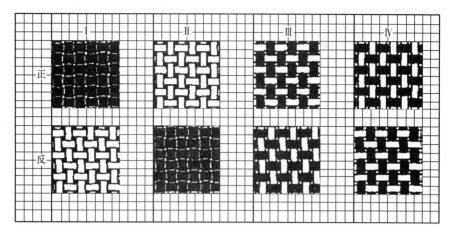

图 5-38　不同色纱排列的表里换层织物的外观效果图

正确起见,换层组织中的经纬纱一律不以表里经、表里纬称呼而以其色泽来称呼。通常以阿拉伯数字表示甲色经纬纱,以罗马数字表示乙色经纬纱。如图 5-39(a)中甲、乙经纬纱的排列比均为 1:1。

(4)计算组织循环数。表里换层组织的经纬纱循环数应是表里层基础组织经纬纱循环数的整数倍。图 5-39 中的 A 区或 B 区均由甲经、甲纬、乙经、乙纬各 4 根组成。因此在一个花纹循环中,经纱循环 $R_j = 2 \times (4+4) = 16$,纬纱循环 $R_w = 2 \times (4+4) = 16$。

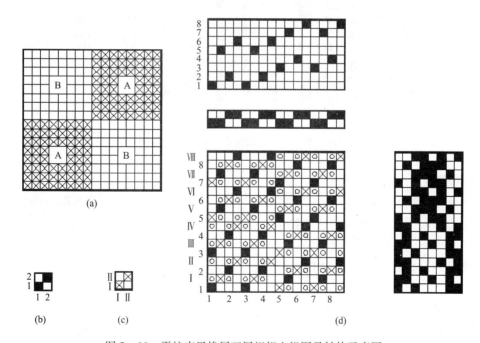

图 5-39　平纹表里换层双层组织上机图及结构示意图

(5)描绘组织图时,按纹样要求,在各区内填入相应的组织,以符号"■"代表表层组织的经浮点,以符号"⊠"代表里层组织的经浮点,以符号"⊡"代表投入里纬时表经全部提升。

图 5-39(a)的纹样实为甲、乙两色的换色方块,方块 A 是甲经甲纬为表层,显甲色;方块 B 是乙经乙纬为表层,显乙色。故绘组织图时,在 A 区,因甲经甲纬构成表层,乙经乙纬构成里层。当甲纬投入时,乙经不必提起。所以凡甲纬与乙经相交的格子内不填入符号;在乙纬投入时,所有甲经均应提起,所有甲经与乙纬相交的方格内填入符号"⊡"。在 B 区,乙经乙纬构成表层,甲经甲纬构成里层,当乙纬投入时,所有甲经不提升,而当甲纬投入时,所有乙经均应提升。所以凡乙纬与甲经相交的方格以空白表示,而在甲纬与乙经相交的方格中均应绘入符号"⊡"。

平纹表里换层组织结构示意图及剖面图如图 5-40 所示。

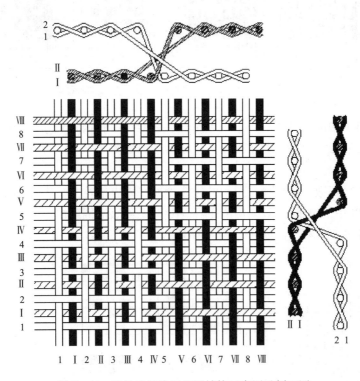

图 5-40 平纹表里换层组织结构示意图及剖面图

(三)表里换层组织的上机要点

1. 穿综方法 织制表里换层组织时应采用分区穿综法,甲乙经分别穿入两区的综片内,表里换层组织上机所需综片数由各层表里基础组织和纹样层次决定。

2. 穿筘方法 每筘齿穿入数应等于甲乙经排列比之和,或是其整数倍。

3. 织轴 甲乙经织缩率不同时,需采用双织轴。

六、多层组织

由三组或三组以上的经纱与三组或三组以上的纬纱分别交织形成相互重叠的上、中、下三层或三层以上并连接成一个整体织物的组织称为多层组织。多层组织常用于产业用纺织品中,通过多层组织结构实现多层复合材料的一次成型,可以简化复合材料的生产工艺并降低其加工成本,同时通过多层组织上、下层之间的连接,可形成复合材料中各层之间的抗剪切能力,避免产生层合板的层间剥离现象。

采用多层组织结构,通过经纱、纬纱原料的选择与多层组织的层数以及各层基础组织、密度、经纬排列比、接结方式等规格参数的设计,赋予织物一定的性能或功能。三层及多层组织各层之间的连接方法有以下几种。

(1)只在边部连接,构成三幅组织。

(2)沿着花纹的轮廓处交换表、中、里三层的位置,使织物上、中、下三层利用色纱交替织造,同时将三层连接在一起。

(3)利用接结点将三层紧密连接在一起,形成接结三层组织。

(4)四层组织。

(一)三幅组织

为了保证在织物折幅处组织点连续,投纬顺序应为1表1中2里1中1表。织物横截面示意图及组织图如图5-41(a)、(b)所示。在折幅处加特纱,如图5-41(c)中A,B所示。

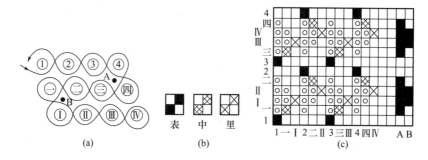

图5-41 平纹三幅组织

(二)表里换层三层组织

表里换层三层组织与表里换层双层组织近似,采用三种颜色的经纬纱作表、中、里纱,纱线在花纹轮廓处交换位置,可以得到不同颜色效应的织物外观。基础组织以平纹最为常见,图5-42所示是以平纹为表、中、里层基础组织,经纬纱分别采用甲、乙、丙三种颜色的纱线,排列比为1:1:1,其显色效果如图5-42所示,纵条形纹样如图5-43所示。纹样中A区表层显甲色,由甲经和甲纬交织成表层组织,乙经和乙纬构成中层组织,丙经和丙纬构成里层组织,在甲经和乙纬、丙纬及乙经与丙纬相交的方格内填"⊡",表示织入下层纬纱时上层经纱提升。纹样中B区表层显乙色,由乙经和乙纬构成表层组织,丙经和丙纬构成中层组织,甲经和甲纬交织成里层组织,在乙经和丙纬、甲纬及丙经与甲纬相交的方格内填"⊡",表示织入下层纬纱时上层经纱提升。纹样中C区表层显丙色,由丙经和丙纬构成表层组织,甲经和甲纬交织成中层组织,乙经和乙纬构成里层组织,在丙经和甲纬、乙纬及甲经与乙纬相交的方格内填"⊡",表示织入下层纬纱时上层经纱提升,图5-43(a)为表、中、里层组织图,图5-43(b)为纹样图,图5-43(c)为换层三层组织。

(三)接结三层组织

接结三层组织的接结方法有以下几种。

(1)里接中、中接表(里经浮于中纬之上,中经浮于表纬之上)。

(2)表接中、中接里(表经沉于中纬之下,中经沉于里纬之下)。

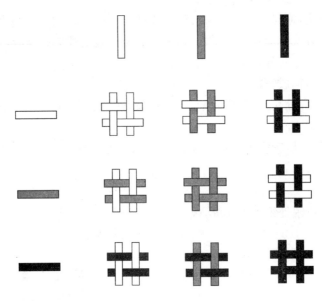

图5-42　表里换层三层组织显色效果图

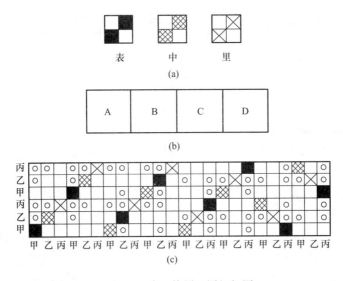

图5-43　表里换层三层组织图

（3）里接中、表接中（里经浮于中纬之上，表经沉于中纬之下）。

（4）中接表、中接里（中经浮于表纬之上，中经沉于里纬之下）。

对于三层的接结组织，在构作其经纬组织循环数等于每层基础组织循环数的最小公倍数乘以排列比之和。在一个组织循环内用阿拉伯数字、中文数字和罗马数字分别标出表、中、里层的经纱和表、中、里层的纬纱，在表经与表纬相交的方格内填绘表层组织，在中层与中纬相交的方格内填绘中层组织，在里经与里纬相交的方格内填绘里层组织，在表经与中纬、里纬及中经与里纬相交的方格内填入符号"▣"，表示织入下层纬纱时上层经纱提升，根据接结组织的接结类别在相应的方格内填入符号"▉"或"▲"，形成表、中、里接结三层组织图。

图 5 - 44 所示是以平纹为表、中、里基础组织,采用里经接中纬、中经接表纬的 8 枚缎纹接结,表、中、里层经纬纱排列顺序为 1∶1∶1 所构成的"下接上"方式的表、中、里接结三层组织图。图 5 - 44(a) 为中经接表纬的接结组织图,图 5 - 44(b) 为里经接中纬的接结组织图,图 5 - 44(c) 为接结三层组织图,图 5 - 44(d) 为经向剖面图。

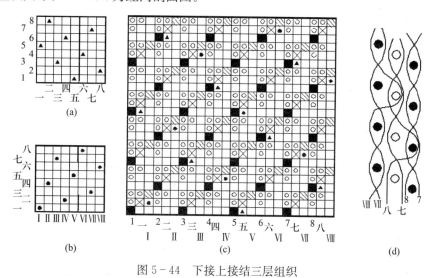

图 5 - 44　下接上接结三层组织

第三节　起绒组织

　　能在织物表面形成毛绒或毛圈的组织称为起绒组织或毛圈组织。绒毛表现的形态有由纤维体倒伏覆盖成绒面的织物和由纤维体耸立起的纤维截面构成绒面的织物两大系列。在织物表面形成毛绒的方法有许多种,机织物一般是利用织物组织、织造方法和特殊的整理加工使部分经纱或纬纱在织物表面形成毛绒或毛圈,其对应的组织称起绒组织或毛圈组织。这类织物实质上是由两个组织联合而成,一个是固结毛绒(圈)的地组织,一个是形成毛绒(圈)的绒组织,如果形成毛绒的纱线系统为纬纱,则称为纬起绒组织,如果形成毛绒的纱线系统为经纱,则称为经起绒组织。起绒织物表面覆盖一层丰满平整的绒毛,故光泽柔和,手感柔软,弹性及保暖性好,织物较厚实。由于织物表面是借助绒毛纤维的断头与外界产生摩擦,所以织物耐磨性好,地组织很少磨损,织物坚牢度好。起绒组织分纬起绒组织、经起绒组织和毛巾组织。

　　起绒织物用途甚广,品种繁多。如棉织品中最常见的是平绒、灯芯绒等产品,适合做妇女和儿童的秋冬衣料、靠垫、精美贵重仪表与饰品盒的里衬。丝织品中的如天鹅绒等产品,可做民族服装、戏装及其他饰品。毛织品中的长毛绒、人造毛皮是裘的代用品,广泛采用腈纶、氯纶、锦纶、涤纶等化纤原料后,不但价格适中,而且轻暖,因此军需及民用方面均有大量销路。

一、起绒织物的分类

　　1. 按构成毛绒的纱线系统分　利用纬纱构成毛绒的为纬起绒织物,利用经纱构成毛绒的为经起绒织物。

2. 按毛绒长短分

(1)短毛绒织物。织物的毛绒较短,一般在 2mm 左右,但毛绒的密度大,耸立度较好。

(2)长毛绒织物。织物的毛绒较长,一般为 7.5~10mm,仿毛皮的长毛绒,其毛绒高度还要高些,毛绒是稍有倾斜地覆盖在地组织上。

3. 按绒织物的外观分

(1)平素绒织物。平素绒织物有单面绒与双面绒之分,按毛绒的朝向分又有毛绒呈灯芯条状排列的灯芯绒,毛绒均匀耸立的平绒、立绒,毛绒朝一个方向倾斜的素绒,以及经后处理加工后,毛绒呈明显花纹的拷花绒、轧花绒等。

(2)小花纹绒织物。利用多臂机织制,织物表面呈现毛绒条格或几何形小花纹的织物。

(3)提花绒织物。利用提花机织制,织物表面呈现毛绒大花纹的织物。

4. 按形成毛绒的方法分

(1)浮长通割法。浮长通割法将覆盖于地组织之上的经浮长纱或纬浮长纱利用机械或手工的方法割断,然后经刷绒等整理加工,使切断的丝纤维耸立于织物表面。浮长通割法起绒组织按形成浮长的丝纱系统不同,分纬浮长通割起绒组织和经浮长通割起绒组织两种。当地组织为单层组织时,浮长割开后形成单幅起绒织物,若地组织为双层组织时,则浮长割开后形成上、下两幅起绒织物。

(2)双层分割法。双层分割法是利用附加纱接结双层组织的结构原理,使接结经或接结纬联结于具有一定间距的上下层之间,织成后将两层割开,即成上下两幅绒织物。在实际生产中,以割断接结经形成经起绒的织物为多。

(3)织入起绒杆法。织入起绒杆法仅适用于经起绒织物。在织造过程中,间隔几纬后织入一起绒杆,使起绒经纱包围在起绒杆上而形成毛圈,然后切开毛圈,取出起绒杆,织物上即形成毛绒。若不切开毛圈,抽出起绒杆,则织物上形成毛圈。

(4)长短打纬法。长短打纬法仅适用于经纱起毛圈织物。在织造过程中,利用特殊的打纬机构和织物组织并与送经打纬运动配合,使各纬的打纬动程不同。当短打纬时,起毛绒经纱在织物上形成浮长;当长打纬时,则将此浮长形成毛圈。若将毛圈割断,织物表面便呈现毛绒。

二、纬起绒组织

纬起绒组织及其织物是由一个系统的经纱与两个系统的纬纱交织而成。两个系统纬纱有不同的作用,其中一个系统纬纱叫地纬,另一个系统的纬纱叫绒纬。地纬与经纱交织,形成固结毛绒和决定织物坚牢度的地组织;绒纬与经纱交织,以其纬浮长线形态覆盖于织物表面,织物形成后,纬浮长线被割断或拉断,再经过一定的整理加工后形成纬起绒织物。这类织物的组织称为纬起绒(纬起毛)组织,这类织物的整理工艺称为纬起绒(纬起毛)工艺。

绒纬起毛绒的方法有开毛法和拉毛法两种。开毛法是利用割绒机将绒坯上绒纬的浮长线割断,然后经刷毛等整理使绒纬的捻度退尽,使绒纤维在织物表面形成耸立的毛绒。如灯芯绒、纬平绒织物就是利用开毛法起绒的。

拉毛法是将绒坯覆盖于回转的拉毛滚筒上,使绒坯与拉毛滚筒上的针做相对运动,将织物绒纬中的纤维逐渐拉出,直到绒纬纤维被拉断为止。如拷花呢织物和拷花绒类织物的起绒方法就是利用拉绒法形成毛绒的。

纬起绒织物常见的品种有灯芯绒、花式灯芯绒（提花灯芯绒）、纬平绒和拷花呢等。

(一)灯芯绒

灯芯绒是表面形成纵向绒条的织物,因绒条像旧时用的灯草芯而得名。图5-45所示为灯芯绒的结构图。图中1和2表示地纬,a和b表示绒纬。地纬1、2与经纱以平纹组织交织形成地布,在织入一根地纬后,织入两根绒纬a和b,绒纬的浮长为5个纬组织点。第5、6两根经纱与绒纬交织并分别浮于绒纬a、b之上称为压绒经,绒纬与压绒经交织处称为绒根。割绒时,在第2、3两根经纱之间进刀把绒纬割断,经刷绒整理后,绒毛竖立成中央毛绒高两侧毛绒低呈圆弧状排列的绒条在织物表面。

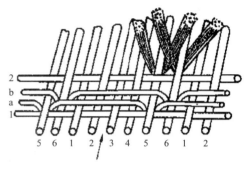

图5-45 灯芯绒结构图

灯芯绒又称条子绒,其织物表面具有一定宽度的纵向绒条,绒条中央高于两侧,纹路清晰,毛绒丰满。织物表面绒条有宽有窄,一般以25.4mm(1英寸)宽织物中含有的绒条数表示,灯芯绒绒条粗细分档见下表。若采用粗细不同的条型合并或部分绒条不割、偏割,便可形成粗细混合条灯芯绒。

灯芯绒绒条粗细的分档

分 类	特 细 条	细 条	中 条	粗 条	宽 条
绒条宽度(mm)	<1.25	1.25~2	2~3	3~4	>4
绒条数(条/25.4mm)	>19	15~19	9~14	6~8	<6

1. 灯芯绒织物的分类

(1)按使用原料的不同,灯芯绒分为纯棉灯芯绒、涤棉灯芯绒、涤棉复合纤维灯芯绒、富纤灯芯绒和氨纶弹力灯芯绒等,其中以纯棉品种应用较多。

(2)按使用经纬纱线结构的不同,灯芯绒分为全纱灯芯绒、半线灯芯绒(经纱为线,纬纱为纱)及全线灯芯绒。

(3)按加工工艺的不同,灯芯绒分为染色灯芯绒、印花灯芯绒、色织灯芯绒和提花灯芯绒等品种。

(4)灯芯绒织物的绒条有宽有窄,按其宽窄的不同,可分为特细条、细条、中条、粗条、宽条及粗细混合及间隔条等品种。间隔条灯芯绒是指粗细不同的条型合并或部分绒条不割、偏割而形成粗细间隔的绒条。

(5)按织物外观不同,灯芯绒分为普通单面灯芯绒及双面灯芯绒、小花纹灯芯绒、提花灯芯绒等品种。

2. 灯芯绒织物的设计要点

(1)经纬纱线密度及密度的确定。因灯芯绒织物是纬起绒织物,为使绒条稠密,纬密比经密大得多,一般灯芯绒经向紧度为50%～60%,纬向紧度为140%～180%,经向紧度为纬向紧度的1/3左右,因此在织造时打纬阻力很大,经纱所承受的张力及摩擦程度很大。为了减少断头率,经纱常用股线或捻系数较大、强力较高的单纱。纬纱线密度与织物密度有关。为便于起绒,一般采用线密度适中的纱线织制。如纬纱线密度较小时,纬密应相应增加,以保证织物毛绒稠密,固结牢固。灯芯绒织物经纬密度必须配合适当,否则会影响毛绒稠密及绒毛固结的坚牢程度。在组织相同的条件下,经密增加,则毛绒短而固结坚牢,织物手感厚实;反之,经密减少,则毛绒长而松散,坚牢度差,织物手感较软。

(2)地组织的选择。地组织的主要作用是固结毛绒及使织物具有一定的强度。常用的地组织有平纹、$\frac{2}{1}$斜纹、$\frac{2}{2}$斜纹及纬重平、变化平纹和变化纬重平组织。不同的地组织对织物质地及手感有很大影响,也会影响绒纬的固结程度和割绒工作。

图5-46所示为平纹地灯芯绒组织,其中图5-46(a)为组织图,图5-46(b)为横截面图。平纹地组织交织点多,绒条抱合紧密,绒条外观圆润,底布平整坚牢,正面耐磨情况好,交织点多,有利于割绒。但纬纱纬密受到限制,手感较硬,织物背面无地纬浮长保护绒根,绒根在背部突出,受外力摩擦后,绒束移动容易造成脱毛。

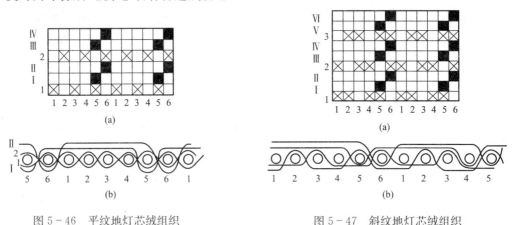

图5-46 平纹地灯芯绒组织   图5-47 斜纹地灯芯绒组织

图5-47所示为$\frac{2}{1}$斜纹地灯芯绒组织,一个组织循环中有四根地经、两根压绒经。斜纹地灯芯绒组织交织点少,纬纱容易打紧,绒条稠密,织物手感柔软,压绒经背部有地纬浮长线对绒根起保护作用,可以减少绒根背部的摩擦,改善背部脱毛的缺点。但底板不如平纹地平整紧密,割绒不如平纹地方便,正面耐磨情况不如平纹地组织。它常用于织制比较厚实、柔软、毛绒紧密的织物。

图5-48所示为平纹变化地灯芯绒组织,一个组织循环中有六根地经、两根压绒经。这种地组织兼有平纹地与斜纹地的优点。绒根在7、8两根压绒经上,背部有地纬浮长线保护,减少了对绒根背部的摩擦,压紧绒纬改善了背部脱毛的缺点,绒根两旁又分别受6、1两根地经保护。由于割绒刀部位仍为平纹地,所以割绒进刀方便,正面耐磨情况也得到改善。

(3)绒纬组织的选择。绒纬组织由绒纬浮长线及绒根组成。绒纬组织的选择主要考虑绒根的固结方式、绒纬浮长、绒根的分布情况及地纬与绒纬的排列比等因素。

①绒根固结方式。绒根固结方式指绒纬与绒经的交织规律。固结方式主要有两种:V形固

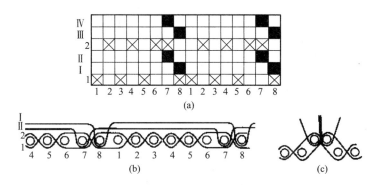

图 5 - 48 平纹变化地灯芯绒组织

结法和 W 形固结法。

a. V 形固结法又叫松毛固结法,指绒纬仅与一根压绒经交织成 V 形,如图 5 - 49(a)所示。
由于它与绒经交织少,使纬纱容易打紧,织物纬密
可以提高,绒毛稠密且绒面抱合效果好,但毛根固
结不牢,受到强烈摩擦后容易脱毛。这种固结法适
用于织制绒毛较短、纬密较大的中条、细条灯芯绒。

b. W 形固结法也称紧毛固结法,指绒纬与 3
根压绒经交织成 W 形,如图 5 - 49(b)所示。由于
它与绒经交织点多,纬纱不易打紧,织物纬密增大
受到限制,绒毛的稠密度较 V 形固结法小,但绒毛

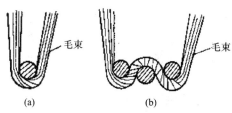

图 5 - 49 毛绒固结法

固结牢度好,适用于绒纬固结牢但对绒毛密度要求不高的细条灯芯绒。

织制宽条灯芯绒需联合采用 W 与 V 形固结法,取长补短,以利于改善毛绒的抱合情况,减
少脱毛现象。

②绒根的分布。绒纬与压绒经的交织点即为绒根,绒根分布影响绒条外观。设计粗宽条灯
芯绒时,若绒根仅集中在二三根绒经上,则割绒后容易露底。因此必须增加压绒经的根数,以使
绒根相互错开且均匀分布。如图 5 - 50(a)所示,12 根经纱中有一半作压绒经,绒根分布均匀,
每束绒毛长短差异小,绒条平坦。绒根的分布还影响到织物的纬密。如果绒根的组织点与地纬
组织点重叠,则纬纱容易打紧,如图 5 - 50(b)所示;反之,若绒根组织点与地纬组织点交错,则
纬线不易打紧,如图 5 - 50(c)所示。

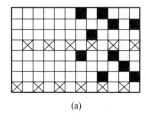
(a)

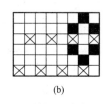
(b)

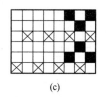
(c)

图 5 - 50 绒根的分布

③绒纬浮长。在一定的经密下,绒毛浮长的长度决定了绒毛的高度和绒条的宽窄。绒纬浮
长越长,毛绒高度越高,绒条也就越宽,绒毛丰满。所以粗宽条灯芯绒,要求绒纬浮长较长,但绒

纬浮长过长,割绒后容易露底,因此粗宽条灯芯绒不能单纯地增加绒纬浮长,还需要合理安排绒根的分布。若割绒进刀部位位于绒纬浮长线的中央,则毛绒高度的计算如下式:

$$h=\frac{C}{2\times P_{\mathrm{j}}/10}\times 10=50C/P_{\mathrm{j}}$$

式中:h——绒毛高度,mm;

$\qquad P_{\mathrm{j}}$——经纱密度,根/10cm;

$\qquad C$——绒纬浮长所越过的经纱根数。

从上式可得到,在一定的绒纬浮长下,减少经密可增加毛绒的高度,但织物坚牢度差。在经密不变的情况下,绒纬浮长越长,毛绒就越高,绒条也比较宽,但绒纬浮长过长,使绒毛密度减小,割绒后容易露底。因此,粗宽条灯芯绒不能单纯地增加绒纬浮长,还需要合理安排绒根的分布位置。

④地纬与绒纬的排列比。地纬与绒纬的排列比有多种,一般有 1:2、1:3、1:4、1:5 等,在织物原料组合、密度、组织相同的条件下,地纬与绒纬的排列比直接影响绒毛的稀密度、外观、底布松紧和绒毛固结牢度。地纬与绒纬排列比越大,绒毛的密度越大,织物的柔软性、保温性就好,但织物底板松弛,绒毛固结不牢,绒毛易被拉出,织物的坚牢度会降低。所以在满足绒毛密度的要求下,地纬与绒纬排列比不宜过大。灯芯绒地纬与绒纬的排列比以 1:2、1:3 为多,形成的织物绒毛比较丰满,外观好。

(4)组织图绘制。

①由绒纬浮长及绒根的分布确定完全经纱数,由地纬与绒纬的排列比及地组织确定完全纬纱数。

②画出完全组织的大小,标出各经纱、纬纱的序号。

③在地纬与经纱交织处填入地组织,绒纬与压绒经交织处填入绒纬组织。绒纬与地经交织处为绒纬浮线,即纬浮点。

图 5-51 为特细条灯芯绒上机图。地纬、绒纬之比为 1:3,绒毛采用复式 W 形固结,地组织为平纹,经纬纱线密度均为 18tex,织物经密 315 根/10cm,纬密 483 根/10cm。

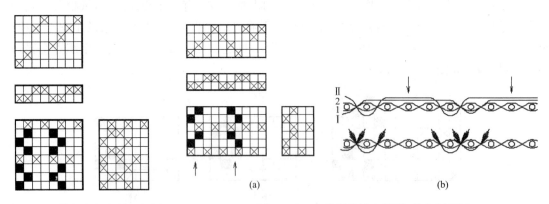

图 5-51　特细条灯芯绒上机图　　　　图 5-52　中条灯芯绒上机图、纬向剖面图

图 5-52(a)为中条灯芯绒织物上机图,其地组织为平纹,地纬、绒纬之比为 1:2,绒毛采用 V 形固结,经纱线密度均为 14tex×2,纬纱线密度均为 28tex,织物经密 228 根/10cm,纬密 669 根/10cm。

图 5-53 为粗条灯芯绒上机图,其地组织为 $\frac{2}{2}$ 斜纹组织,地纬、绒纬之比为 1：2,绒毛采用 V 形固结,经纱线密度均为 14tex×2,纬纱线密度均为 28tex,织物经密 161 根/10cm,纬密 133 根/10cm。

(二)纬平绒

纬平绒织物的表面均匀地覆盖着一层平齐耸立的短毛绒,具有绒面丰满、光泽柔和、手感柔软、弹性好、不起皱、保暖性优良等特点。平绒织物分为纬平绒和经平绒两种,因其通过割断绒纱形成绒毛,所以也可分为割纬平绒和割经平绒。一般割纬平绒是将绒纬割断并经刷绒而形成;割经平绒是将织成的双层织物,从中把绒经割断,分为两件单层织物,再经刷绒而形成。

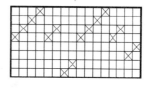
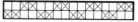
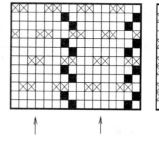
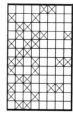

图 5-53　粗条灯芯绒上机图

纬平绒形成原理与灯芯绒形成原理基本相同,不同之处是纬平绒各根绒纬的固结点彼此错开,均匀分布,这是纬平绒组织区别于灯芯绒组织的一个显著特点,它有利于增加纬纱密度,纬密比灯芯绒织物要大,织物紧密,毛绒均匀。图 5-54(a)、(b)即为纬平绒织物的结构图和上机图,地组织为平纹,地纬与绒纬排列比为 1：3。1、2 为地纬,其他为绒纬,绒纬为 V 形固结。开毛后形成毛束,图中箭头方向为开毛进刀位置。

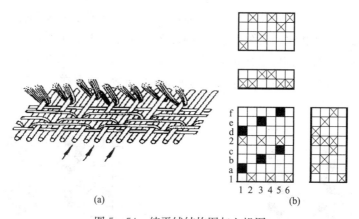

(a)　　　　　　　(b)

图 5-54　纬平绒结构图与上机图

设计纬平绒组织时,应根据绒纬规定的基础组织,使绒纬仅与奇数经纱相交织或仅与偶数经纱相交织,总之,一隔一地填入其组织点,如图 5-55 所示。

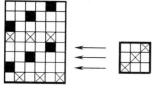

图 5-55　纬平绒组织图

纬平绒的地纬与绒纬常采用 1：3 的排列比。绒毛以 V 形固结为好,每根绒根被 2 根地经夹持,形成均匀、稠密、平整的绒面。图 5-56 所示为几种纬平绒织物的组织图,其中图(a)为平纹地组织,$\frac{1}{2}$ 斜纹作绒纬组织,图(b)为平纹地组织,$\dfrac{5}{2}$纬面缎纹作绒纬组织,图(c)为$\dfrac{2}{1}$斜纹地组织,$\dfrac{1}{2}$斜纹作绒纬组织。

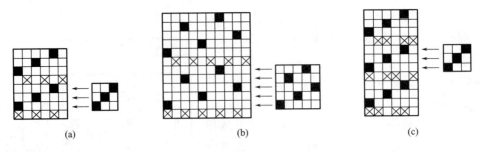

(a)   (b)   (c)

图5-56 几种纬平绒织物的组织图

(三)花式灯芯绒

花式灯芯绒是在一般灯芯的基础上进行变化得到的,使织物表面局部起绒,局部不起绒而形成凹凸感的各种几何图形花纹,立体感强。形成各种图案设计时,先确定花型布局、绒条宽窄,起绒和不起绒部位的大小,然后根据经纬纱密度的比值,确定一个组织循环内纵向绒条数和纬纱数,再分别填绘组织图。但要注意不论起绒或不起绒部位,纵横向都必须是灯芯绒基本组织的整数倍,以保持绒条的完整。花式灯芯绒多数在多臂机上进行织制,大花纹灯芯绒要在提花机上织造。

形成花式灯芯绒的方法通常有以下几种。

1. 织入法 如图5-57所示,对不起绒部分在原灯芯绒绒纬浮长部位用经重平组织点填绘。组织紧密,由于绒纬和地经交织点增加,因此在割绒时导针越过这部分,这部分绒纬不被割断,不起绒毛。设计这种花式灯芯绒时,应注意不起绒的纵向部分长度不得超过7mm,否则易引起割绒时的跳刀、戳洞等弊病。不起绒与起绒部位的比例,掌握在1:2,以起绒为主,否则不能体现灯芯绒组织的特点。

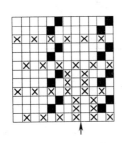

图5-57 织入法形成的花式灯芯绒

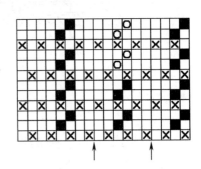

图5-58 飞毛提花法形成的花式灯芯绒

2. 飞毛提花法 如图5-58所示,对不起绒部位的组织点处理,可在原灯芯绒组织的基础上,取消局部绒纬的固结点(图中◎符号表示取消的绒根),使这部分绒纬的浮长线横跨两个组织循环,割绒时,如此长的纬浮长线左右两端被割绒刀割断,中间的浮长线掉下,由吸绒装置吸走而露出底布。利用这种方法形成的花纹,凹凸立体感较强。上机时,穿综通常采用顺穿法或照图穿法,考虑到灯芯绒织物的纬密大,为了使纬纱易于打紧,经密以小为宜,一般每筘齿穿 2 根。

3. 改变绒根的布局　如图 5－59 所示,绒根分布不成直线,使绒纬纬浮长线长短参差不齐,经割绒、刷绒后,绒毛呈高低不平的各种花型,其中长绒毛覆盖短绒毛,如有高有低的鱼鳞状,使花型发生了多种变化。

4. 改变割绒的方式　改变割绒的方式也可以获得不同外观效应的花式灯芯绒。如采用偏割(即割绒部位不在绒条正中),可形成宽窄条(间隔条)灯芯绒,还可以改变进刀次数,比如细条、特细条灯芯绒,由于条型很细,可采用两次割绒,先割单数行,再割双数行。

(四)拷花呢织物

拷花呢织物是将位于织物表面的纬浮长纱,经多次反复缩呢拉绒,松解成纤维束,再经剪毛与搓花,使纤维束卷曲成凸起绒毛。绒毛形成的花纹随绒根分布而变,外观好似经压拷而成。其织物特点是织物手感柔软,且具有良好的耐磨性能。

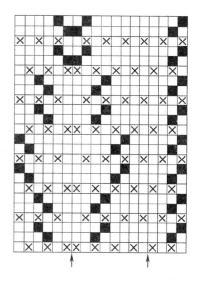

图 5－59　改变绒根分布形成的花式灯芯绒

1. 拷花呢织物的组织结构设计

(1)设计织物的外观效应。确定织物中毛绒分布的花纹轮廓,即设计织物的外观效应。

(2)确定地组织。拷花呢常用平纹、$\frac{2}{2}$斜纹、$\frac{3}{1}$斜纹和四枚破斜纹等作地组织,其地布有单层织物、重组织织物及双层织物。用于重组织织物的基础组织有$\frac{2}{1}$斜纹、$\frac{3}{1}$斜纹及 4 枚破斜纹等。用于双层底布的基础组织有表层为$\frac{2}{1}$斜纹、$\frac{3}{1}$斜纹、平纹和 4 枚破斜纹等组织;里层为平纹、$\frac{2}{1}$斜纹、$\frac{3}{1}$斜纹和$\frac{2}{2}$破斜纹等组织。在重组织及双层组织的地布中,毛纬仅与表经相交织,所以毛纬分布在表经之上。

选择地组织应同时考虑地纬与毛纬的排列比。当地布为单层,地纬与毛纬的排列比为1∶2 时,为防止织物过分松散,地组织以采用平纹为宜。当地布为单层,地纬与毛纬的排列比为1∶1 或 2∶2 时,地组织采用斜纹较好,因为斜纹组织可比平纹组织获得更大的纬密。

(3)确定绒纬浮长。绒纬浮长的长短应以纤维在拉绒及松解之后,其两端能被组织点牢固地夹持为原则,否则拉绒时,毛绒不牢,织物外观发秃,质量损失率增大。绒纬浮长一般浮于3～12 根经纱之上,最好浮在 5 根及 5 根以上的经纱之上。绒纬的浮长取决于经密、底布经纬纱的线密度、绒纬的线密度、毛绒高度等因素。

(4)确定绒纬组织。轻型拷花呢组织多采用以缎纹方式分配绒纬组织,织物的毛绒均匀分布在织物表面,底布完全被毛绒覆盖。如图 5－60(a)所示,绒纬组织为 8 枚加强纬面缎纹,绒纬采用双根经纱 V 形固结,毛绒均匀分布在织物表面,底布完全被毛绒覆盖,毛纬浮于 6 根经纱之上。图 5-60(b)所示为 8 枚加强缎纹、W 形固结的绒纬组织。图 5-60(c)为人字斜线花纹的绒线组织。此类花纹应使绒纬组织的纬浮点数多于经浮点数,否则毛绒会覆盖不足。描绘绒纬组织时,一般先在意匠纸上绘出所设计的模纹图,然后再在该图上用符号标出毛纬组织,如图 5-60 以符号"■"表示。

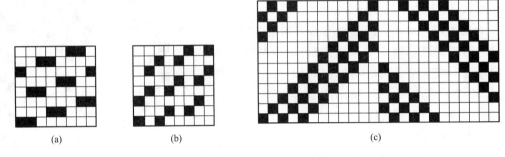

图 5-60 绒纬组织的确定

(5)确定地纬与毛纬的排列比。地纬与毛纬的排列比取决于纱线线密度及毛绒的密度。一般有以下几种:单层织物,地纬:绒纬分别为 1:1、1:2、2:1、2:2;重组织织物,地纬:绒纬分别为 1:2、1:1、2:2;双层布织物,表:里:绒分别为 1:1:1、1:1:2。当要求毛绒丰满优美时,采用地纬与毛纬的排列比为 1:1 或 2:2;当要求毛绒稠密时,采用地纬与毛纬的排列比为 1:2,同时选择纱线线密度较小的毛纬;要求提高织物的耐磨性时,采用地纬与毛纬的排列比为 2:1,同时应取毛纬线密度大于地纬的纱线线密度。

2. 几种典型的拷花呢组织

(1)单层组织底布的拷花绒。地纬和绒纬的排列比有 1:1、1:2、2:1。如图 5-61 所示,底布采用单层平纹组织,地纬和绒纬排列比为 2:1。图 5-61(a)为绒纬组织,图 5-61(b)为底布平纹组织,图 5-61(c)为地纬、绒纬排列图,图 5-61(d)为组织图。

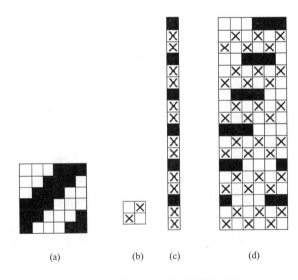

图 5-61 单层底布的拷花绒组织图

（2）经二重组织底布的拷花绒组织。地纬和绒纬的排列比有 1∶2、2∶1、2∶2。图 5－62(a)为加强缎纹作绒纬组织，采用 W 形固结法；图 5－62(b)为底布经二重组织；图 5－62(c)为地纬、绒纬排列图，排列比为 2∶1；图 5－62(d)为组织图，绒纬只与表经交织。这类拷花绒织物一般用于制作中厚型男大衣。

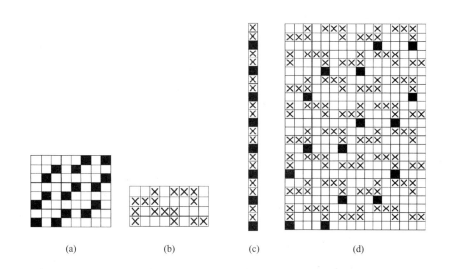

图 5－62　经二重底布的拷花绒组织图

三、经起绒组织

织物表面由经纱系统形成毛绒的织物，称为经起绒织物，构成这种织物的组织称经起绒组织。经起绒组织由两个系统的经纱（地经与毛经）与一个系统的纬纱交织而成，地经与纬纱交织形成地组织，毛经与纬纱交织并起绒。

经起绒织物按其表面毛绒的长短分为短毛绒织物和长毛绒织物两大类。短毛绒织物的毛绒较短，一般在 2mm 左右，毛绒的密度大，耸立度好，经平绒即为短毛绒。长毛绒织物的毛绒较长，一般在 7.5～10mm，仿毛皮的长毛绒，毛绒还要长，可达 20mm，这类织物的毛绒稍带倾斜地覆盖在地组织上。一般棉织和丝织经起绒织物多为短毛绒织物，适宜做妇女、儿童秋冬季服装以及鞋帽料等。此外，还可用作幕布、坐垫、精美包装盒的盒里及产业用纺织品等的织物。毛织经起绒织物多为长毛绒织物，适宜作服装，如可作长毛大衣呢、童装、冬季服装衬里等的织物。此外，还可用于沙发、地毯及工业用绒。

经起绒组织按形成毛绒的方法分为三种。

（一）杆织法经起绒组织

杆织法经起绒组织由两组经纱与一组纬纱以及一组起绒杆（作为纬纱）交织而成，因为织造过程中起绒杆是当作纬纱织入的，浮在起绒杆上围成毛圈的必然是经纱。两组经纱中一组为地经，与纬纱交织成地组织；另一组为绒经，与纬纱交织成绒毛的固结组织，同时还根据绒毛花纹的需要，浮在起绒杆上而形成毛圈，经切割后形成毛绒，或不切割而从中抽出起绒杆构成毛圈。起绒杆是由钢、铜、竹、木等制成的圆形（或椭圆形）开槽的细杆，表面十分光滑。起绒杆的直径决定着绒毛的高度,起绒杆有各种号数,可根据所需绒毛的高度来选用。起绒杆的长度,由起绒织物的宽度决定。

杆织法经起绒组织的传统品种有天鹅绒、漳绒、锦罗绒及漳缎(缎地经绒起花)等产品。这类产品一般由手工织制,生产效率低,且劳动强度大,生产量受到很大限制,但这类产品的艺术性和经济价值较高。

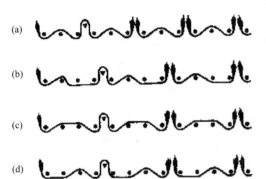

图 5-63　绒毛 W 形固结法

杆织法经起绒组织,地经与绒经的排列比一般为 2∶1 或 1∶1,纬纱与起绒杆的排列比一般为 4∶1、3∶1 或 2∶1 等,两者相差不宜太大,否则易使毛绒排列不均匀。

绒经的固结方式以 W 形固结法为主,常用的有三纬、四纬 W 形固结法,如图 5-63 所示。起绒杆织入时,可使所有绒经都浮在起绒杆上,构成毛绒素织物;也可根据花纹需要使部分绒经浮在起绒杆上,构成毛绒花织物。

设计杆织法经起绒织物,可根据织物品质的要求,首先决定地组织与绒经固结组织,再决定地经与绒经的排列比及纬纱与起绒杆的织入比,然后进行组织图的绘作。组织图中一般用阿拉伯数字表示地经、地纬,用罗马数字表示绒经及起绒杆,用符号"■"表示地经经浮点,用符号"◎"表示绒经经浮点,用符号"△"表示绒经浮在起绒杆上,如图 5-64 所示。

天鹅绒产品是一种典型的杆织法经起绒织物,它以毛绒和毛圈构成各种花纹图案的织物。每织入 3 根纬纱后,织入一根钢质的起绒杆,所有绒经均浮在起绒杆上,围成毛圈。全轴织完后,将其取下,平幅摊开,在带有起绒杆的织物上,用颜色绘上各种花纹图案,然后将绘颜色处的绒经割开,形成毛绒。未绘色的部分,绒经不切断,拉出起绒杆后构成毛圈。这样便形成了以毛圈作地、毛绒作花别具一格的绒织物。图 5-64 为天鹅绒织物的上机图。地组织为 4 枚变化斜纹,如图(a)所示,$R_j=4$,$R_w=6$。地经与绒经排列比为 2∶1,纬纱与起绒杆排列比为 3∶1。投纬次序:粗纬、细纬、细纬、起绒杆。上机采用 8 片综。其中 1、2 片为伏综,3、4 片为起综,5、6、7、8 片为地综。6 根经纱(2 根绒经,4 根地经)穿入同一筘齿。织物正面向上织制,地经穿入地综,开下梭口,绒经既穿入起综,又穿入伏综,如图 5-65(b)所示。由于地组织为经面组织,织物正织,故地综采用倒吊装置开下梭口,以减少综框运动;绒经穿入起综和伏综为上开口,当起绒杆织入时,绒经由起综带动提升,伏综也跟随提升。当梭口闭合时,绒经随伏综的下降而较好地回复到下层位置。

在纹板图上,地经根据组织图中的纬浮点,在对应地综处植纹钉,而经浮点处不必植纹钉,绒经根据组织图中的经浮点在对应起综、伏综处植上纹钉。图 5-64(c)所示为天鹅绒织物的上机图。

由于绒经采用三纬 W 形固结,起绒杆前一纬为细纬,后一纬为粗纬,这样配置纬纱有压紧绒经的作用,使绒毛不易脱落。由图 5-64 经向剖面图可见,位于第 1、6 两根及第 3、4 两根纬纱上的地经浮长纱,能使绒毛集拢,耸立于织物表面。

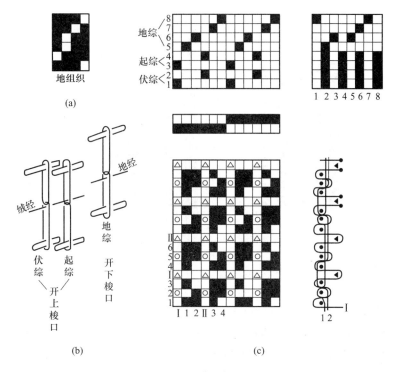

图 5-64 天鹅绒织物的上机图

(二)浮长通割法经起绒组织

1. 单层经浮长通割经起绒组织 单层经浮长通割起绒组织属经起绒组织,由两组经纱与一组纬纱交织而成。两组经纱中,一组为地经,一组为绒经。地经与纬纱交织成地组织,绒经除与纬纱交织成固结组织外,还以一定的浮长浮于若干根纬纱之上,织好后将绒经浮长割开便形成毛绒。经浮长通割起绒组织的构成原理和设计要点与纬起绒组织基本类同,但其割绒是沿幅宽方向进行的。图 5-65 所示为单层经浮长通割起绒组织图。

图 5-65(a)的地组织为平纹,地经与绒经排列比为 1:1,绒经浮长为 7 根纬纱,采用单纬 V 形固结法,组织循环 $R_j=4$,$R_w=8$。图中箭头表示绒经割断处。

图 5-65(b)的地组织也为平纹,地经与绒经排列比为 1:2,绒经浮长为 7 根纬纱,采用 3 纬 W 形固结,组织循环 $R_j=6$,$R_w=10$。

在其他条件相同的情况下,图 5-65(b)较图 5-65(a)增加了绒经的比例,绒毛密度大,且毛绒固结点交错排列,毛绒均匀度较好。提花丝织物修花缎中的绒花组织,便采用了图 5-65(b)所示的经浮长通割起绒组织,织物风格新颖。

由图 5-65 可见,经浮长通割起绒组织的绒毛高度等于浮长线的一半。欲得到较高的绒毛,必须增加绒经的浮长,但毛绒的密度会变稀;若要增加毛绒密度,只有减少绒毛高度或增加绒经的比例,但比例过大又会降低地组织的牢度。经浮长通割起绒组织一般均由反面上机,以减少经纱提升次数。

2. 双层浮长通割经起绒组织 经浮长通割起绒组织的地组织为单经单纬构成的单层组织,浮长纱被割断后只形成一幅起绒织物。双层浮长通割起绒组织其地组织为两组经与两

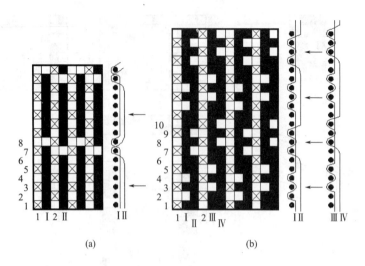

图 5-65 经浮长通割起绒组织图

组纬分别交织成的双层组织,起绒纱除与上、下层经(或纬)纱交织进行固结外,还以一定的浮长覆盖在织物表面,待织好后割断浮长线,将上下两层分开,便可得到两幅起绒织物。由于一组起绒经在与上层地组织固结时就无法与下层地组织固结,反之亦然。为此获得的两幅绒织物,并非整幅织物上均有毛绒,而是像烂花绒一样呈现出有毛绒和无毛绒形成的花纹,而且上下两幅绒织物的绒毛花纹互为底片效应,即一幅织物上的绒毛花纹处便是另一幅织物的无绒毛底板处。

图 5-66 为双层经浮长通割起绒组织上机图实例。图 5-66(a)为织物起绒模纹,图 5-66(b)为

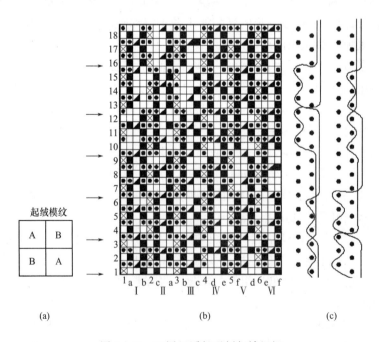

图 5-66 双层经浮长通割起绒组织

组织图,图 5-66(c)为绒经的纵向剖面图。上、下层地组织均为平纹,上层地起绒模纹 1aⅠb2c Ⅱa3bⅢ,下层地起绒模纹 4dⅣe5fⅤd6eⅥf。下层地经:下层地经:绒经=1:1:2,上层纬 纱:下层纬纱=1:1。采用 3 纬 W 形固结,以一层计算绒经浮长为 6,箭头所指为割绒时进刀 位置。由于双层经浮长通割起绒组织的浮长密布在上层织物表面,绒根交错分布,一般采用机 下手工割绒。经浮长通割是沿织物纬向进刀,织物幅宽一定,将织物两边绷紧,割绒方便,质量 有保证。

(三)双层分割法起绒组织

双层分割法是目前应用最广的一种经起绒方法,它的起绒原理如图 5-67 所示。其地经分 成上下两部分,上层地经与纬纱交织成上层织物,下层地经与纬纱交织成下层织物。两层织物 间隔一定距离。绒经位于两层织物之间,交替与上、下层纬纱进行交织。两层织物之间的距离 等于两层绒毛高度之和。织物织成后,经割绒工序,将连接两层的绒经割断,形成两幅独立的经 起绒织物。

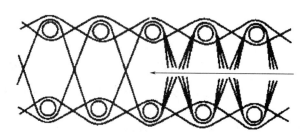

图 5-67　双层分割法经起绒组织起绒原理

双层起绒组织根据开口和投纬方式,分为单梭口织造法和双梭口织造法两种。单梭口织造 法是织机的曲轴每回转一转形成一个梭口,投入一根纬纱,双梭口织造法曲轴每回转一转能同 时形成两个梭口,并同时投入两根纬纱。显然,双梭口织造法的生产效率比单梭口织造法高,如 图 5-68 所示。

1. 单梭口织造双层经起绒组织　双层经起绒丝织品中的起绒织物,多数采用单梭口 织造法织制双层经起绒组织。常见的品种有乔其绒(乔其立绒、印花乔其绒和烂花乔其 绒)、经平绒、嵌有金银色铝皮的绿柳绒、绒经扎染成彩色的彩经绒以及毛绒透亮的利亚绒 等产品。

例 1　乔其立绒

乔其立绒是采用桑蚕丝强捻纱交织成乔其地,以有光粘胶丝起绒毛的交织丝绒织物。绒毛 稠密而挺立,弹性好,手感柔软,光泽柔和,质地坚牢。毛绒高度一般为 2.2mm。主要用于制作 妇女的各种服装及制作帷幕、窗帘、靠垫、童帽等产品。图 5-69 所示为乔其立绒上机图。上下 层地组织均为 $\frac{2}{1}$ 经重平,上层地经:下层地经:绒经=2:2:1。绒经采用 3 纬 W 形固结,要 求投纬次序为上层 3 梭,下层 3 梭,上下层纬纱的排列比为 3:3。组织循环的经纱数 $R_j=5$,纬 纱数 $R_w=6$。

图 5-69 中,1、2 为上层经、纬纱,Ⅰ、Ⅱ为下层经、纬纱,a、b 为绒经。符号"■"表示上层地 经浮点,符号"⊠"表示下层地经浮点,符号"⊡"表示里纬投入时上层地经纱提起,符号"▲"表示

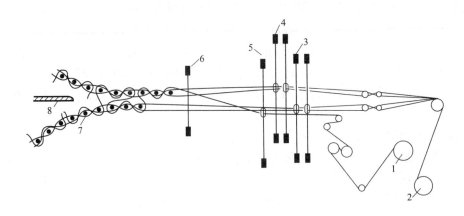

图 5-68 双层经起绒织造示意图

1—绒经轴 2—地经轴 3,4—地综 5—绒综 6—筘 7—织物 8—割绒刀

绒经浮点。

　　织制经起绒织物时,因绒、地两经的组织和原料不同,织缩相差悬殊,故应分别卷绕在两个经轴上。穿综大多采用分区穿法,因为绒经的张力要求比地经小,故将绒经穿在前区第1、2片综。下层地经提升次数最少,穿入后区第5、6片综。上层地经穿入中区第3、4片综。由于地经密度较大,第3、4、5、6片综均采用双龙骨。穿筘时宜将一组绒、地经穿入同一筘齿,绒经在筘齿中的位置有两种,一种是夹在地经的中间,另一种是紧靠筘齿片。由于绒经张力小,地经张力大,绒经如位于地经中间穿过筘齿,有时易被地经夹起而造成毛背疵点。若织物的经密稀疏,为了使绒经能很好地耸立于织物表面,则可将绒经位于地经当中穿过筘齿。反之,当织物经密大时,绒经在筘齿中的位置以紧靠筘片为宜。乔其立绒因其经密较大,上下层各两根地经和一根绒经穿入同一筘齿,绒经以紧靠筘片为好。

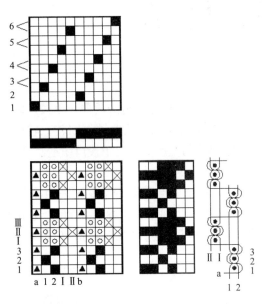

图 5-69 乔其立绒上机图

例 2 经平绒织物

　　经平绒织物的特点是整个织物的表面都覆盖有平齐耸立的绒毛,绒毛长度约 2mm。为使织物质地坚牢,多采用平纹组织做地组织,绒经固结方式多采用 V 形固结,以使织物获得较大的毛绒密度和绒面丰满度。图 5-70 所示为经平绒组织单梭口双层织造法的上机图。图 5-70(a)为该组织的纵截面图,图 5-70(b)为上机图。织物的上下两层地布均为平纹组织,绒经为 V 形固结、半起毛配置,地经与绒经的排列比为 2∶1,表、里纬纱的排列比为 2∶2。图中,a、b 表示绒经,在绒经上填入绒经组织点。1、2 为上层经、纬纱,上层经、纬纱相交处为上层地组织,Ⅰ、Ⅱ为下层经、纬纱,下层经、纬纱相交处为

下层地组织,在上层经纱与下层纬纱相交处填入提综符号"○",穿综采用分区穿法,因绒经的张力比地经小,故一般穿在前区。穿筘时,通常将同一组表经、里经、绒经穿入同一筘齿。因绒经张力小、地经张力大,如果绒经在筘齿中被夹在地经中间,绒经容易被地经夹住影响其正常开口,造成绒面不良,所以绒经在筘齿中的位置以靠筘齿边为好。由于绒经与地经的张力不同,所以需分别卷绕在两个织轴上,上下层地经卷于一个织轴上。一般用两把梭子织造,分别织上下两层,否则割绒后会造成毛边。

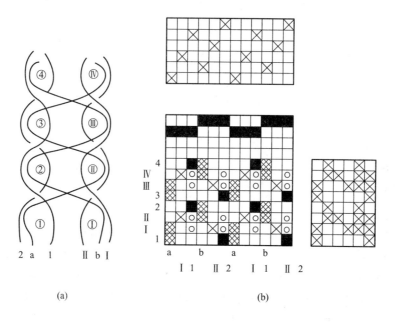

图 5-70　经平绒上机图

2. 双梭口织造双层经起绒组织　单梭口织造双层经起绒织物时,因上下两层的间隔距离不能任意加大,故织制绒毛较长的经起绒织物就比较困难。又因上下层的投梭排列比有 2∶2 或 3∶3 等,上下两层的织口不能一致,其一层的纬纱要等另一层纬纱打入时才能紧密,因此纬纱有反拨现象。又因它是用一把梭子循环地投入上层和下层,当上下层投纬次序为单梭轮换,如上一梭下一梭时,双层分割后会出现双边毛边。当投纬次序为双数轮换,如上二梭下二梭时,会出现单边毛边,影响织物外观。

采用双梭口织造法,由于用两把梭子同时投入上下两层的梭口中,从而解决了上述单梭口织造法存在的问题,而且大大提高了生产率。图 5-71 所示为双梭口织造法双层经起绒织物的织造示意图。

双梭口织机有三种综丝,如图 5-71(b)所示,综丝 1 为绒综丝穿绒经,综丝 2 为上层综丝穿上层经纱,综丝 3 为下层综丝穿下层经纱。这三种综丝,在同一开口机构的作用下,同时形成上下两层梭口,如图 5-71(a)所示。3、4 片综形成上层梭口,5、6 片综形成下层梭口。绒经穿入第 1、2 片综,当绒综上升时,与上层纬纱交织,下降时,与下层纬纱交织,综平时,则停留在上下层经纱之间。

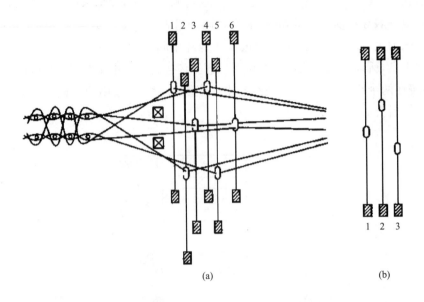

图 5-71　双梭口双层织造法示意图

四、地毯组织

地毯织物表面毛绒簇立,厚实而富有弹性,色彩丰富,具有良好的防潮、保暖作用,是家居中使用较多的一类织物。地毯的种类较多,按所用原料可有羊毛地毯、绢丝地毯、锦纶地毯、腈纶地毯、丙纶地毯和混纺地毯等品种。按织制方式分为手工编织地毯、机织簇绒地毯、机织地毯和针织地毯等品种。按起绒方式可分为圈绒地毯和割绒地毯,按使用范围可分为星级宾馆、酒店、商务住房用地毯及民用客厅毯、睡房毯、门口毯、坐垫毯、电梯毯等。

机织地毯属经起绒织物,分割绒地毯和圈绒地毯两种。割绒地毯是通过机械割纱,使被割断的绒经耸立而形成毛绒的毯面。圈绒地毯的绒经固结在地组织上,地毯表面密布由绒经形成的毛圈。

地毯的质量由纺织纤维的种类、地毯绒头的数量、密度及绒头高度决定。纺织原料中以桑蚕丝和羊毛最为高档。80%羊毛和20%锦纶的混纺纱,可使羊毛的弹性和锦纶的耐磨性有机结合在一起,最适于制作地毯。地毯组织的绒头密度越大,使用性能越佳,我国地毯以 30cm 内绒根的纬道数作为绒头密度的指标,常用的高档地毯有 90 道、120 道、160 道等品种,道数越高,地毯编织越精致。如桑蚕丝地毯的品质按编织的道数而定,主要有 120 道、300 道、400 道、600道、800 道等品种。

地毯组织一般由三组经纱中的链经与纬纱上下交织成平纹或重平地组织,绒经与纬纱成 V形固结形成绒毛,紧经呈直纱状夹在上下纬纱之间。

地毯织物的植绒方式是 V 形,绒毛高度为 6～12mm。机织地毯根据组织结构和织造工艺的不同,又分为单层地毯和双层分割地毯两种。

1. 单层地毯　单层地毯织机的构造独特,割绒和栽绒一气呵成,织造时综框将绒经提起后通过咬嘴将绒经根据绒毛高度向前拉出割断,并以 V 形固结的方式栽入底部后压上纬纱而成。该毯每投一次纬引入两根纬纱,6 根纬纱为一个组织循环,两根紧经将纬纱分成上、中、下三部分。织物背面有链经浮长垫底,使绒根深藏不露。单层地毯组织经向剖面图如图5-72所示。

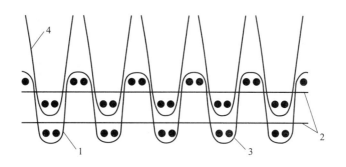

图 5-72　单层地毯组织经向剖面图
1—链经　2—紧经　3—纬纱　4—绒经

2. 双层分割地毯　双层分割地毯中比较有名的是威尔顿地毯。该地毯起源于英国的威尔顿,毛绒丰满,弹性良好,脚感舒适,是铺设房间的理想产品。威尔顿地毯采用双层分割起绒法织造,生产效率较高,其织制原理和双层分割经起绒组织相近,绒经在上下层间按 V 形固结。根据纬纱组数不同,威尔顿地毯分为单纬起绒地毯、二纬起绒地毯[图 5-73(a)]、三纬起绒地毯[图 5-73(b)]。

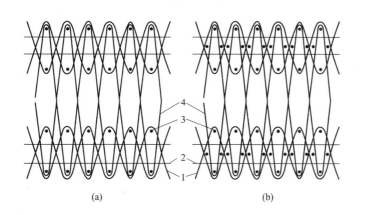

图 5-73　双层分割地毯组织的经向剖面图
1—链经　2—紧经　3—纬纱　4—绒经

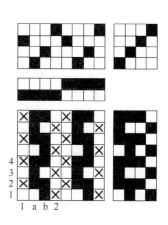

图 5-74　单层圈绒地毯织物的上机图

3. 单层圈绒地毯　单层圈绒地毯质地坚实,毯面平挺,毯型稳定,无脱毛现象。该地毯织物由两组经纱和一组纬纱交织而成,地经组织为平纹,绒经组织为 $\frac{3}{1}$ 经重平,绒根以 V 形固结,地经与绒经的排列比为 2∶2,采用双经轴 4 片综,在普通地毯机上织造。图 5-74 为该地毯织物的上机图。图中 a、b 为绒经,由前区综框控制,1、2 为地经,由后区综框控制。两根绒经交叉起圈,使毯面毛圈分布整齐而均匀。绒圈的高度由织机的送经、卷取机构控制。可将绒经按一定比例色条排列,可得到双色或混色圈毯效果。

五、毛巾组织

起绒组织俗称毛巾组织,是利用织物组织和织机特殊的打纬运动与送经运动的共同作用,使织物表面覆盖着经纱毛圈的组织,其织物称毛巾织物。毛巾织物手感柔软,有良好的保暖性和吸湿性,适宜作面巾、浴巾、浴衣等卫生盥洗用品和枕巾、毛巾被、睡衣等床上用品以及壁挂等装饰用品。毛巾组织由两组经纱与一组纬纱交织而成。地经与纬纱交织构成地组织成为毛圈附着的基础,毛经与纬纱交织成毛组织,并在织物表面形成毛圈。仅在织物的一面起毛圈的称单面毛巾组织,在织物的两面起毛圈的称双面毛巾组织,织物表面由毛圈的变化或色纱显色的不同形成各种花纹图案的称花式(色)毛巾组织。

按形成一个毛圈纬纱根数的不同,可有三纬毛巾、四纬毛巾以及五纬毛巾、六纬毛巾等品种,毛巾组织的组织图如图 5－75 所示。

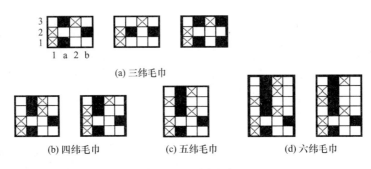

(a) 三纬毛巾

(b) 四纬毛巾   (c) 五纬毛巾   (d) 六纬毛巾

图 5－75　毛巾组织

(一)毛巾分类

1. 按用途分　可分为面巾、浴巾、枕巾、毛巾被、餐巾、地巾、挂巾、毛巾布等品种。

2. 按毛圈分布分　有一面起毛的单面毛巾,有正反面起毛的双面毛巾,还有正反交替起毛构成凹凸花纹图案的凹凸毛巾和双层毛巾等品种。

3. 按生产方法分　其分为素色毛巾、彩条格毛巾、提花毛巾、印花毛巾、缎档毛巾、绣花毛巾等品种。

4. 按原料分　其分为纯棉毛巾、竹纤维毛巾、桑蚕丝毛巾、腈纶毛巾等品种。

5. 按毛巾的组织结构分　其有三纬毛巾、四纬毛巾以及五纬毛巾、六纬毛巾等品种。

(二)毛圈的形成过程

毛巾织物上毛圈主要是由筘座的长短打纬运动、地组织与毛组织的正确配置以及毛经、地经送经运动的协调配合而形成的。图 5－76(c)所示为三纬双面毛巾织物的组织图,图 5－76(a)和(b)所示分别为地组织和毛组织,图 5－76(d)为毛圈形成过程及毛巾组织的纵截面图。

1. 长短打纬运动　毛巾织物的打纬运动有短打纬和长打纬两种。如图 5－76(d)所示,当投入第一、第二两根纬纱时打纬动程较小,这时,筘前进到离织口若干距离处,并不与织口接触,而与织口之间形成一条空档,这种打纬动程较小的打纬称短打纬。当投入第三根纬纱之后,筘将这三根纬纱一并推向织口,这时筘的打纬动程为全程,这种打纬动程为全程的打纬称长打纬。由于第一、第二根纬纱在张紧地经的同一梭口内,因此当筘推动第三根纬纱时,能同时推动第一、第二两纬纱一齐向前,因这时毛经已与第一、第二两纬交织,第三纬带着与之相交织的毛经一齐沿着张紧的地经向织口移动。这样毛经在被固定于底布的同时,又在织物表面上形成毛圈。

2. 毛经、地经的送经运动 长打纬时,毛经纱被纬纱夹持向前运动,地经纱却不随之向前。造成两种经纱运动不同的原因,一是毛、地组织的配合,二是毛、地经纱送经运动的配合。毛、地经纱分别卷在两个织轴上,地经纱张力较大;毛经纱采用积极送经,张力很小,它的张力只有地经纱张力 1/4 左右,织机每一回转毛经纱送出量为地经纱的 4 倍左右。于是在长打纬时,3 根纬纱能紧紧夹持着张力较小的毛经纱,沿着张力较大的地经纱向前移动。

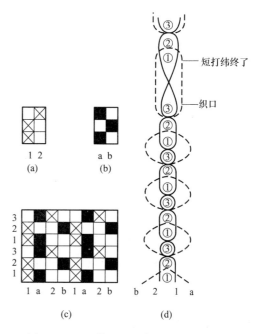

图 5-76 三纬双面毛巾毛圈的形成过程

3. 毛巾毛组织与地组织的配合 要使地组织、毛组织良好地配合,必须满足三个要求,即打纬阻力要小,对毛经的夹持要牢固,纬纱不易反拨。

(1)打纬阻力。为了易于将纬纱打向织口,希望打纬阻力小些。图 5-77(a)的打纬阻力最大,因为长打纬时三根纬纱与地经纱已上下交织,同时,三根纬纱夹持毛经纱将沿着张力很大的地经滑动,其阻力必然是最大的。图 5-77(b)和(c)的打纬阻力较相近。

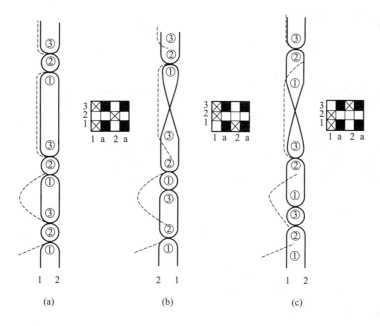

图 5-77 三纬毛巾毛地组织配合

(2)对毛经的夹持。从长打纬时纬纱对毛纱的夹持力大小来看,图5-77(a)中纬纱1与纬纱2、纬纱2与纬纱3之间均有地经纱交叉,因此纬纱对毛经纱的夹持力小;在图5-77(b)中,纬纱2与纬纱3虽能将毛经纱夹住,但纬纱1与纬纱2之间夹持力小,将导致毛圈不齐;在图5-77(c)中,纬纱1与纬纱2在同一梭口,故容易靠紧并能将毛经纱牢牢夹住。

(3)纬纱反拨情况。从纬纱反拨情况来看,在图5-77(a)中,由于纬纱3与纬纱1的梭口相同,当长打纬后,筘后退时,纬纱3易于反拨后退;在图5-77(b)情况下,纬纱3的反拨情况虽不会像图5-77(a)那样严重,但筘后退后会使纬纱2与纬纱3之间的夹持力减退;而图5-77(c)的配合,即使纬纱3后退也不致影响纬纱1与纬纱2之间对经纱的夹持力,所以毛圈大小也不会变化。

综合以上分析,可知图5-77所示的三种毛、地组织的配合方式以图5-77(c)的情况最好,在实际中应用较多。

(三)毛巾组织的设计要点

1. 地组织的选择 毛巾组织常采用 $\frac{2}{1}$、$\frac{3}{1}$ 变化经重平及 $\frac{2}{2}$ 经重平为地组织。当采用 $\frac{2}{1}$ 变化经重平为地组织时,毛巾组织的完全纬纱数是3,三次打纬中有一次长打纬,织制的毛巾为三纬毛巾。当采用 $\frac{3}{1}$ 变化经重平或 $\frac{2}{2}$ 经重平为地组织时,完全纬纱数是4,四次打纬中有一次是长打纬,织制的毛巾称为四纬毛巾。

2. 毛组织的确定 毛组织也采用经重平组织。毛组织的完全纬纱数应与地组织相同,同时应根据毛、地组织的配合要求来确定毛组织的起始点。单面毛巾毛组织的经纱循环数为1,双面毛巾毛组织的经纱循环数为2。如图5-78所示,其中(a)为单面毛巾,(b)为双面毛巾,毛经a在织物正面起毛圈,毛经b在织物反面起毛圈。

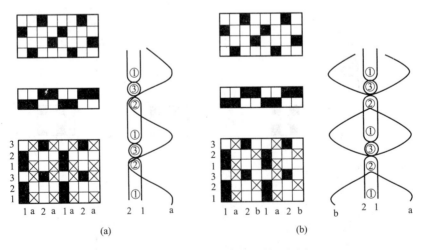

图5-78 两种三纬毛巾组织的上机图

3. 地经与毛经的排列比及毛圈高度 地经与毛经的排列比(地经:毛经)有1:1,称单单经单单毛;有1:2,称单单经双双毛;还有2:2,称双双经双双毛。此外还有地经为单双相间排列的,称为单双经双双毛。

毛巾织物的毛圈高度由长短打纬相差的距离来决定,毛圈高度约等于长短打纬相隔距离的一半。在实际生产中,一般用毛倍数来决定毛圈的高度,即毛圈的高度取决于毛经送出量对地经送出量的比值。

毛倍大,毛圈长,不同品种对其有不同要求,如手帕为 3∶1,面巾与浴巾为 4∶1,枕巾与毛巾被为 4∶1～5∶1,螺旋毛巾的毛圈高度较长,为 5∶1～9∶1。

4. 毛巾组织绘图 下面以四纬双面毛巾为例绘制毛巾组织图,如图 5-79 所示。

(1)地组织为$\frac{2}{2}$经重平,毛组织为$\frac{1}{3}$变化方平。

(2)地经与毛经排列比为 1∶1。

(3)确定组织循环纱线数,并画出组织范围,标出毛经和地经。

(4)填绘组织点,确定组织配合。

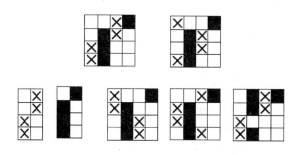

图 5-79 四纬双面毛巾

(四)毛巾织物的上机要点

(1)为了形成清晰的开口,穿综时,毛巾穿入前区,地巾穿入后区。

(2)织制毛巾织物时,筘号不宜太高。因为毛经纱很松,筘号过高会增加织造困难。穿筘时将相邻一组地经与毛经穿入同一筘齿,如毛经与地经的排列比为 1∶1,则相邻的 1 根地经和 1 根毛经穿入同一筘齿。同理,当排列比为 1∶2 或 2∶1 时,每筘齿应穿入相邻的 3 根经纱。

(3)根据毛巾织物的用途和织机的筘幅,在织机上可以竖织,也可以横织。一般面巾以竖织为多,枕巾以横织为多。

第四节 纱罗组织

纱罗组织经纬纱的交织情况与前述各类组织不同,其显著差别在于织物中仅纬纱相互平行排列,经纱不是平行排列,经纱分为绞经和地经两组,相互间隔排列,并有规则地相互扭绞后与纬纱交织。织制时,地经位置不动,绞经有时在地经的右方,有时在地经的左方。当绞经从地经的一方转到另一方时,绞经和地经相互扭绞一次,结果不仅使扭绞处经纱间的空隙增大,而且使纬纱间的空隙亦增大,两隙相连形成了纱孔。

纱罗组织能使织物表面呈现清晰纱孔,经纬密度较小,质地轻薄透亮,且组织结构稳定,透气性好。如涤纶、锦纶等合纤织物,由于原料的吸湿性不好,织物的透气性差,若运用纱罗组织织制,则可改善织物的透气性。纱罗组织最适宜作夏季衣料、窗纱、蚊帐等织物的开发及产业用纺织品(如筛绢)等织物。此外,还可用宽幅织机织制数幅窄幅织物的中间边或无梭织机织物的布边组织。

一、纱罗的分类

纱罗组织是纱组织与罗组织的总称。

1. 按组织、结构分类

(1)纱组织。每织1根纬纱,绞经与地经相互扭绞一次的称为纱组织,如图5-80(a)、(b)所示。

(2)罗组织。凡织入3根或3根以上奇数纬的平纹组织后,绞经与地经才相互扭绞一次的称为罗组织。罗组织的纱孔在织物表面成横条排列,故又称为横罗。图5-80(c)为三梭罗,图5-80(d)为五梭罗。

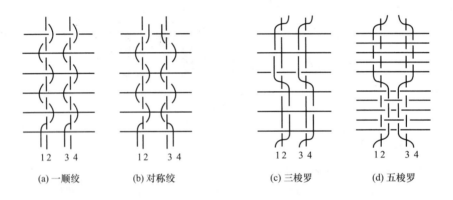

(a)一顺绞　　　(b)对称绞　　　(c)三梭罗　　　(d)五梭罗

图5-80　纱罗组织

(3)绞组。形成一个纱孔所需的绞经与地经称为一个绞组。几种常用的绞组如图5-81所示。图5-81(a)为一绞一,一个绞组中有1根绞经和1根地经。图5-81(b)为一绞二,一个绞组中有3根经纱,绞经:地经=1:2。图5-81(c)为一绞二,一个绞组中有4根经纱,绞经:地经=2:2。绞组内经纱数少,纱孔小而密;绞组内经纱数多,纱孔大而稀。各绞组内,绞经与地经绞转方向均一致的纱罗组织称为一顺绞;相邻两个绞组内绞经与地经绞转方向相对称的纱罗组织称为对称绞。图5-80(a)、(c)即为一顺绞,图5-80(b)、(d)即为对称绞。在其他条件相同的情况下,对称绞所形成的纱孔比一顺绞清晰。

(4)上口纱罗。绞经在起绞前后始终位于纬纱之上,称为上口纱罗。

(5)下口纱罗。绞经在起绞前后始终位于纬纱之下,称为下口纱罗。

2. 按外观、用途分类

(1)条格纱罗。纱罗组织运用纱线色彩配置生产的条形格形产品。

(2)剪花纱罗。组织中以经纬起花织成小型朵花,织成后剪去反面的纱线浮长,呈现单独朵花的织物(其中有纯棉经纬起花及化纤长丝起花)。

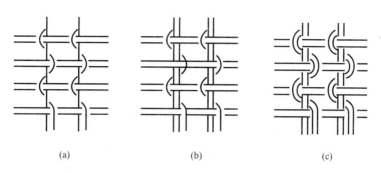

(a)　　　　　　　　　(b)　　　　　　　　　(c)

图 5-81　纱罗组织常用的几种绞组

（3）弹力纱罗。利用绞经的屈曲，使织物在整理时纬向大幅度收缩，经高温定型加工，具有永久性弹力的纱罗织物。

（4）花式线纱罗。纬纱用毛巾、结子等花式线织成的纱罗织物。

（5）烂花纱罗。用涤/棉包芯纱（即棉包涤）染色后织成纱罗，再经过酸处理按花型烂去纤维部分，即成烂花织物。

（6）金银丝纱罗。在纱罗织物中嵌少量各色金银丝，布面呈现闪闪发光彩纱罗织物。

（7）胸襟纱罗。利用纱罗织物多孔的特点做胸襟花，形成胸襟纱罗织物。

（8）色织纱罗。用色纱织成纱罗。

二、纱罗组织的形成原理

纱罗组织的绞经与地经之所以能够扭绞，在于织造该类织物时，使用了特殊的绞综装置和穿综方法，有时还有辅助机构的配合。绞综主要有线制绞综、金属绞综和圆盘绞综。线制绞综结构简单，制作方便，金属绞综结构复杂，制造困难且成本较高，但应用方便，使用年限长。圆盘绞综多用于产业用纺织品生产中，一般织制平素纱罗织物，使用金属绞综，织制提花纱罗织物，使用线制绞综。

（一）线制绞综

线制绞综的结构如图 5-82 所示，它由基综及半综联合而成。目前生产中使用的基综有两种，一种是普通金属综丝，使用寿命较长，如图 5-82（a）、（b）所示，另一种是线综，用较细的锦纶丝穿过一玻璃的或铜制的目销子的上、下孔眼，目销子中间孔眼穿有半综，如图 5-82（c）所示。线制基综使用寿命较短，但适用于织制经密较大的纱罗织物。

半综为锦纶丝制成的环圈，亦有上半综与下半综之分。半综上端穿过基综综眼，下端固定在一根棒上，由弹簧控制，称之为下半综，如图 5-82（a）、（c）所示。若将半综的上端固定，下端穿过基综综眼，则称为上半综，如图 5-82（b）所示。下半综用于上开梭口和中央闭合梭口的织机，使用较多。上半综用于下开梭口的织机，使用较少。半综按环圈头的伸向不同，又有左半综与右半综之分。凡半综环圈头伸向基综左侧，即绞经纱位于基综之左的称为左半综。凡半综环圈头伸向基综右侧，即绞经纱位于基综之右的称为右半综。图 5-82（a）、（b）为右半综，图 5-82（c）为左半综。上机时，半综杆位于基综的前方。

织制纱罗织物根据开口时绞经与地经的相对位置不同，分为绞转梭口、开放梭口和普通梭口三种。线制绞综的三种梭口形式如下。

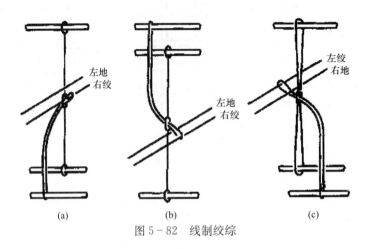

图 5 - 82　线制绞综

1. 绞转梭口　后综与地综静止不动,由基综及半综(统称为绞综,下同)提升所形成的梭口称绞转梭口,如图 5 - 83(a)所示。图中采用右半综右穿法,综平时绞经位于地经右侧。当第 3 纬织入时,绞综提升使绞经从地经下面绕到地经左侧升起,形成梭口的上层。地经不动,形成梭口的下层。

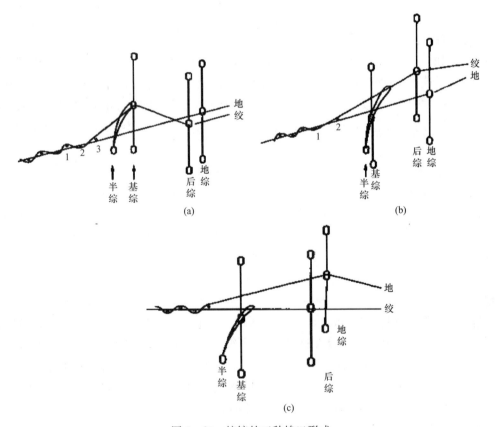

图 5 - 83　绞综的三种梭口形式

2. 开放梭口　地综与基综静止不动,由后综和半综提升所形成的梭口称开放梭口。如图5-83(b)所示,当第2纬织入时,后综、半综提升使绞转在地经左侧的绞经仍回到地经的右侧(原来上机位置)上升,形成梭口的上层。地经不动,形成梭口下层。

3. 普通梭口　后综、绞综静止不动,由地综提升形成的梭口称普通梭口。如图5-83(c)所示,当织第1纬时,地经由地综带动上升形成梭口上层,绞经形成梭口下层。绞经与地经的相对位置与前一纬相同,绞经仍在地经的右侧,相互没有扭绞。

(二)金属绞综

金属绞综的结构如图5-84所示,它由左、右两根基综丝G_1、G_2和1根半综丝K组成。每根基综是由两片扁平的钢质薄片组成,并由中部的焊接点将两薄钢片连为一体。半综K骑跨在两基综之间,半综的每一支脚伸在基综上部的两薄片之间,并由基综的焊点托持。这样,无论哪一片基综上升,半综都能随之上升,以改变绞经与地经的相对位置。图中半综的两支脚朝下,为下半综。若将半综的两支脚朝上,则称为上半综。一般均采用下半综。

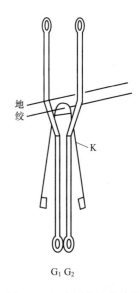

图5-84　金属绞综的结构

金属绞综织造纱罗时形成三种梭口形式,如图5-85所示,以常用的右穿法(左绞穿法)为例,说明三种梭口的形成。综平时绞经位于地经的右侧。

1. 普通梭口　如图5-85(a)所示,织入第1根纬纱时,地综提升,使地经升起形成梭口。

2. 开放梭口　如图5-85(b)所示,织入第2纬时,基综G_2及半综上升,同时后综亦提升,使绞经纱仍在地经纱的右侧提升,形成梭口。

3. 绞转梭口　如图5-85(c)所示,织入第3纬时,基综G_1及半综上升,使绞经纱从地经下面,由右侧扭转到地经左侧升起,形成梭口。

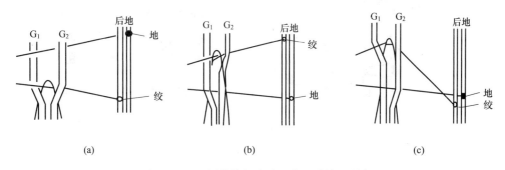

(a)　　　　　　　　　　(b)　　　　　　　　　　(c)

图5-85　金属绞综织造纱罗的三种梭口形式

由上可知,织制纱组织时,只要交替地使用绞转梭口与开放梭口,使绞经时而在地经的左侧,时而在地经的右侧,就可相互扭绞而形成纱孔。地综不参与运动,地经始终位于梭口下层,而半综每一梭都要提升,不是随着基综上升,便是随着后综上升,它不可能单独提升形成梭口。织制罗组织时,地综则要参与提升。如织三梭罗时,梭口的开口顺序为:开放梭口—普通梭口—

开放梭口,绞转梭口—普通梭口—绞转梭口。

(三)纱罗组织上机工艺

纱罗组织的上机图应明确表示出每组绞经与地经的相对位置,绞经与地经的根数,绞经和地经穿入基综、半综的方向,绞经在地经哪一侧与纬纱交织,穿筘表示方法与纹板编制。

1.组织图 每一绞组的经纱占几纵行,需根据绞组结构而定。如一绞三,一绞组有1根绞经,3根地经,一个绞组需占上5纵行。

由于绞经时而在地经右侧,时而在地经左侧,所以画组织图时,每根绞经需在地经两侧各占一纵行,并标以同样的序号,一个序号组织所占的纵行数需视一个绞组中的经纱数和各绞经是一顺绞还是对称绞而定。

一顺绞组织图纵行数=一个绞组中的绞经根数×2+地经根数

如果是对称绞,纵行数应增加一倍。

例如,一顺绞一绞三,一绞组有1根绞经,3根地经,一个绞组需占1×2+3=5(纵行)。

组织图横行数即完全纬纱数,需视其为纱组织还是罗组织而定,纱组织的完全纬纱数为2,三梭罗组织为6,五梭罗组织为10,通常为表示清晰要多画几个循环。组织图的填绘方法与其他组织相同,以"■"表示绞经的经浮点,以"⊠"表示地经的经浮点;在纱组织上口纱罗中,地经从不提升,始终沉于纬纱之下,故地经纵行是全行空白,在罗组织中,地经浮于纬纱之上时,才填以"⊠",填绘绞经时,它在地经的哪一侧与纬纱相交,就在该侧填绘相应的组织点。

图5-86是采用方格法绘制的简单纱罗组织上机图。图5-86(a)为一顺绞简单纱组织的上机图,图5-86(b)为一顺绞三梭罗组织的上机图。

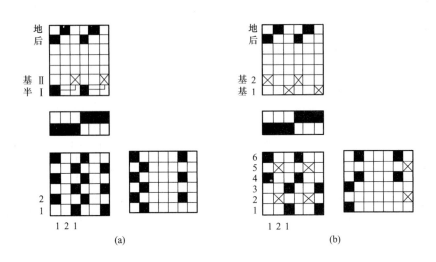

图5-86 方格法绘制简单纱罗组织上机图

2.穿综方法 纱罗织物上机时,经纱的穿法与一般织物不同,可分两步进行。第一步将绞经与地经分别穿入普通综,其中穿绞经的综称为后综,穿地经的综称为地综;第二步将每一绞组内的绞经穿入半综环圈,而地经跟随绞经从基综与半综环圈圈之间穿过。同一绞组内,绞经与地经的相对位置及具体穿法应由绞组结构及上机时选用的半综形式决定。由于多臂机与提花机多为上开梭口或中央闭合梭口,需采用下半综织制。下面以下半综一绞一为例说明具体穿综方法。

(1)右穿法。从机前看,绞经在地经之右方穿入半综环圈。机上经纱从左至右的排列顺序为第1根地经,第2根绞经。

(2)左穿法。从机前看,绞经在地经之左方穿入半综环圈,机上经纱从左至右的排列顺序为第1根绞经,第2根地经。

若要获得对称绞,则应左、右穿法混合使用。同样,采用线制绞综织制对称绞也需联合采用左、右两种半综,左、右两种穿法。

画穿综图时,每一横行代表一片综,符号"■"表示绞经或地经穿入该片综,而符号"⊠"仅表示基综的位置,具体如何填绘需根据上机时经纱的穿法而定。

3. 穿筘和纹板植法　穿筘图用两横行表示,连续涂绘的方格仅代表该绞组内的绞经与地经穿入同一筘齿,并不代表经纱的根数,如图中连续涂绘的三格,仅代表一根绞经与一根地经穿入同一筘齿。纹板图表示方法与一般织物相同。

(四)纱罗织物上机要点

(1)纱罗织物由于绞经与地经的运动规律不同,两者的缩率不一样,有时差异很大。根据产品规格,在绞经与地经缩率相差不大的情况下,应尽可能使用一个经轴织造,必要时才采用两个经轴。

(2)每一绞组中的绞经与地经穿在同一筘齿,否则打纬时会切断经纱,不能进行织造。一绞一应为2穿筘,一绞二、二绞一应为3穿筘,二绞二应为4穿筘,依次类推。有时为了加大纱孔,突出扭绞的风格,采用空筘法或花式筘穿法。

(3)为了保证开口的清晰度,减少断经,应使绞综在机前,其他组织在中间,后综与地综布置在机后。绞综与地综之间的间隔以3~5片综框为宜。对采用绞、地经合轴织制的品种,这个距离尤为重要。

(4)起绞转梭口时,由于绞经与地经扭绞,绞经承受的张力较大。为了减少断经和保证梭口的清晰,机上应装有张力调节装置。在起绞转梭口时送出较多的绞经,以调节绞经的张力,通常以多臂机的最后1片综框控制摆动后梁来实现。丝织产品由于经纱多为桑蚕丝、涤纶丝、锦纶丝等原料,强力、弹性均好,且织机机身较长,一般不采用绞经张力调节装置。

(5)采用金属绞综织制纱罗织物,平综时应使地经稍高于半综的顶部,以便绞经在地经之下顺利绞转。

(6)采用线制绞综织制纱罗织物,综平时应使绞综综眼低于地综综眼,半综环圈头伸出基综综眼2~3mm,以便绞经在地经之下顺利地左右绞转,形成清晰梭口。

(五)简单纱罗组织上机图举例

例1　如图5-87(a)所示,相邻两绞组的绞经采用对称穿法,即第一绞组的绞经1采用左穿法,第二绞组的绞经4采用右穿法。机上左、右半综联合使用。组织循环 $R_j=4$,$R_w=2$。穿筘时将一绞组的两根经线或相邻两绞组的4根经线穿入一筘齿。

对称绞简单纱组织,若绞经采用一顺穿,仍然可以织制,但所用后综及绞综数需增加1倍,相邻两绞组的梭口形式不同,如图5-87(b)所示。织第1纬时,第一绞组为绞转梭口,提升绞综,第二绞组为开放梭口,提升半综及后综2。织第2纬时,第一绞组为开放梭口,第二绞组为绞转梭口。多臂织机因综框有限,织制对称绞时,绞经常采用对称穿,如图5-87(a)所示,不采用一顺穿的图 5-87(b)的形式。而提花机织制对称绞纱罗织物可以采用一顺穿,在轧纹板时,以该图原理加以变化即可。

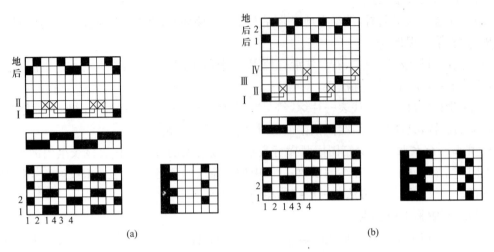

图 5-87 对称绞简单纱罗组织上机图

例 2 如图 5-88 所示,绞组结构为二绞二、对称绞,每一纱孔织入 3 纬。第 1、2、7、8 根经为绞经,第 3、4、5、6 根经为地经,采用一排绞综。同一绞组内的两根绞经穿入一个半综环圈统一起绞。绞经 1、2 采用左穿法,绞经 7、8 采用右穿法。每绞组 4 根经线穿入一筘齿。

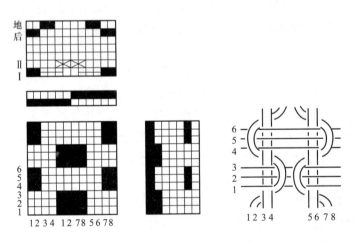

图 5-88 对称绞纱罗组织上机图

(六)复杂纱罗组织

在简单纱罗组织的基础上,用变更纱罗组织本身的结构(如绞组的大小、排列、绞孔纬线织入数等),使织物表面呈现出各种花式纱孔效应的组织,称为复杂纱罗组织。几种复杂纱罗组织的结构图如图 5-89 所示。

如图 5-90 所示,使每一根纬纱上各绞组的纱孔相互参差排列。织制后纬线在左右相邻绞组的牵引下,形成图中的屈曲形状。如果要使纬线的屈曲效应更为显著,可在穿筘时用隔齿穿

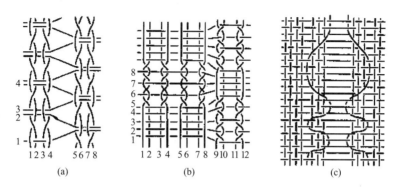

图5-89 复杂纱罗组织结构图

入法。穿筘图中的"○"表示空一齿。若采用涤纶膨体丝之类弹性好的原料织制,可使织物具有仿针织品效应。

图中组织循环 $R_j = 8$,$R_w = 4$。一个组织循环中,由于绞经运动规律不一样,采用了两排绞综,并联合运用左、右半综,左右穿法来织制。

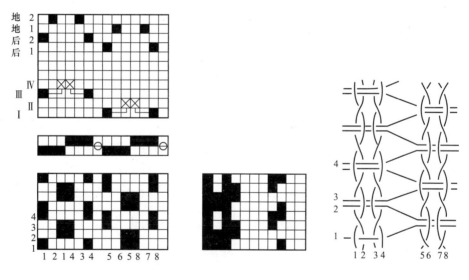

图5-90 复杂纱罗组织上机图

👉 **思考题**

1. 绘制以4枚经破斜纹为基础组织的同面经二重组织的组织图及纵向切面图。

2. 试作表组织为 $\frac{8}{3}$ 经面缎纹,里组织为 $\frac{1}{3}$ 斜纹组织的经二重组织上机图及纵向切面图。表里经排列比为 1:1。

3. 以 $\frac{2}{2}$↗ 为表组织,8枚缎纹为里组织,表里经排列比为 1:1,作经二重组织上机图及纵向切面图。

4. 绘作以 4 枚纬破斜为基础组织的同面纬二重组织的组织图及横向切面图。

5. 已知织物的表组织为 $\frac{5}{3}$ 纬面缎纹,里组织为 $\frac{4}{1}$ 斜纹,表里纬排列比为 2:1,作纬二重组织的上机图及横向切面图。

6. 已知纬二重织物的表组织为 $\frac{3}{3}$ 斜纹,表里纬排列比 1:1,里组织自选,作纬二重组织上机图及横向切面图。

7. 比较经起花与平纹地小提花的区别。

8. 某纬二重组织表组织为 $\frac{1}{3}$ ↗,反面是 4 枚纬面缎纹,表里纬排列比为 1:1,试画该组织及纬向截面图。

9. 双层接结织物有几种接结方式? 接结点如何分布更合理?

10. 已知表组织为 $\frac{2}{2}$ ↗ 斜纹,里组织为 $\frac{2}{2}$ ↗ 斜纹,$m:n=1:1$,试画出双层组织图。

11. 以 $\frac{2}{1}$ ↗ 斜纹为表组织,$\frac{1}{2}$ ↗ 斜纹为里组织,接结组织为 $\frac{1}{2}$ ↗ 斜纹,$m:n=1:1$,试作出下接上双层接结组织图。

12. 已知表里组织均为平纹,$m:n=1:1$,基础组织个数为 5,从右向左投第一纬,于折幅处各穿一根特纱,试画出管状组织图。

13. 表组织为 $\frac{2}{1}$ ↗,里组织为 $\frac{1}{2}$ ↗,表、里经纬纱排列比为 1:1,试画出下接上法接结双层组织。

14. 5 枚经面缎纹为基础组织,投梭顺序从左向右,$S_w=3$,$Z=5$,求怎样使该管状组织边缘连续?

15. 以平纹为基础组织,投梭顺序从左向右,$S_w=1$,$Z=5$,求怎样使该管状组织边缘连续?

16. 表里组织均为 $\frac{2}{2}$ 右斜纹,接结组织为 $\frac{1}{3}$ 右斜纹,排列比为 1:1,用下接上法绘制该接结双层组织的组织图。

17. 一管状组织以 $\frac{8}{5}$ 纬缎纹为基础,投梭次序从左到右,$Z=3$,试计算该管状组织的总经根数 m_j 及里组织的起点位置。

18. 表里组织均为 $\frac{3}{3}$ 右斜纹,接结组织为 $\frac{1}{5}$ 右斜纹,排列比为 1:1,分别用下接上和上接下的方法绘制该接结双层组织的组织图及经纬向剖面图。

19. 表里组织均为 $\frac{2}{2}$ 左斜纹,接结组织为 $\frac{1}{3}$ 左斜纹,排列比为 1:1,分别用下接上与上接下的方法绘制接结双层组织的组织图。

20. 以 $\frac{3}{3}$ 左斜纹为表里组织,接结组织为 $\frac{1}{5}$ 左斜纹,表里经纬纱的排列比为 1:1,试用下接上与上接下法作接结双层组织的组织图及纵横向剖面图。

21. 设计灯芯绒织物时,如何选择地组织、绒纬组织、地纬与绒纬的排列比?

22. 画出地组织为$\frac{1}{2}\nearrow$,地经:绒经=1:2,绒根采用 V 形固结,绒纬浮长 6 根经纱的灯芯绒组织的上机图。

23. 设计一个双梭口双层经起绒组织的上机图。地组织为平纹,绒经:上层地经:下层地经=1:1:1,投纬次序为上层 2 梭,下层 2 梭。

24. 绘制一个三纬双面毛巾织物的上机图,已知正反面毛圈数之比为 2:1,正面毛经、地经排列比为 2:1,反面毛经、地经排列比为 1:1。

25. 比较说明纱罗组织与透孔组织成"孔"的不同之处。

26. 某纬二重织物其表反组织均为$\frac{1}{3}$破斜纹,纬纱采用两种颜色织造,排列顺序为 1 甲 1 乙。该织物 $R_w=16$,$R_j=4$。在织物下半部分显甲色,上半部分显乙色。试绘该织物的织物结构,并设计上机图。

27. 试比较平纹地灯芯绒组织和双经保护灯芯绒组织的优缺点,并说明双经保护灯芯绒组织具有保护作用的原因。

28. 以$\frac{2}{1}\nearrow$为地组织,地纬与绒纬之比为 1:2,$R_j=6$,绒根固结方式为 V 形,试作灯芯绒织物的组织图。

29. 已知地组织为$\frac{2}{2}$纬重平,绒根用复式 V、W 形固结,地纬与绒纬之比为 1:2,绒根的固结位置自己决定,试作灯芯绒的组织图,并标出割绒位置。

30. 以平纹为地组织,$\frac{1}{5}\nearrow$($S_w=2$)为绒组织,地纬与绒纬排列比为 1:3,试作平绒组织的上机图,并标出割绒位置。

第六章 机织物设计方法

第一节 织物设计概述

一、织物设计概念

织物设计是以织物为终端产品的纺织品设计。织物设计隶属于产品设计范畴,它解决企业生产什么和如何生产的问题。企业生产的每一个产品都要经历设计、生产、销售一条龙过程,其中设计是龙头。

织物设计是联结纺织企业产品开发、生产与市场三方面的中间枢纽,对促进生产发展、繁荣商品贸易、丰富消费市场起着举足轻重的作用。它可以促进企业不断调节和适应新纤维、新设备、新技术的更新变化,增强企业生产的适应性;可以促进企业追求产品的精加工、高质量、高品位,使企业工艺技术水平得以全面提高;可以促进企业创新研发意识,技术有独创,品种常翻新,提高企业的竞争能力;可以提高企业的产品附加值,增加销售利税与出口创汇,为企业创造可观的经济效益;可以促进企业不断满足客户的各种需求,丰富纺织品市场,满足广大消费者日益增长的物质生活需要,可以满足工业、农业、国防、医药及其他产业的需要,从而提高企业的社会效益。

二、织物设计基本过程

织物设计的完整过程包括信息采集与分析、方案决策与规划、设计构思、规格与工艺设计、试样、产品鉴定、市场试销等环节。

(一)市场信息采集与分析

市场信息的采集与分析以市场调研为基础,其任务包括用户需求、与织物有关的技术发展方向、竞争对手的状况、对所设计开发产品未来的预测等内容。纺织品信息采集与分析是织物设计决策方案的理论依据。

(二)方案决策与规划

织物设计决策要解决产品的应用领域、消费群体、产品定位、营销途径等问题。织物设计规划要解决生产的品种类型、生产数量、设备型号、机台配备、技术方案、人员配置、资金运作、产品定价等问题。

(三)织物设计构思

织物设计构思的主要内容有织物的用途、销售的地区和使用对象;织物要达到的外观形态、风格、性能特点;构成织物的原料、纱线、结构、密度、克重;织物纹样、色彩效果;织物生产加工工艺特点。

(四)规格与工艺设计

织物规格与工艺设计是织物设计的主体,具体体现在织物设计规格单中,棉、毛、丝、麻各大类织物的设计内容有所不同,但基本内容都包括成品设计和上机设计。

1. 成品设计　成品设计是指对织物最终效果基本表征值的设计,它包括织物品号、品名,成品幅宽、匹长、经纬密度、平方米克重,织物组成原料及各自所占比例,织物组织(包括基本组织和边组织)等内容。

2. 上机设计　上机设计是实现成品设计目标的决定性环节,包括上机规格设计和上机工艺设计两部分。

(1)上机规格设计。上机规格设计包括经纬纱线设计(纱线的纤维原料、线型组合方式、排列方式、总经根数、边经纱数等)、钢筘设计(筘幅、筘号、穿筘方法、边筘处理等)、装造设计(织机型号、综片数或纹针数、花数、提花机样卡、梭箱或储纬器配置、经轴数、上机图等)、缩率确定(经纬织造缩率、经纬染整缩率)等内容。

(2)上机工艺设计。上机工艺设计包括织造经纬纱工艺流程设计、工艺条件设计、工艺参数设计、练染后整理要求等内容。

(五)试样

试样既是将设计变为现实、变为产品的过程,又是对设计的真实性、可行性、合理性的检验。试样可分为品种试样和工艺试样。

1. 品种试样　品种试样又称试小样,由设计者、用户或同行专家对试织出的样品进行手感目测,对织物外观效果、质地、手感、密度、厚薄、功能等作一个直觉感官评判,检验规格设计是否合理,是否达到设计构思的预期效果。试小样要经过初试、设计修改与工艺调整、二次试样、二次修改与调整等过程,直至最终对设计与工艺的确认。

2. 工艺试样　工艺试样又称试大样,是在试小样得到用户或专家确认后进行的多机台放量试生产,通过检查产品的合格率、工艺稳定性、机器效率、能耗、挡车配置率等指标,考核批量生产时工艺、装备是否符合要求,是为正式投产作准备的过程。

(六)产品鉴定

试样结束后,要聘请有关专家对产品的技术资料进行进一步审查,对生产工艺的可行性、批量生产的条件、产品的质量等作出结论性意见。鉴定的依据是新产品设计任务书和产品标准。产品鉴定所需技术文件有鉴定大纲(包括产品设计任务书或合同书)、产品工作报告和技术报告、生产条件分析报告、经济效益分析、产品检验标准、产品质量测试报告、用户意见、产品生产的环保审查报告等内容。

(七)市场试销

将新产品投放市场,一方面以销售业绩来验证产品开发的成功与否,另一方面也可根据销售状况、消费反馈意见对产品存在的问题作及时调整,加以完善。

三、织物设计基本内容

(一)织物构思设计

1. 用途与对象设计　织物设计首先要确定产品的用途与使用对象。织物用途可分为服装用、家用及产业用三大类,各大类又可分成若干小类,如服装用织物有套装、西服、外套、背心、裙、裤、内衣、运动服等产品所适用的织物,家用织物有寝具类、覆饰类、铺饰类、挂帷类、卫生餐厨类等产品,产业类织物有土工用、传输用、医疗卫生用、航空航天用、农业用等产品。使用对象一般按性别年龄、国家地区、民族地域、文化层次、地理环境、内销外销、冷暖季节等因素进行划分。

2. 织物外观风格、性能、功能设计 织物外观风格设计要提出产品预期达到的外观质地和纹样艺术效果。织物外观质地按目测手感特征分有棉型感、毛型感、丝绸型感、麻型感等风格，按织物交织紧密程度分有稀疏型、平坦型、密实型等特征，按表面纹理有平纹、粒纹、绉纹、光纹、凹凸纹、绒圈纹等特征。

织物性能设计是指产品在强度、耐磨性、悬垂性、抗起毛起球性、折皱弹性等基本服用性能方面预期达到的效果。

织物功能设计是指产品要达到的某种或多种独特功能，织物功能包括高保暖、超吸水、抗菌防霉、防污、清香愉悦、阻燃、防辐射、抗紫外线、抗噪声、抗静电等。

织物的外观风格、性能、功能设计以用途和使用对象的特点为参考。

(二)织物要素设计

1. 原料设计 原料设计要给出织物中所使用纤维的种类(必要时要给出天然纤维的品种、产地)、形态(长纤维或短纤维)、规格(长度值和线密度值)及品质等参数。对于混纺纱、复合线或交织物，要给出不同原料所占的含量百分比。

原料设计应根据织物构思设计中的用途、使用对象、风格特征要求选择合适的纤维原料及其混纺比。

2. 纱线设计 纱线设计要分别给出经纱和纬纱的单纱线密度、并合根数、加捻捻度、捻向、混合比例、是否经过精练或染色处理等参数。

(1)普通纱线线型组合类型及其表达形式。

①单纱(丝)：纯纺单纱采用单纱线密度值(tex)+纤维原料名称表示，必要时要标明加工特点以示区别，如 J27.7tex 棉(色)，1/22.2/24.4dtex 生丝；混纺单纱采用单纱线密度(tex)+混纺比(从高到低排列)+纤维原料名称(按混纺比排序)表示，如 48tex 55/45 涤粘纱。

②双(多)股线：由数根规格相同的单纱合股制成的线，以单纱规格乘合股根数表示，如 14tex×2 棉。长纤维合股一般要先对单丝加初捻，并合后加反向复捻，如(1/133.3dtex 有光粘胶丝 6T/S×2)4.5T/Z(注：这里 T 表示捻度，单位：捻/cm，S、Z 表示捻向，下同)。

③复合线：指两种不同材料或规格的单纱合股制成的线，采用不同单纱规格相加形式表示，如 1/83.3dtex 涤纶长丝 + 1/83.3dtex 阳离子涤纶丝、(1/83.3dtex 有光粘胶丝 + 1/22.2/24.4dtex 桑蚕丝)20T/S、(1/44.4dtex 锦纶丝 5T/S + 1/284.3dtex 有光粘胶丝)3T 反向(色)、(2/22.2/24.4dtex 桑蚕丝 18T/S + 1/22.2/24.4dtex 桑蚕丝)16T/Z 等。

(2)纱线设计应注意的问题。

①纱线线密度对织物的外观和性能起着决定性的作用，应根据织物的用途和特点加以选择。织物设计中，从减小织造纬纱密度、提高织造效率考虑，一般采用 $Tt_j \leqslant Tt_w$ 配置纱线，即经纱线密度小于纬纱线密度。

②纱线捻度与织物外观、坚牢度都有关系。纱线捻度大的织物，强力大，光泽差，手感硬挺、有爽糙感；纱线捻度小的织物，强力小，光泽较好，手感柔软、有平滑感。因此，织物设计时应根据织物手感、光泽等的要求配置纱线捻度。一般织物的经纱捻度略高于纬纱，薄型织物的捻度

大于厚实型织物,线密度低的纱线捻度大于线密度高的纱线,纤维长度短的纱线捻度大于纤维长度长的纱线。

③纱线的捻向配合:织物经纬纱捻向配置对织物的手感、厚度、纹理清晰度乃至性能等都有一定的影响。

在下图(a)所示的经纬纱相同捻向配置中,从织物表面看,经纬纱的纤维呈反向倾斜,经组织点和纬组织点对比显著,组织纹理较为清晰;但在交织点的经纬纱接触处纤维呈同向倾斜,经纬纱相互密贴,经纬纱交织屈曲程度小,纱线在织物中不易滑移,织物比较平坦、紧实,组织点不饱满。

在下图(b)所示的经纬纱不同捻向配置中,从织物表面看,经纬纱的纤维呈同向倾斜,经组织点和纬组织点难以分辨,组织纹理欠清晰;但在交织点的经纬纱接触处纤维呈交叉倾斜,经纬纱相互不密贴,经纬纱交织屈曲程度大,纱线在织物中易滑移,织物比较松厚、柔软,组织点饱满。

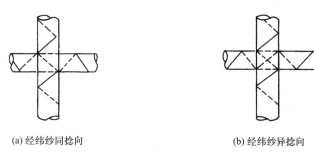

(a) 经纬纱同捻向　　　　　　　　　　　　　(b) 经纬纱异捻向

经纬纱捻向配置效果对比

3. 织物组织设计　织物组织是构成织物外观纹理效应的决定因素,同时也影响织物的性能。

单一组织构成的平素织物,一般根据织物用途、使用对象及客户对风格、性能的要求来配置组织。

不同组织组合的花纹织物,组织配置时应注意三点。

(1)为了突出花纹的清晰度,相邻花纹一般宜采用经纬面效应对比较大或者方向相反的组织。

(2)为了保持织物整体平整,组织的屈曲程度不宜相差过大。

(3)为使相邻花纹交界处界线清楚,不发生"重叠",同系统相邻纱线间尽量按底片关系布置组织和组织点的位置。

4. 织物密度设计　织物经纬密度是影响织物结构、风格和物理机械性能的重要因素。经纬密度大,织物就显得紧密、厚实、硬挺、耐磨、坚牢;经纬密度小,则织物稀薄、松软、通透性好。在经纬密度由小到大变化的情况下,平纹组织织物风格可分为稀松型、平坦型、挺括型,如真丝产品中的电力纺属平坦型,塔夫绸属挺括型。

此外,经纬密度的比值不同,织物风格也不同,如平布、府绸、斜纹布、哔叽、华达呢与卡其都具有不同的外观风格。

一般地,在经纬密度不同情况下,密度大的系统纱线屈曲程度大,织物表面主要呈现该系统纱线。当盖覆系数 E_j 或 E_w＞100％时，平纹织物具有饱满粒子效应，如棉织品中的府绸。在经纬密度比值由小到大变化下，斜纹组织织物的斜向纹路分别有平直型、陡直型、凸立型等几种，如毛织品中的哔叽属平直型，华达呢属陡直型。

设计织物经纬密度要考虑织物用途、所用原料、经纬纱线密度、捻度、组织结构等因素。确定织物的经、纬密度主要有下列几种方法。

(1)理论计算法。即根据外观及质地要求，先确定织物紧度，再按紧度计算公式求出织物的经、纬密度。一般织物，经纱密度大于纬纱密度，以便于快速高效生产。

(2)经验公式法。对于毛织物，可采用 Brierley 公式计算正常织造条件下织物的最大经、纬密度。这种方法分 4 种情况计算。

① 经纬向密度和经纬纱线密度都相等的织物称为方形织物，其最大经纬密度值的计算公式：

$$P_{jmax} = P_{wmax} = \frac{CF^m}{\sqrt{Tt}} = P_{max}$$

式中：$P_{jmax}(P_{wmax}、P_{max})$——方形织物的最大经(纬)向密度，根/10cm；

Tt——经(纬)纱线的线密度，tex；

F——织物组织的平均浮长(应用此公式时须设 $F_j = F_w$)；

m——织物的组织系数(随织物组织而定)；

C——不同织物的织物系数。

各类组织的组织系数 m 值见表 6－1，不同织物的织物系数见表 6－2。

表 6－1　各类组织的组织系数 m 值

组织类别	F	m	组织类别	F	m
平纹	$F = F_j = F_w = 1$	1	急斜纹	$F_j > F_w$ 取 $F = F_j$	0.42
斜纹	$F = F_j = F_w > 1$	0.39	急斜纹	$F = F_j = F_w$	0.51
缎纹	$F = F_j = F_w \geq 2$	0.42	急斜纹	$F_j < F_w$ 取 $F = F_w$	0.45
方平	$F = F_j = F_w \geq 2$	0.45	缓斜纹	$F_j < F_w$ 取 $F = F_w$	0.31
经重平	$F_j > F_w$ 取 $F = F_j$	0.42	缓斜纹	$F = F_j = F_w$	0.51
纬重平	$F_j < F_w$ 取 $F = F_w$	0.35	缓斜纹	$F_j > F_w$ 取 $F = F_j$	0.42
经斜重平	$F_j > F_w$ 取 $F = F_j$	0.35	变化斜纹	$F_j > F_w$ 取 $F = F_j$	0.39
纬斜重平	$F_j < F_w$ 取 $F = F_w$	0.31	变化斜纹	$F_j < F_w$ 取 $F = F_w$	0.39

表 6－2　不同织物的织物系数

织物种类	C 值	织物种类	C 值
棉织物	1321.7	生丝织物	1296
精梳毛织物	1350	熟丝织物	1246
粗梳毛织物	1296		

②当织物经、纬纱线密度不等,而经、纬向密度相等时,织物最大密度值的计算公式为:

$$P_{j max} = P_{w max} = \frac{CF^m}{\sqrt{\overline{Tt}}} = P_{max}$$

$\overline{Tt}$ 为经、纬纱线线密度的平均值,其计算式为:

$$\overline{Tt} = \frac{Tt_j + Tt_w}{2}$$

③织物的经纬纱线密度相等而密度不等时,大多数情况下,织物的经密总是大于纬密,其经纬密的计算公式为:

$$P_{w max} = K' P_j^{-0.67}$$

式中:K'——方形织物结构时的常数;

　　P_j——设计织物的经密,根/10cm。

求 K' 时,需要将此织物转化为紧密状态下的方形织物来计算,即:$P_{j max} = P_{w max} = P_{max}'$ 于是:

$$P_{w max} = K' P_j^{-0.67}$$

$$K' = P_{w max} P_{j max}^{0.67} = P_{max} P_{max}^{0.67} = P_{max}^{1.67}$$

将求得的 K' 值及已知的 P_j 值代入 $P_{w max} = K' P_j^{-0.67}$ 中,即可求得所需的 $P_{w max}$ 值。

例1　设计某纯棉 $\frac{2}{2}$ 斜纹织物,经、纬纱均为28tex,拟定经密为335根/10cm,求该织物的最大纬密。

解:先求出转化为方形织物时的最大密度:

$$P_{max} = \frac{1321.7}{\sqrt{28}} \times 1.31 = 327(根/10cm)$$

式中:1.31——斜纹织物的 F^m 值。

$$P_{w max} = K' P_j - 0.67 = P_{max} 1.67 \times P_j - 0.67 = 327^{1.67} \times 335 - 0.67 = 322(根/10cm)$$

④织物经、纬密度与经、纬纱线密度均不等。其经纬密的计算公式为:

$$P_{w max} = K' P_j^{-0.67 \sqrt{\frac{Tt_j}{Tt_w}}}$$

计算方法与方法3相同,先求出 K' 值。

$$K' = P_{w max} \times P_{j max}^{0.67 \sqrt{\frac{Tt_j}{Tt_w}}} = P_{max}^{1 + 0.67 \sqrt{\frac{Tt_j}{Tt_w}}}$$

例2　今设计一纱直贡织物,其经、纬纱线密度为29tex×36tex,织物组织为5枚经面缎纹,经向密度为503根/10cm,求其纬向最大密度。

解:根据题意,应使用方法4。

$$P_{w max} = K' P_j^{-0.67 \sqrt{\frac{Tt_j}{Tt_w}}}$$

先求出：

$$P_{\max}=\frac{CF^m}{\sqrt{\mathrm{Tt}}}=\frac{1321.7\times2.5^{0.42}}{\sqrt{\dfrac{36+29}{2}}}=340.7(根/10\mathrm{cm})$$

再求出 K' 值：

$$K'=P_{\max}\times P_{\max}^{0.67}\sqrt{\frac{\mathrm{Tt_j}}{\mathrm{Tt_w}}}=340.7\times340.7^{0.6}\sqrt[7]{\frac{29}{36}}=11266.67$$

则：

$$P_{\mathrm{wmax}}=\frac{K'}{P_{\mathrm{j}}^{0.67}\sqrt{\dfrac{\mathrm{Tt_j}}{\mathrm{Tt_w}}}}=\frac{11266.67}{503^{0.6}\sqrt[7]{\dfrac{29}{36}}}=267(根/10\mathrm{cm})$$

因此,最大纬纱密度为 267 根/10cm。

运用这一经验公式,不仅可以求得所设计织物的经、纬密度,还可以在拟定了纱线的线密度与密度后,预测织物的紧密程度,从而预测其织造的难易程度和织物的外观风格。

例3 某全毛啥味呢,其线密度为(17.9tex×2)×(20tex×2),上机密度为276 根/10cm×272 根/10cm,试判断织造是否困难。

解:此织物相应方形织物的最大密度为：

$$P_{\max}=\frac{C}{\sqrt{\dfrac{\mathrm{Tt_j}+\mathrm{Tt_w}}{2}}}\times F^m=\frac{1350}{\sqrt{\dfrac{17.9\times2+20\times2}{2}}}\times1.31=287.4(根/10\mathrm{cm})$$

该织物为精纺毛织物,织物组织为 $\frac{2}{2}$ 斜纹,故式中取 $C=1350$, $F^m=1.31$。

假设已知 $P_j=276$ 根/10cm,求出 K' 值。

$$K'=P_{\max}\times P_{\max}^{0.67}\sqrt{\frac{\mathrm{Tt_j}}{\mathrm{Tt_w}}}=287.4\times287.4^{0.67}\sqrt{\frac{17.9\times2}{20\times2}}=10394.37$$

则

$$P_{\mathrm{wmax}}=\frac{K'}{P_{\mathrm{j}}^{0.67}\sqrt{\dfrac{\mathrm{Tt_j}}{\mathrm{Tt_w}}}}=\frac{10394.37}{276^{0.67}\sqrt{\dfrac{17.9\times2}{20\times2}}}=295(根/10\mathrm{cm})$$

因此,最大纬纱密度为 295 根/10cm,大于现设计织物的纬密 272 根/10cm,所以织物织造不困难。

运用这个经验公式,在棉、毛织物设计中可以得到比较符合实际的结果。

应该说明一点,这一经验公式中虽然考虑到纤维性质(系数 C)、纱线线密度($\mathrm{Tt_j}$ 与 $\mathrm{Tt_w}$)和织物组织(系数 F^m),因而比较符合实际情况,但实际运用中,尚存在一些缺陷,例如运用在毛织物设计中时,系数 F^m 有时尚需做某些调整,以使求得的相对密度更加符合织物的实际情况。

(3)等紧度设计法。若新设计织物的组织和紧度与某被仿织物相同,则可利用等紧度设计法求出新设计织物的经、纬密度。计算公式如下：

$$E_j=P_j d_j \quad E_{jl}=P_{jl} d_{jl}$$

设 $$E_j = E_{j1}$$

则 $$P_j d_j = P_{j1} d_{j1}$$

而 $$d_j = Y_j \sqrt{Tt_j}$$

$$d_{j1} = Y_{j1} \sqrt{Tt_{j1}}$$

得

$$P_{j1} = \frac{P_j Y_j \sqrt{Tt_j}}{Y_{j1} \sqrt{Tt_{j1}}} \quad P_{w1} = \frac{P_w Y_w \sqrt{Tt_w}}{Y_{w1} \sqrt{Tt_{w1}}} \tag{6-1}$$

式中：E_j、E_{j1}——分别为被仿制织物、新设计织物的经向紧度，%；

　　　E_w、E_{w1}——分别为被仿制织物、新设计织物的纬向紧度，%；

　　　P_j、P_{j1}——分别为被仿织物、新设计织物的经纱密度，根/10cm；

　　　P_w、P_{w1}——分别为被仿织物、新设计织物的纬纱密度，根/10cm；

　　　Tt_j、Tt_{j1}——分别为被仿织物、新设计织物的经纱线密度，tex；

　　　Tt_w、Tt_{w1}——分别为被仿织物、新设计织物的纬纱线密度，tex；

　　　Y_j、Y_{j1}——分别为被仿织物、新设计织物的经纱直径系数；

　　　Y_w、Y_{w1}——分别为被仿织物、新设计织物的纬纱直径系数。

（4）相似织物的设计方法。两块织物的原料和组织相同，但要求织物定重不同，为使新织物的手感、质地、风格与原已知织物相仿，可采用相似织物设计法。它们的定重、密度与纱线的线密度关系如下：

由 $$\frac{G}{G_1} = \frac{P_{j1}}{P_j} = \frac{\sqrt{Tt_j}}{\sqrt{Tt_{j1}}}, \frac{G}{G_1} = \frac{P_{w1}}{P_w} = \frac{\sqrt{Tt_w}}{\sqrt{Tt_{w1}}}$$

得 $$P_{j1} = \frac{GP_j}{G_1} = \frac{\sqrt{Tt_j} P_j}{\sqrt{Tt_{j1}}}, P_{w1} = \frac{GP_w}{G_1} = \frac{\sqrt{Tt_w} P_w}{\sqrt{Tt_{w1}}} \tag{6-2}$$

如果相似织物的纱线原料不同或纺纱方法不同，其纱线直径系数分别为 Y_d 和 Y_{d1}，则计算式如下：

$$\frac{G}{G_1} = \frac{P_{j1}}{P_j} = \frac{Y_d \sqrt{Tt_j}}{Y_{d1} \sqrt{Tt_{j1}}} \quad \frac{G}{G_1} = \frac{P_{w1}}{P_w} = \frac{Y_d \sqrt{Tt_w}}{Y_{d1} \sqrt{Tt_{w1}}} \tag{6-3}$$

式中：G、G_1——分别为被仿织物、新设计织物的定重，g/m²。

P_j、P_{j1}、P_w、P_{w1}、Tt_j、Tt_{j1}、Tt_w、Tt_{w1} 含义同前。

无论采用上述哪种方法，都要经过生产试织进行修定。

5. 纹样图案设计　为了增强服装用、家用织物的艺术装饰效果，设计时常采用印花或提花手段将纹样图案展现到织物中。纹样图案设计属艺术设计范畴，一般应以产品用途、使用对象、场所等为参考，同时还要考虑时尚因素。

纹样图案设计在花回大小、色彩层次、表现技法等方面还必须考虑加工方法、织物结构、设备条件、装造设计等因素。例如，不同的印花方法，纹样色彩配置限制不同，直接印花、喷墨印花可以较为宽泛，而轧纹、烂花一般只能配置单一层次的花纹图案；提花织造要考虑龙头大小、织造花数、梭箱数或储纬器数量等因素;对于纱线线密度大、经纬交织密度小的织物,花纹宜用块面表现,而不宜过于细腻;不同的装造形式、组织配置要求提花织物意匠绘画时采用不同的勾边方法处理,多针多梭勾边适用于轮廓粗犷的简单块面花纹,单针单梭的自由勾边则相对受限制小。

(三)成品规格设计

1. 织物幅宽　织物幅宽,也叫门幅,是指织物纬向的幅度,有外幅、内幅和边幅之分,外幅是包括布边的织物最外缘经纱之间的距离,内幅是指除去布边的布身最外缘经纱之间的距离,单位为 cm 或英寸。一般无边字织物的两边边幅相等,因此内幅＝外幅-边幅×2。

织物内幅根据产品用途确定,有固定门幅和可变门幅两种形式,家用织物如床罩、台毯、靠垫等规格较为统一,门幅是固定的。比如丝织品中,单人床罩为 156cm,双人床罩有 200cm 和 220cm 两种,大号双人床罩为 240cm,小方台毯为 96cm,中方台毯为 120cm,大方台毯为 138cm,长方台毯为 145cm,织锦台毯为 156cm,大方靠垫为 58cm,圆靠垫直径为 35cm。

为满足人们裁制各种服装及其身材的要求,同一品种的织物门幅可以有不同变化。但从服装生产中同一型号统一裁制来考虑,服装用织物门幅有几个常规规格。比如棉织品中有 91.5cm(36 英寸)、111.8cm(44 英寸)、142.2～152.4cm(56～60 英寸)等,分别称作窄幅、中幅与宽幅,高于 152.4cm(60 英寸)的为特宽幅。又如丝织品中有 72cm、90cm、114cm、144cm 等。有些国家或地区的民族特色服装,其织物门幅是固定的,例如日本和服面料的内幅为 36.5～37cm,而韩服面料的内幅为 52cm。

织物的边可以起到使布身平整、品质一致的作用,同时在后道染整加工中由于机械张紧主要作用于边而不致使布身受到损伤。普通织物的边幅一般设计在 0.5～1.5cm。高档产品可以用边字显示其品牌形象,有单侧边字和双侧边字两种。

2. 织物匹长　匹长是指织物经向长度,单位为 m 或码。织物单匹长度主要根据织物的用途或客户要求确定,匹长安排过长或过短都有可能在下道工序使用过程中产生过多的零料而造成浪费。

实际生产采用数匹联织办法,联匹数根据织物的克重与厚度、织机的卷装容量等因素确定,联匹过多则机械设备不相适应,联匹过少又会影响生产效率。通常厚型织物联匹数为 2 匹或 3 匹,中厚型织物联匹数为 3 匹或 4 匹,薄型织物联匹数为 4～6 匹。

(四)织造规格设计

1. 穿筘设计　穿筘设计包括筘幅设计、筘穿入数设计与筘号计算。

(1)织物筘幅包括筘内幅和边筘幅。筘内幅是根据成品内幅和缩幅率计算确定的。缩幅率包括织造缩幅率和练染缩幅率,其与织物经纬纱原料、经纬纱线密度、纱线加捻程度、织物组织、经纬交织密度、织造张力、染整加工方法和工艺等因素密切相关。棉、毛、丝、麻各大类织物的缩幅率有所不同。

(2)经纱按一定规律穿过钢筘筘齿叫穿筘,每筘齿穿入经纱根数即为筘穿入数,或称几穿筘、几穿入。织物通幅每筘穿入数相等称作平穿,否则称作花穿,筘齿内未穿入经纱称作空筘。

确定筘穿入数的原则是既要保证织造工艺正常进行,又要考虑对织物品质的影响。一般情况下筘穿入数越少,织物在纹理均匀、平整细洁、品质等方面越好,但会受到经纱密度和筘号限制,过小的筘穿入数不便正常处理断经过筘。筘穿入数设计过大会产生筘痕病疵。

织物筘穿入数设计与经纱原料、经纱线密度、经纱密度、织物组织及织物生熟加工有关。强度好、经上浆的经纱可以采用较小筘穿入数;经纱线密度大,筘穿入数应降低;经纱密度应与筘穿入数呈正比;单层组织织物的筘穿入数应为组织循环数的整数倍或整约数;重经、双层、起绒、纱罗组织织物的筘穿入数应与不同经纱的排列比相一致,如表里经排列比为 1:1 可取 2 穿筘或 4 穿筘,一绞二纱组织应取 3 穿筘;先织后练的生织物筘穿入数可取得大一点,先练后织的熟织物筘穿入数不宜取大。

(3)筘号表示钢筘的规格,是指单位宽度内的筘齿数,筘号=内经纱数/(筘内幅×筘穿入数)。

2. 经纱根数与排列设计　经纱根数包括内经纱数、边经纱数和总经纱数,内经纱数+边经纱数=总经纱数。内经纱数可先按成品设计中的内幅和经纱密度计算得到,再根据穿筘设计、经纱排列比、织物组织的情况进行修正调整。如果存在不同材质、不同组合形式或色彩的经纱,应分别计算出各自的纱线根数。

对于色织物或多组经纱结构的织物要详细制定排纱说明。

3. 纬纱排列设计　对于多组纬纱的织物,应分别给出各组纬纱的排列根数和排列顺序。纬纱的组数和排列配置受织造设备引纬条件限制,例如有梭织机单梭箱装置只能配一组纬纱,1×2 梭箱可以配两组纬纱,但纬纱排列比必须是偶数,2×2 梭箱可以配两组纬纱任意排列比,也可以配三组纬纱,但必须是 1:1:1 排列,无梭织机的纬纱组数必须在储纬器数之内,纬纱排列较为自由。

4. 上机装造设计　不同类型、不同规格的织机适应的纱线原料、织造幅度、生产速度有所不同,应根据产品的品种特点和贸易要求选择织机型号。

素织物和小提花织物应给出综片数、穿综方法和纹板图。织物正面为经面织组特点时,一般应正面朝下织造(即反织)。综片数配置以方便生产和保障产品品质要求为原则,在可行情况下,应使用尽量少的综片,且使用靠机前的综片,但同时必须考虑综丝密度限制和便于捺接头绞等问题。穿综方法、穿综顺序可以用数字描述,例如 8 片综顺穿可以描述成 1、2、3、4、5、6、7、8,也可以用图示描述。大提花织物必须在配有提花龙头的织机上生产,因此需要提供具体的装造设计,包括装造形式、正身纹针和辅助纹针的针数与位置、通丝穿法、目板设计与穿法、棒刀吊挂等。从生产效率和改机成本考虑,造机完成后,装造一般就固定下来了,新产品试样和生产尽量采取套用原有装造的办法。因此提花产品设计一开始就应参考已有装造。

梭箱或储纬器的配置以纬纱组数为依据,一般引纬次数多的纬纱安排在第一梭箱或储纬器。对于只有一组纬纱的产品,条件允许的情况下,可以分两把梭子或两个筒子交叉引纬,这样可以缓解因不同批次生产的纬纱存在品质差异而造成的纬档病疵,以保证产品品质。

一般产品采用单经轴织造。存在送经量差异较大或纱线性能差异较大的两组经纱的情况下,应考虑采用双经轴。

5. 布边的上机设计　布边一般设计有大边和小边,处于内侧紧靠布身的大边是边的主要部分,其作用是使布身保持平整,处于外侧的小边一般只有几根,其作用是锁住两边、保证织造。

布边在织造、染整加工中承受的机械张力和摩擦作用比布身大得多,因此应选择品质较好的纱线作边经。经纱仅为一组时,边经可选用与内经相同原料的纱线,若布身经纱强力较差,应改用与内经染整缩率相近、强力较好的纱线,比如醋酯纤维纱线作内经时,可选用粘胶纤维纱线作边经。对于多组经织物,一般选择其中一种经纱作边经,工艺规格单上应注明,例如同甲经。以选择高排列经纱作边经为主,但对于通过两组经纱收缩性能差异大形成凹凸立体纹的织物,边经应选用强收缩经,否则织物易产生木耳边。

大边经纱交织松紧度应与内经纱一致,以免产生过紧的吊边或过松的木耳边,因此平素织物的大边组织可与布身组织相同,也可采用重平组织。有梭织机一般采用平纹组织作小边,无梭织机一般采用绞纱组织作小边。

边经密度过大易造成边厚,不利于后道练染;边经密度过小,布边过薄,长丝边经易发生披裂现象。实际生产中较多采用多根一综、多综一齿的穿筘方法,以提高边经强力。

(五)织物工艺设计

1. 织物经纬纱工艺流程设计 一般织造企业购进的原料纱线,不能直接用作经纱和纬纱,而是分别按照设计的经纬纱线型结构进一步加工,称之为织造准备工序。织物所用的原料不同,产品的类别不同,加工的工艺流程也各不相同,设计者应以合理、经济的原则来使用。

2. 织造工艺条件、工艺参数设计 不同原料、不同产品、不同设备,其工艺条件与参数也有很大不同。例如粘胶纱线属湿强度较低的原料,不宜采用喷水织造,且生产中往往要对车间进行保燥处理;长丝纱线一般不宜采用喷气织造;带状织物应在狭小的织带机上完成;有些起绒织物,如建绒、漳绒要用起绒杆;毛巾织物需要特殊的长短打纬机构;经纱呈屈曲波浪形态的织物要采用带升降的扇形筘。

3. 先练织物与后练织物 经纬纱线先进行脱胶或染色等处理,经织造直接制成成品的织物称作先练织物,也称熟织物或色织物,一般多色经多色纬织物都采用先练后织。先制成织物,再经后道精练、染色及整理成成品织物的称作后练织物,也称生织物,其中精练前织物称作生坯,精练后织物称作熟坯。一般本白色或单色织物都采用先织后练。也有先练后织再练织物,称作半熟织物,例如色织起绒织物。

4. 染整工艺设计 对于需进行染整加工的织物,根据设计目标,应提出精练加工、机械后整理、化学后整理的具体要求和特殊加工工艺。机械后整理有割绒、磨绒、拉绒、剪花、轧纹、热压、烧毛等工艺,化学后整理有烂花、涂层、树脂、防缩、防皱、防静电、防水、防污、防燃、防化学剂等整理。

四、织物设计的类型

1. 仿制设计 仿制设计是根据需方(即用户,含贸易公司、厂商和消费者等)提出的要求,对织物来样进行仔细分析和认真研究,然后根据织物分析结果拟定织物设计规格,制定合理的工艺,生产出与来样的外观特征和内在质量基本相同的织物。仿制设计一般要求达到来样复制效果,但毛织物设计中也有要求从花型、重量、风格或身骨等单方面进行仿制,称作"特征仿样"。

2. 改进设计 改进设计是根据市场反馈回来的信息(用户与厂商的意见与要求),针对某一现有产品或传统产品存在的不足之处进行改进,使其适销对路,重放异彩;或者根据产品系列配套的要求,在某一现有产品的基础上进行系列化设计,以丰富产品的类型,扩大适用性;或者根据市场流行预测,有意识地对某一现有产品进行一个或几个织物要素的变化设计,以改善产品的外观或功能。改进设计面广量大,是促进产品外观与质量持续更新、臻于完善的主要方法。

3. 创新设计 创新设计是根据市场的需要及用途的要求,经过深刻构思,率先采用新原料、新工艺、新技术、新设备这四新中的一新或几新,设计制作出风格新、功能新的产品。广义地说,创新设计除了指前所未有的品种外,还应包括对现有品种作较大变化,使其风格迥异,具有新颖视觉、触觉效果或功能的品种。

五、织物设计的原则

1. 适销对路 设计的产品符合消费心理,最大可能地满足消费者的需求,切忌以个人爱好代替消费者的期望。

2. 实用、美观、经济相结合 实用是指设计的产品具有应有的性能、功能、品质,达到消费使用要求;美观是指设计的产品要花色丰富多彩,崇尚经典又紧跟潮流,满足消费者对美的追求;经济是指降低成本,使产品设计达到物美价廉,满足大众消费。

3. 科学创新与合理规范相结合 设计要充分利用新材料、新设备、新技术,要有异想天开的开拓意识,追求创新,引领时代。同时设计要充分考虑生产的规范化、系列化,销售贸易的便捷化,消费的科学与健康。

4. 降低能耗、安全生产、生态环保 设计要有人类生存、社会进步、世界发展的意识,减少能量消耗,保障生产安全,降低污染排放,保护环境资源。

第二节 服装用织物和家用织物设计

服装用、家用和产业用是纺织品市场的三大支柱领域,纺织品在不同领域的应用特点决定了纺织品在品质、性能、功能上的不同要求,因而也决定了各类织物设计的侧重点不同。

一、服装用织物设计

服装用织物,也称服用织物、衣用织物,指用于裁制服装用的织物,包括面料和里料。

(一)服装的基本职能与分类

服装有保护、遮蔽、装饰和标识的职能。

1. 保温护体职能 保温即维持人体的热平衡,以适应气候变化的影响,保护身体不受外力、阳光、细菌等的伤害,同时穿着时使人有舒适感。影响服装保护职能的因素主要是纺织品中纤维组成、纱线规格、织物结构、织物厚度以及服装的款式、缝制技术等因素。

2. 蔽体遮羞职能 即使身体隐秘部位得到遮掩避视的职能。决定服装遮蔽职能的主要因素是纺织品的纤维透明度和交织紧密度。

3. 修饰美化职能 即服装的外观视觉满足人们精神上美的享受的职能。影响服装装饰职能的因素主要有纺织品的质地、色彩、花纹图案、组织纹理、形态保持性、悬垂性、弹性、防皱性和服装的款式、制作方式等因素。

4. 标识职能 即区分工作职别、民族风俗、性别角色等的职能。

服装的保护、遮蔽职能属于服装穿着的自然特征,装饰、标识职能属于服装穿着的社会特征。

服装的品种纷繁复杂,分类方法有很多,按用途划分,服装有内衣和外衣两类。内衣紧贴人体,起护体、保暖、整形的作用;外衣由于穿着场所不同,用途各异,品种类别很多,又可分为社交服、日常服、职业服、运动服、居家服、舞台服等类型。

(二)服装用织物的性能要求设计

1. 一般服用性能要求 服装用织物应具有一定的强力,经得起拉伸、弯曲、摩擦及洗晒,且具有良好的形状稳定性。

2. 着装生理舒适性要求

(1)能满足着装的热、湿舒适性要求,即织物应具有理想的热、湿传递性能,使人体穿着衣服后,在不同气候环境下,身体与环境之间不断发生能量交换的过程中,人体体表处于满意的热平衡状态。

(2)能满足着装的接触舒适性要求,即能使人皮肤触觉神经末梢的力学感知舒适,在软硬、松紧、粗糙与滑腻、刺痒、刺痛、静电、瞬间接触冷暖感等方面感觉良好。

3. 着装心理舒适性要求

(1)织物的纹理、风格、纹样、色彩、光泽等诸多方面符合消费者心理要求,具体要求较为复杂,往往因国家、地区、民族、政治地位、经济基础、年龄、社交群体等因素的不同而不同。

(2)织物质地、手感、悬垂感、造型性、耐起毛起球性、抗折皱性、收缩性等性能优良并有良好的品质均一性与稳定性。

4. 不同用途织物设计的侧重点不同

相比之下,外衣用织物更侧重于对着装心理舒适性要求的满足,而内衣用织物更侧重于对着装生理舒适性要求的满足。夏季服装用织物这两方面要求都要满足。一般外衣类服装宜用毛型感织物,内衣类服装宜用棉型感织物,夏季服装宜用丝绸感或麻型感织物。

(三)服装用织物的风格设计

1. 织物风格 织物风格迄今尚无统一定义,一般而言,织物风格的含义可以概括为人的触觉、视觉以及听觉等感觉器官对织物所作的综合评价,它是织物所固有的物理机械性能作用于人的感觉器官所产生的综合效应,是一种受物理、生理和心理因素共同作用而得到的评价结果。它能反映织物的外观风貌特征与穿着性能。

织物风格包括视觉风格、触觉风格、听觉风格和嗅觉风格,一般以视觉、触觉风格为主。

(1)织物视觉风格。织物外观的风格,是指纺织材料、组织结构、花型、颜色、光泽及其他布面特性刺激人的视觉器官产生的生理、心理反应,它与人的文化、经验、素质、情绪有关。

(2)织物触觉风格。人手触摸、抓握织物时产生的变化作用于人的生理和心理的反应,即织物的手感。如刚柔、滑爽、弹糯、冷暖、丰厚、挺括等感觉。

(3)织物听觉风格。声响指人的听觉器官对织物在摩擦或飘动时发出的声响作出的评价。不同织物自身摩擦或与其他物体摩擦会发出不同声响,如高密度真丝塔夫绸具有的"丝鸣"风格。

(4)织物嗅觉风格。气味指以人的嗅觉器官对织物发出的气味作出的评价。

2. 服装用织物的风格类型 由于服装的特定应用对象,织物风格在服装用织物设计中的重要性尤为突出。织物风格一般可按材质划分为棉型风格、毛型风格、丝型风格、麻型风格四种基本风格类型。

(1)棉型风格特征。光泽暗弱,有毛羽,垂感较好,不抗皱,平整匀洁,手感柔软、松厚、温暖、透气。

(2)毛型风格特征。光泽莹润、自然,立体感好,色彩鲜艳悦目,呢面匀净。手感挺括抗皱、丰满滑糯、不板不烂,身骨好而有弹性,保暖。

(3)丝型风格特征。光泽亮丽,色彩鲜艳,轻薄飘逸,美观华贵。手感滑爽,绸面平挺、丰富、致密。

(4)麻型风格特征。挺实坚固,手感滑爽,布面纹理分布不均匀,不平整,风格粗犷。透气透湿,毛羽挺直,穿着有刺痒感。

不同风格类型的织物还可按织物的轻重、软硬、明暗、滑滞、松实、细糙、平整性等的特征进一步细分,例如棉型风格平纹布可分为平布、府绸和绉布等品种,丝型风格平纹织物有薄纺类、电力纺类、塔夫类、双绉类、碧绉类、乔其类、顺纡类等品种。

二、家用织物设计

(一)家用织物

家用织物过去也称为装饰用织物。它是对人生活环境起美化装饰作用的实用性纺织品,主要应用于家庭和公共场所。如宾馆、酒店、剧场、舞厅、飞机、火车、汽车、轮船、商场、公司、机关等许多场合。

家用织物主要有以下几类。

(1)以室内门、窗和空间为主要装饰对象的挂帷遮饰类,如窗纱、窗帘、门帘、隔离幕帘、帐幔等。

(2)以各种家具为主要装饰对象的家具覆饰类,如沙发及椅子布艺面料、椅套、台布、餐布、灯饰、靠垫、座垫等。

(3)以建筑物内外地面为主要装饰对象的地面铺饰类,主要有地毯、人造草坪两类。

(4)以建筑物墙面为主要装饰对象的墙面贴饰类,如墙布、景像、壁毯等。

(5)以卧床为主要装饰对象的床上用品类,或称寝具类,包括床单、被褥、被面、枕头、床罩、被套、包套和各种毯子、枕巾等。

(6)用于餐饮、盥洗、满足清洁卫生需要的卫生盥洗类,如各种毛巾、浴巾、浴帘、围裙、餐巾、手帕、抹布、拖布、坐便器圈套、地巾、垫毯等。

家用织物中,卫生盥洗类织物以实用功能为主,装饰性功能的要求很低,而壁挂一类的工艺织品属于纯艺术作品,实用功能很低,其他织物都兼有装饰与实用两大功能。因此,家用织物的设计应从装饰功能设计和实用功能设计两方面来考虑。

(二)家用织物的装饰功能设计

现代室内装潢,大量地以家用织物为花纹图案与色彩的载体,营造空间风格基调,美化环境。家用织物的图案与色彩设计应综合考虑环境要素、材料结构要素、市场要素。

1. 依据环境特点设计　家用织物的应用环境是指装饰对象的环境和织物在环境中的作用与地位。

室内环境的"形"与"色"直接刺激着人的视觉感官,从而使人产生生理和心理的反应。人在不同场所有着不同的生理、心理需要,这就要求环境有着不同的图案色彩等装饰性。家庭卧室、宾馆客房,一般要求温馨、亲切的气氛,因此图案题材以花草、自然景物为宜,表现技法上以细腻、柔美为好,色彩也以温和、协调为主;舞台、歌舞厅等娱乐场所,图案表现可夸张一些,色彩也可跳跃一些,以表现一种欢乐、热烈的气氛;会客厅、会议室、影视厅,则更要求通过图案、色彩,使环境显得宽阔、高大、安逸、平和;旅行工具(客车、船舱、飞机舱等)则应给人以平静、安全、舒适的感受。

由于各类家用织物在室内装饰中的安装位置显隐、面积大小、纵横方向的不同,其所起到的装饰作用与地位也不同，织物图案色彩设计的要求也就不同。壁绸、墙布是房间装饰主体，其图案色彩构成室内环境的基调，一般要求明快、开阔、高雅、沉稳。窗帘往往能够形成房间的一个视觉焦点，装饰地位很重要，其图案色彩应给人带来高度感、宽阔感和稳定感，图案的内容可以相对独立，使室内产生一道亮丽的风景线，宛若一幅精美的壁画。地毯的图案色彩应求"稳"，求"实"，给人以脚踏实地、四平八稳的感受。沙发、桌椅、靠垫等具有体积小、造型丰富、可移动等特点，能起到点缀环境、活跃室内气氛的作用，因此这类织物在构图和用色上可大胆一些。

2. 结合构成材料设计 家用织物的构成材料包括织物原材料、织物结构、织物花色形成方法三部分。

织物原材料包括纤维属性、线密度、光泽，纱线粗细、捻并情况，花式线特点等内容。例如有光纤维织物配以多变的图案、丰富的色彩，则更显得华丽富贵，光彩夺人；光泽柔和的短纤维织物则相对更强调稳重感，纤细的经、纬线能更好地表现细腻的花纹，线密度大的经、纬线表现的花纹较为粗犷；以不同色彩或不同粗细的纱线排列制成的织物本身就有条格效应；捻度、捻向变化的纱线搭配，可产生隐条、隐格或立体高泡效果；花式线自身就有趣味性，因而配以写意、自由的图案较为合适，而不宜表现严格规范的花纹，色彩可淡雅些，也可跳跃些。

织物结构包括织物的组织结构、交织紧密度等内容。例如，起绒型结构织物上的图案色彩所表现出来的效果与普通型结构织物相比较，效果更柔和一些，立体感更强一些；缎纹组织只有在较大块面中才具有平滑光亮的缎效应，因此在提花织物中，用缎纹表现块面较为合适，而不宜表现线条；有些组织自身会使织物产生纹路肌理，如斜纹组织的斜向纹路、方平组织的大粒子效应及凸条、蜂巢组织的外观等；绞纱结构的窗纱和经编窗纱，由于交织稀疏，结构透亮，因而不宜设计细腻花纹来相配；锦缎类的被面、领带等，由于配置了较高的密度，因而更有利于表现精细的花纹。

图案色彩形成主要有提花、印花、织印花、印经、刺绣、烂花、剪花、珩缝、轧纹、针刺等方法。提花可运用不同材料、不同色彩的纱线以及不同的组织结构变化来表现花纹，因而具有较好的肌理效果和层次感，由于花纹是由经纬交织产生的，色彩较为含蓄，但织物的图案花幅、表现手法（点线面表现）、表现风格、色彩的组合与层次，又要受到织物品种特点、织机型号、装造类型等的影响和限制。印花产品则具有色泽鲜艳、配色自由、色谱齐全、花幅限制小、花纹表现较为灵活等优点。随着印花新工艺、新技术的不断发展，图案色彩设计的自由度越来越大。烂花（包括绒织物烂花）、轧纹织物，主要是花、地两个质地层次，这两个质地层次对比往往比较突出，如烂花多为地部透亮，花部充实，轧纹绒织物则花地部的绒毛倒伏方向不一致，具有较强烈的浮雕感，自身的趣味性、独特性较明显，这类织物宜配以层次简单、块面表现为主的图案。

3. 针对市场要求设计 家用织物设计实质是生产企业的市场行为，也就是说，设计开发始终是围绕市场进行的。消费者的习俗信仰、文化素养、经济实力、社会地位等因素，都影响着他们对室内装饰的品位与爱好。随着人们生活水平的不断提高，人们越来越感到室内装饰是一个整体的组合，墙面、地面、桌、椅、凳、橱、柜、卧床与帘幔，乃至一个小的摆设，都要合理组配，才能形成一个整体格调协调统一的室内环境。现今的消费者，又更多地强调装饰的个性化、时尚化，因而就市场要素而言，家用织物图案与色彩的设计可概括为系列化设计与配套设计两方面。

系列化设计包括风格情调系列设计和价位档次系列设计。风格情调系列，有表现简洁、图案自由夸张、色彩明快写意的现代风格，有技法细腻、图案布局严谨、色彩稳重含蓄的古典风格，而在图案搭配、色彩组合等方面，又有着明显的地域风情、宗教信仰等的差异，如欧美式、中式、日本式等,它们各有特色,各具风格。由于消费者存在文化、地位、经济能力等的差异,因而对室内装饰有着不同层次的消费观念和消费需求。

配套设计,即共同环境内的整体组合配套设计。图案色彩的配套设计,主要是要解决在花纹比例、花纹风格、花纹虚实疏密、花纹与依附物等的协调统一问题。花纹比例的协调统一要求花纹与空间的尺寸大小、宽窄、长短应用比例恰当,过大的花纹会使室内显得堵塞压抑,过小则显得琐碎杂乱。花纹风格的协调统一要求同一室内的家用织物风格一致,如用不同的造型方法和艺术手段,会搅乱视觉,显得不和谐,不配套。花纹虚实的协调统一要求室内织物图案构成中虚实一致、疏密得体,花纹过于集中会显得杂乱和拥挤,过于分散会显得松散,过于强烈的对比色彩会使人眼花缭乱,应保持室内图案与色彩虚实得体、动静协调、疏密有秩。花纹与依附物的协调统一则要求家用织物的花纹在造型、布局上与其装饰体的造型结构特点相配套,如床罩、台布的垂沿特点,沙发布的立体结构,窗帘的吊挂方式等方面应统一协调。

(三)家用织物的实用功能设计

室内家用织物的实用功能主要是通过其品种设计实现的。但由于品种设计决定织物的外观风格和内在质地与性能,因而品种设计在装饰功能设计中也起着重要作用。织物的纹理效应很大方面取决于织物的纱线原料、组织和交织紧密度,提花产品的花纹层次效果依赖于品种设计与工艺设计的支持。

品种设计包括技术因素设计和非技术因素设计,技术因素设计指纤维原料的选用与组合、织物结构的配置、规格设置、生产设备及工艺的确定等因素,非技术因素设计有对市场行情及流行趋势的了解,对消费价格及档次的把握等因素。

和衣用纺织品的设计程序相同,家用织物设计主要包括构思、预设计、试样、设计与工艺调整(复设计)、试产试销、生产销售等环节。家用织物的品种设计还应重视以下几方面。

(1)家用织物品种设计首要考虑的要素是满足产品的性能要求,实现其实用功能。不同的家用织物由于实用功能各不相同,因而对织物提出了不同的性能要求与指标,如挂帷类的窗帘较为强调织物的悬垂性、垂延性;沙发布则较为注重耐磨性与防滑性;又如对强度这一相同性能指标,各类不同家用织物的要求也各不相同。

(2)家用织物品种设计要配合家用织物的装饰要求。家用织物的装饰效果主要通过色彩图案的设计来体现,但织物通过原料组合、组织结构所产生的织纹肌理效果,也是构成装饰性的一个重要部分。

(3)除了床上用品类织物外,家用织物在产品品质及产品的舒适性等方面的要求相对于衣用织物可以低一些,这就使家用织物产品设计在原料选配、工艺使用等方面有了更广阔的思路。

(4)现代家用织物品种强调系列化、配套化开发,并要求向多用途、深化功能的方向拓展思路。要跟上时代潮流,追求流行时尚。

第三节　织物创新设计的方法

一、织物创新设计的基础条件
(一)具备扎实的织物设计基本技能
(1)充分掌握织物设计理论知识,包括设计原则、设计程序、设计内容、规格设计、各类织物设计要点等知识点。

(2)熟练掌握和应用织物设计相关专业理论知识,包括纺织材料理论、纱线生产加工技术、织物生产加工技术、织物组织结构理论、织物染整加工技术等内容。

(3)具备熟练的织物设计基础技能,如织物分析技能、纺织上机工艺设计技能、织物设计CAD软件应用技能、纱线与织物仿真模拟软件应用技能等内容。

(二)具备良好的织物设计文化素养

(1)尽可能熟悉古今中外各类纺织品及其典型品种的风格特征,做到心中有数,避免不必要的重复设计。

(2)广泛了解产品欲销售国家、地区消费者由于自然环境、文化氛围、宗教信仰和风俗习惯形成的对纺织品的独特喜爱和消费心理,使产品设计适销对路。

(3)深入分析客户对产品的需求,明确不同用途、不同对象对设计的具体要求,使产品设计满足需要。

(4)及时掌握国内外品种花色的市场流行情况和新纤维、新工艺、新技术、新设备的发展应用情况,立足于创新,跟上潮流。

(5)充分掌握本企业、本地区的客观生产条件、技术水平,例如工厂设备型号、机台配置、织机筘幅、常规生产品种、原料种类与来源、厂房空调设备、练染后整理条件等因素,使产品设计有可实施性。

二、对象法创新设计

对象法创新设计是以新材料、新技术、新设备等因素作为构思着眼点展开的创新设计。

(一)新材料对象法

1.概念 根据构成织物的主体纤维或特色纤维的化学结构与功能、形态结构与功能、纺纱织造性能、美学特征、应用功能、特殊功能等的特点,选择合适的纺纱、织造、后整理技术,充分发挥该纤维材料的特色优势,设计独具的风格或性能的织物,这就是以新材料为对象的创新设计。

2.示例

(1)普通涤纶丝染色性能差,在高温高压条件下才能上染。阳离子染料可染涤纶丝,是一种改性涤纶丝,具有优良的可染性能。织物设计中,可利用普通涤纶丝与阳离子丝混纺或交织成生坯织物,经后道一次或两次染色使织物产生雪花纹或色织条格纹效应。

(2)短纤维纺纱在最后成纱加工环节上必须给单纱一定的捻度,才能使单纱获得一定强度,并使生产得以连续进行。PVA纤维是一种具有水溶特性的纤维,这种纤维在一定温度条件的水溶液中能够溶解。织物设计中,可以将PVA长丝与单纱并合,加以反向捻,使单纱呈无捻或弱捻状,经后道水溶处理,可以制成无捻纯单纱织物,织物具有更为优良的柔软手感和吸湿透气性能。

(3)桑蚕丝是一种纤细光亮、质感高贵的纯天然蛋白质纤维,但其制品存在弹性差、易皱的致命缺陷。膨体弹力丝是一种桑蚕丝改性材料,具有异牵伸特性,在松式水处理后线体蓬松,拉伸、压缩回弹性明显增强。因此,可以选用膨体弹力丝开发抗皱增弹全真丝织物。考虑到丝线线密度较大,光泽也有所减弱,故目前主要适合开发中厚型或厚重型高档休闲装面料。

(二)新技术对象法

1.概念 利用纤维生产、纺纱、织造、非织造、复合、后整理、高科技等不断出现的新技术或新工艺设计开发具有独特品质、风格及功能的织物,这种方法就是新技术对象法。

2. 示例

(1)大提花织物的传统手工意匠纹织工作耗时长、易出错,工艺确定后不能随机改动,试样灵活性和品种翻新能力差。意匠处理计算机辅助工具(也称纹织 CAD)技术大大缩短了生产贸易周期,同时也为新产品开发提供了便捷。例如要生产层次多、花纹复杂的正反面异纹样提花织物,传统手工意匠手段工作难度极大,而利用纹织 CAD 工具可以在极短的时间内得以实现。

(2)赛络菲尔纺纱技术是对普通细纱机进行改造的一种环锭纺纱新技术,在中罗拉与前罗拉之间加装一个纱线引入装置,由此送入一根单丝与纱条一起进入细纱机的加捻卷绕段,从而制成单丝为芯、外包短纤维的包芯单纱。选用高强涤纶丝作芯可以制备高强包芯纱,选用拉伸倍数达到 3~4 倍的氨纶长丝作芯可以制备高弹包芯纱。高弹罗缎、高弹牛仔布在纺织品市场广受青睐。

(三)新设备对象法

1. 概念　随着科学技术的迅猛发展,纺丝、纺纱、织造、练染整理等纺织设备得以不断推陈出新,也为纺织品创新开发提供了优越的基础条件。围绕新设备特点展开创新设计的方法称为新设备对象法。

2. 示例

(1)传统有梭织机依靠梭子实现引纬,受客观条件限制,织造的总门幅一般在 150cm 之内。梭子是从梭箱内被击打出来的,织机梭箱数越少,可配置的纬纱组数越少,其排列变化也越少,例如 1×2 梭箱配置,纬纱至多可配 2 组,且其排列比必须呈偶数,而 2×2 梭箱配置,纬纱至多可配 3 组,但排列比必须是 1:1:1。而增加梭箱数,梭箱的升降变换限制了织造速度。

新型无梭织机依靠剑杆、喷水或喷气引纬,织造宽幅织物的能力远大于有梭织机,目前以达到 3m 以上。新型织机采用储纬器替代梭箱,储纬器配置已达 16 个之多,且不同的纬纱可随机引出,纬纱排列不受限制。

相比之下,新型织机具有更强的开发高档纺织品的能力,可以生产高档宽幅家纺织物,可以生产色彩层次变化复杂的提花产品。

(2)传统机械提花机纹针数少,并要通过纹板输入提织信号,如果要生产大花回、高经密的通幅独花,一方面必须采用多把吊装造形式,而多把吊下织物的花纹轮廓粗犷、不够精美,另一方面必须使用几千乃至上万张的纹板,花本(纹板帘)存在重量大、难安装、易破损等很多问题。

现代电子提花机纹针数已达到万针以上,且提织信号完全是电子文件,信号传输、修缮方便快捷,生产结构复杂、色彩丰富的精美独花织物的能力很强,为研究开发仿唐卡、仿古复制、仿刺绣、仿云锦等产品创造了良好的基础条件。

在对象法创新设计中,可以综合应用两种或两种以上的新材料、新技术或新设备,也可交叉应用新材料、新技术或新设备。

三、目标法创新设计

所谓目标法创新设计就是以实现织物某方面功能为目标展开的创新设计。目标法织物设计可以分为外观功能设计、服用功能设计、防护功能设计、生产功能设计、生态环保功能设计等方面。

(一)以外观功能为目标

1. 概念 外观功能设计是以织物外观视觉效果为目标,从图案、色彩、色线排列、纹理、光泽、手感风格等方面开展的设计。

2. 示例 围绕织物光泽的设计就属于外观功能设计。织物光泽是正反射光、表面散射反射光和来自内部的散射反射光共同作用的结果。织物有极光、柔光、电光、膘光等光泽。影响纺织品光泽的因素有纤维原料、纱线结构、织物结构和后整理工艺。

纤维材料的光泽与纤维表面状态(如平滑度、粗细均匀度)、纤维截面形状(如圆形截面纤维有极光、三角形截面纤维有闪光效应)、纤维内部结构(如分子结构取向、层状结构等)有关。

纱线的光泽主要取决于纤维的光泽,还取决于纤维径向形态和纤维在纱线中的排列状态。长丝纤维构成、表层纤维沿纱线轴向平行排列、纤维粗细均匀、外露毛羽少的纱线光泽好。

织物的光泽除受纤维光泽、纱线光泽影响外,还取决于织物的结构,经、纬两系统纱线中一个系统的纱线占比例越大,织物的光泽度越好,因此缎纹织物光泽优于斜纹织物,斜纹织物光泽优于平纹织物。表面平整、纱线排列平直整齐、浮长线长,织物光泽好。经纬纱线密度加大,织物的光泽也更好。

此外,拉绒、磨绒、砂洗等整理能使织物光泽减弱,烧(剪)毛、轧光、烫光、涂层、压膜等整理能使织物光泽加强,金属光泽整理、回归反射整理能使织物获得特殊光泽效应。

(二)以服用功能为目标

1. 概念 针对织物的保暖防寒功能、吸湿透气功能、抗菌防霉功能、抗皱免烫功能、拒水防污功能、防缩防落功能、清香愉悦功能、柔软与舒适功能等进行的设计。

2. 示例 随着生活水平和健康意识的不断提高,人们对与皮肤紧密接触的纺织品(内衣、袜子、毛巾、睡衣、床用纺织品)和公共场合使用的装饰用纺织品(如车船等的座椅布、宾馆的寝具纺织品、医院病人服等)提出了抗菌、防霉、除臭、防螨的保健服用性能要求。目前,国内外抗菌纺织品的加工方法主要有采用抗菌纤维原料和对纺织品进行抗菌整理两种。

使用抗菌纤维制成的织物具有抗菌时效长、安全耐用的优点,且不影响织物的风格和手感,但相对加工成本较高。目前选用较多的抗菌纤维有亚麻、竹纤维等天然纤维,还有在化学接枝、离子交换、湿法纺丝、熔融共混纺丝、复合纺丝过程中加入抑菌剂制成的抗菌化学纤维,如涤纶抗菌纤维、锦纶抗菌纤维、维纶抗菌纤维等。

织物抗菌整理方法简单,成本较低,但其抗菌效果会随洗涤次数增加而逐渐下降。抗菌整理是采用化学结合方法把抗菌剂保留在织物上,通过直接或缓慢释放的作用,达到抑制和抵抗菌类生长的目的。常用的抗菌整理剂有季铵盐类、二苯醚类、双胍类等有机抗菌整理剂,银离子、N型半导体氧化物或硫化物(TiO_2、ZnO)等无机抗菌整理剂,还有植物提取物(如桧柏油、艾蒿、芦荟和蕺菜等)、动物提取物(如甲壳质、壳聚糖)、微生物代谢物(氨基葡萄糖苷 ST—7)等天然抗菌整理剂。抗菌剂要求抗菌效率高,同时对人体及环境无生态毒性。

(三)以防护功能为目标

1. 概念 围绕产品防护功能中心的织物设计,包括阻燃功能、抗静电功能、抗紫外线功能、抗电磁辐射功能、热防护功能、伪装功能、抗噪声功能、防毒功能、防弹功能、运动防护功能等。

2. 示例 针对电磁波对人体健康存在危害的问题,设计开发了具有防电磁辐射功能的织物。电磁辐射防护有两种方法,一是距离防护,二是屏蔽防护。目前,有效抑制电磁波的辐射、泄露、干扰和改善电磁环境主要以电磁屏蔽为主。纺织品电磁辐射防护的方法有两种途径：一是将具有电磁屏蔽功能的纤维加工成织物，一是在织物上施加具有电磁波屏蔽性的功能材料。

具有电磁波屏蔽功能纤维有直径为 $4\sim16\mu m$ 的不锈钢金属纤维，表面用铜、镍和铝电镀或涂层的纤维，以炭黑、石墨、金属微粉、金属氧化物等为填充料纺丝加工成的复合型高分子纤维，以及本征型导电聚合物纤维。将电磁屏蔽功能纤维与其他纤维混纺或交织可制成电磁波屏蔽功能织物。

对普通织物，在涂层整理加工时加入适当的金属氧化物(如锡、铅、铱、锑的氧化物)或铅、铜的硫化物，或石墨、银等金属粉末，让涂层剂中含有高分子成膜剂(如丙烯酸、丙烯酸酯及各种树脂等)、含有导电成分的涂料，织物表面涂层后也可以达到屏蔽电磁波的目的。

(四)以生产功能为目标

1. 概念 纺织品作为其他产品加工过程中使用的一个器件或辅助件(如过滤布)或作其他产品的一个组成部分时，是一种生产资料。对不同用途的产业用纺织品的设计必须以其生产功能要求为中心，织物生产功能主要包括过滤功能、传输功能、密封功能、阻尘功能、遮盖功能、缝纫功能等。

2. 示例 用于分离气—固、液—固、固—固混合物的纺织品介质称作过滤布，目前过滤布已广泛用于食品、制糖、制药、石油、化工、冶金、造纸、陶瓷、医疗、除尘、环保、电子、钢铁、矿山等各个领域。过滤布有机织过滤布、针织过滤布、非织造过滤布和复合过滤材料等多种。

机织过滤布属于二维结构，孔隙率不是很高，一般只有 $30\%\sim40\%$，过滤通道是直通的孔眼，对流体阻力较小，因此适合于液—固混合物的过滤。机织过滤布一般孔眼大小一致，且结构较为稳定，不易变形，织物强度较好，因此也适合于固—固混合物的筛选。

设计机织过滤布要根据过滤对象的化学性质、过滤时的温湿度及压力要求等因素选择适宜的纤维，应根据被过滤物质的粒径大小、处理量、清灰方式等的要求选配适宜的纱线捻度、纱线线密度、织物密度、织物组织、孔径、厚度等参数，应根据产品用途确定织物的幅宽。

☞ **思考题**

1. 完整的织物设计包括哪几个前后环节？谈谈每个环节之间的相互关系。

2. 羽绒服面料应达到怎样的性能要求，如何从织物设计上去实现？

3. 围巾产品在款型、材质、结构、艺术风格上有什么特色与要求？

4. 窗帘与窗纱在织物材料、结构、艺术风格等方面的设计上有何异同？

5. 在了解纺织新产品情况的基础上，列举对象法、目标法、方向思维法创新设计的典型示例。

6. 市场采集一只交织类织物样品，在准确分析织物的基础上，制定一份完整、规范的仿制设计规格单。

7. 确定一个化纤仿棉、仿毛、仿麻或仿真丝创新设计方案，根据织物设计内容，制定一份设计构思、要素设计、成品设计、织造设计及后整理设计完整报告。

第七章　棉及棉型白坯织物设计

随着纺织科技的发展,各种各样的纺织新材料及纺织新产品不断涌现,在众多的纺织产品中,棉及棉型织物始终占有重要地位,在目前的纺织品市场上,棉及棉型织物仍占有70%的市场份额。棉织物具有良好的吸湿性和透气性,穿着舒适;手感柔软,光泽柔和,质朴;保暖性较好,服用性能优良,穿着易于打理等性能特点,广泛用于服装面料、装饰织物和产业用织物中。

第一节　棉及棉型白坯织物概述

一、棉及棉型白坯织物的分类

1. 按后染整加工工艺分类　不同的后整理加工工艺对坯布的疵点要求不同,按坯布的疵点情况分类,可分为染色坯、漂白坯、印花坯。染色坯又可细分为浅色坯、中色坯、深色坯。

2. 按原料分类　按原料分类可分为混纺、纯纺、交织。

3. 按用途分类　按用途可分为服用面料、装饰用布和产业用布。

4. 按纱线的结构及其加工工艺分类　按纱线的结构可分为纱织物、线织物、半线织物、包芯纱织物、包缠纱织物等品种。按纱线的加工工艺可以分为环锭纺、摩擦纺、转杯纺、涡流纺等产品。

二、棉及棉型白坯织物的风格特征

(一)传统棉及棉型织物的风格特征

1. 平布类　采用平纹组织,经、纬纱线密度及织物经纬密度接近或相等的织物。织物结构紧密,表面平整,经纬向紧度为35%～60%,经纬向紧度比例约为1:1。平布按其使用纱线密度的不同,分为粗平布、中平布和细平布。

(1)粗平布。或称粗布,指经纬纱用32tex及以上(18英支及以下)的粗特纱织制的平纹织物。具有布面粗糙,手感厚实,坚牢、耐用的特点。粗布的经纬纱常用低等级棉花纺制,经纬密度为150～250根/10cm,单位面积质量为150～200g/m²。

(2)中平布。其或称平布,指用20.8～30.7tex(19～28英支)经纬纱织制的平纹织物。具有结构较紧密、布面匀整光洁的特征,经纬纱常用3～3.5级的棉花纺制或用棉、粘胶纤维或各种纤维混纺纱。经纬密度一般为200～270根/10cm,单位面积质量为100～150g/m²。平布分市布和坯布两类。

(3)细平布。其或称细布,指经纬用9.9～20.1tex(29～59英支)纱织制的平纹织物。具有质地细薄、布面匀整、手感柔软等特征。常用棉纱作经纬纱,亦有用化纤纱或混纺纱的。经纬密度一般为240～370根/10cm,单位面积质量为80～120g/m²。设计该类织物,经纬常用线密度相同或接近的细特纱,经向密度等于或略大于纬向密度,这样有利于布面组织点平整。经纬纱用相同捻向,织纹清晰;用相反捻向,则布面丰满。可根据品种外观要求选用。

2. 细纺　用特细的精梳棉纱或涤/棉混纺纱作经纬纱织制的平纹织物。因其质地细薄,与丝绸中纺类织物相仿,故称细纺。细纺具有结构紧密、布面光洁、手感柔软、轻薄似绸的特点。细纺的经纬均用优质长绒棉纺制,或与涤纶混纺制成混纺纱,涤纶和棉的混纺比通常为 65：35、40：60 和 30：70。纱的粗细常因织物用途不同而异,一般为 6～10tex(60～100 英支)。经纬向紧度为 30%～45%。细纺用途分衣着用和刺绣用两类,其不同点是衣着用细纺的经纬纱常为 6～7.5tex(80～100 英支),刺绣用细纺一般为 7.5～10tex(60～80 英支)。

3. 府绸　采用平纹组织,布面呈现由经纱构成的菱形颗粒效应,其经密高于纬密,经纬密之比约为 2：1 或 5：3。府绸具有质地轻薄、结构紧密、颗粒清晰、布面光洁、手感滑爽,并有丝绸感的特点。府绸经纬纱的粗细配置与其外观效应颇为密切,一般用粗细相同的经纬纱或纬纱略粗于经纱,其线密度范围为:纱府绸 10～29tex(20～60 英支)、线府绸 5tex×2～14tex×2(42/2～120/2 英支),经向紧度为 61%～80%,纬向紧度为 35%～50%,经纬向紧度比例约为 5：3。纬密不宜过低,以免影响织物的纬向撕破强度。

4. 防羽绒布　具有结构紧密、透气量小、防羽绒钻出性强等特点。常见的防绒布多用精梳棉纱或涤棉混纺细特纱织制,织物组织多为平纹或双经单纬的纬重平组织,平纹组织选用棉纱或涤棉混纺纱作经纬;纬重平组织选用纯棉股线作经,涤纶低弹长丝或涤棉混纺纱作纬。经纬纱粗细一般相同或接近,平纹防绒布经纬的线密度为 13～29tex(20～45 英支);纬重平防绒布经纱的线密度为 J7.5tex×2～J10tex×2(J60/2～J80/2 英支);纬纱的线密度为 166.5dtex(150 旦)涤纶低弹长丝或 16～18tex(32～36 英支)涤纶短纤纯纺纱以及涤棉混纺纱。织物的总紧度在 88% 以上,而经向紧度和纬向紧度分别为 73% 和 53% 以上。

5. 斜纹布　斜纹布一般采用 $\frac{2}{1}$ 斜纹组织,正面斜纹纹路明显,反面斜纹不明显,其质地较平布厚实,手感柔软。斜纹布按采用纱线种类的不同,分为全线、半线及纱斜纹布,按纱的粗细又分为粗斜纹布和细斜纹布两种。斜纹布品种繁多,是棉型织物的主要品种之一。

(1)纱斜纹。经纬均用棉单纱,线密度在 24.3～41.7tex(14～24 英支)。经密一般在 315～374 根/10cm(80～95 根/英寸),纬密在 196.5～275.5 根/10cm(50～70 根/英寸)。经向紧度在 60%～80%,纬向紧度在 40%～55%,经纬向紧度比约为 3：2。单位面积质量为 150～180g/m²。

(2)线斜纹、半线斜纹(线经纱纬)。以 $\frac{2}{1}$ 斜纹组织织制的有右斜织纹的织物,具有布面光洁、质地松软、手感厚实、耐穿等特点。

(3)粗斜纹。经、纬用 32tex 及以上(18 英支及以下)的单纱织制的斜纹布。具有织纹粗壮、手感厚实、质地坚牢等特点。

(4)细斜纹。经纬用 30tex 及以下(19 英支及以上)的单纱以 $\frac{2}{1}$ 斜纹组织织制的织物。具有织纹细密、质地较薄、手感柔软等特点。

6. 哔叽　经纬用纱或线以 $\frac{2}{2}$ 加强斜纹组织织制的斜纹织物,是由毛织物移植为棉织物的品种。织物具有质地柔软,正反面织纹相同,斜纹倾斜方向相反的特点。除了以棉为原料,常使用涤、粘胶等纤维。按所用纱线的不同,分为纱哔叽、半线哔叽和全线哔叽。经纬纱线密度和密度比较接近,斜纹倾角约为45°。经向紧度为55%~70%,纬向紧度为45%~55%,经纬向紧度比约为6∶5。纱哔叽总紧度在85%以下,线哔叽总紧度在90%以下。

(1)纱哔叽。经纬用18~42tex(14~32英支)单纱,以用28~32tex(18~21英支)单纱织制的较多。经密在310~340根/10cm,纬密在220~250根/10cm。

(2)线哔叽。经纬用股线,多用14tex×2~18tex×2(32/2~42/2英支)织制,半线哔叽常用28~36tex(16~21英支)单纱作纬。经密一般在320~360根/10cm,纬密一般在220~250根/10cm。

7. 华达呢 来源于毛织物,经移植为棉型织物后仍沿称"华达呢"。该织物具有斜纹清晰、质地厚实而不硬、耐磨而不易折裂等特点。多用纯棉或涤粘中长等混纺纱线织制,一般单纱用中特纱,股线用细特纱并股。组织为 $\frac{2}{2}$ 加强斜纹,织物正反面织纹相同但斜纹方向相反。经纬密度配置,一般经密高于纬密,其比约为2∶1。织物的紧度,经向为75%~95%,纬向为45%~55%,经纬向紧度比约为2∶1,纱华达呢总紧度在85%~90%,线华达呢总紧度在90%~97%。常见的华达呢多为半线织物,即线经纱纬;也有少量华达呢用单纱作经纬的,称纱华达呢。

纱华达呢的经纬纱线密度配置大致相同,均为中特纱。

线华达呢是半线(线经纱纬)和全线(线经线纬)华达呢的通称。纱线配置,一般经为14tex×2~18tex×2(32/2~42/2英支),纬纱为28~36tex(16~21英支)。

8. 卡其 高紧度的斜纹织物。卡其一词原为南亚次大陆乌尔都语,意为泥土。由于军服最初用一种名为"卡其"的矿物染料染成类似泥土的保护色,后遂以此染料名称统称这类织物。近代加工这类织物已不限于仅用这种矿物染料,而是用各种染料染成多种杂色供作民用服装。卡其织物具有质地紧密、织纹清晰、手感厚实、挺括耐穿等特点。紧度过高的卡其,耐平磨,不耐折磨,制成服装后往往在袖口、领口、裤脚等折边处首先磨损断裂。常用棉及棉与棉型化纤混纺。卡其织物品种规格较多,按组织结构不同,分单面卡其、双面卡其、人字卡其、缎纹卡其等品种;按使用纱线种类不同,分普梳卡其、半精梳卡其和全精梳卡其。

(1)单面卡其。经纬用单纱或股线以 $\frac{3}{1}$ 斜纹组织织制的卡其,正面织纹明显,反面不甚明显,故称单面卡其。具有正面织纹粗壮突出、质地紧密厚实、手感挺括的特点。织纹倾斜方向,纱卡其向左,线卡其向右。单面纱卡,经纬多用28~58tex(21~10英支)单纱,经纬纱可以相同或经细纬粗配置。单面线卡其的经纱常用14tex×2(42/2英支)、16tex×2(36/2英支)、19.5tex×2(30/2英支)股线,纬纱可用与经纱粗细相同或稍粗的单纱或股线,经密高于纬密。纱卡其与线卡其的织物总紧度分别在85%和90%以上,经向紧度为80%~110%,纬向紧度为45%~60%,经纬向紧度比约为2∶1。常见产品实际经向紧度为72.4%~95.6%,平均为82.6%,实际纬向紧度为43.6%~61.6%,平均为48.3%,经纬向紧度比约为1.71∶1。经向紧度超过100%,对改善服装领口、袖口、袋口、裤脚等折边处磨损断裂颇为不利。

(2)双面卡其。经纬用股线或经用股线、纬用单纱以 $\frac{2}{2}$ 加强斜纹组织织制的卡其,正反面织纹相同(斜向相反),故称双面卡其。其具有织纹细密、布面光洁、质地厚实、手感挺括、耐穿等特点。经纬常用纯棉纱或涤/棉混纺纱,以高经密与低纬密配置。双面纱卡其与双面线卡其的总紧度分别为 90% 和 97% 以上,经向紧度为 80%～110%,纬向紧度为 45%～60%,经纬向紧度比约为 2∶1。从常见实际产品分析,半线卡其的经向紧度为 90.8%～114.3%,平均为 99.5%,纬向紧度为 44.7%～56.3%,平均为 51.7%,经纬向紧度比约为 1.92∶1。全线卡其的经向紧度为 92.2%～106.4%,平均为 98%,纬向紧度为 49.3%～57.0%,平均为 54.5%,经纬向紧度比约为 1.80∶1。紧度过高的双面卡其,制成服装后在折边处容易磨损断裂,染料不易渗透到纱线内部,因此经向紧度和经纬向紧度比例宜分别选用 95% 左右和(1.4～1.6)∶1。

9. 直贡　以五枚经面缎纹组织织制的棉织物称直贡。织物具有布面光洁、富有光泽、质地柔软、经轧光后与真丝缎有相似外观效应的特点。直贡有纱直贡(纱经纱纬)和半线直贡(线经纱纬)之分,多以天然棉为原料。经纬一般为中细特纱,配置有两种方法,即经纬用相同线密度或经纱线密度小于纬纱线密度,以便突出经纱效应。用五枚二飞织制的直贡,布面的缎纹线自左下方向右上方倾斜,如经纱捻向与缎纹线斜向一致,织物表面光泽均匀,不显斜向;用五枚三飞织制的直贡,布面的缎纹线自右下方向左上方倾斜,经纱为 Z 捻向,则缎纹线清晰。直贡一般要求缎纹斜线清晰。直贡的经向紧度为 65%～100%,纬向紧度为 45%～55%,经纬向紧度比约为 3∶2。

10. 横贡　用纬面缎纹组织织制的织物,有纬纱浮长显现于织物表面。因有绸缎的风格,故又称横贡缎。具有表面光洁、手感柔软、富有光泽、有丝织品缎的外观效应等特点。经纬多用纯棉精梳纱,以经纬纱粗细配置相同为多,一般为 J14.6tex(J40 英支)。纬密高于经密,纬向紧度为 65%～80%,经向紧度为 45%～55%,经纬向紧度比约为 2∶3。织物组织一般采用五枚二飞和五枚三飞纬面缎纹。

11. 绒布　由一般捻度的经纱与较低捻度的纬纱交织而成的坯布,经拉绒机拉绒后表面呈现蓬松绒毛的织物。具有手感松软、保暖性好、吸湿性强、穿着舒适等特点。以拉绒面的不同,分为单面绒布和双面绒布。单面绒布常用平纹组织,双面绒布常用斜纹组织。绒布的绒毛丰满程度取决于织物组织、经纬纱线密度配置、经纬向紧度和纬纱捻系数等因素。一般经用中特纱,纬用粗特纱。纬纱捻系数在 265～295,以便拉绒。经向紧度为 30%～50%,纬向紧度为 40%～70%,经纬向紧度比约为 2∶3。纬向紧度大于经向紧度,拉绒后布面绒毛短而密,不易显露组织点。绒布除采用平纹及斜纹组织外,也有使用其他组织的,其厚度根据用户要求,可厚可薄。

12. 灯芯绒　布面呈现灯芯状绒条的织物。1750 年首创于法国里昂。具有绒条丰满、质地厚实、耐磨耐穿、保暖性好等特点。绒坯的经向紧度为 45%～60%,纬向紧度为 105%～180%,经纬向紧度比约为 1∶(2.2～3.5)。按绒条粗细分有特细条、细条、中条和粗条等品种。

(1)粗条灯芯绒。每 2.54cm 内有 8 条以下绒条的灯芯绒。有绒条圆阔、手感厚实、结构紧密等特点。地组织多用 $\frac{2}{2}$ 斜纹组织,地纬与绒纬的排列比为 1∶2,绒毛用 V 形固结法固结。通常经纱用 28tex×2(21/2 英支)、18tex×2(32/2 英支)、14tex×2(42/2 英支)股线,纬纱用 36tex(16 英支)、32tex(18 英支)、28tex(21 英支)单纱。经向紧度为 40%～55%,纬向紧度为 140%～220%,经纬向紧度比为 1∶3.2。

(2)中条灯芯绒。每 2.54cm 内有 8～13 条绒条的灯芯绒。地组织用平纹组织或平纹变化组织,地纬与绒纬排列比为 1：2,绒毛用 V 形和 W 形固结法固结。一般经用 48tex(12 英支)、36tex(16 英支)、29tex(20 英支)单纱及 24tex×2(24/2 英支)、14tex×2(42/2 英支)股线,纬用 36tex(16 英支)、29tex(20 英支)、28tex(21 英支)单纱。经向紧度为 45%～60%,纬向紧度为 115%～150%,经纬向紧度比约为 1：2.8。

(3)细条灯芯绒。每 2.54cm 内有 13～18 条绒条的灯芯绒。地组织为平纹,地纬与绒纬排列比为 1：2,绒毛用 W 形固结法。一般经用 36tex(16 英支)、19tex(30 英支)单纱及 14tex×2(42/2 英支)股线,纬用 36tex(16 英支)、29tex(20 英支)、14.5tex(40 英支)、28tex(21 英支)单纱。经向紧度为 35%～45%,纬向紧度为 100%～130%,经纬向紧度比约为 1：2.8。

(4)特细条灯芯绒。每 2.54cm 内有 18 条以上绒条的灯芯绒。具有绒条特细、手感柔软的特点。地组织为平纹,地纬与绒纬的排列比为 1：2,绒毛用 W 形固结法。一般经用 J10tex×2(J60/2 英支)精梳股线,纬用 J14.5tex(J40 英支)精梳单纱。经向紧度为 35%～45%,纬向紧度为 100%～110%,经纬向紧度比约为 1：2.7。

13. 平绒 平绒织物表面具有均匀、整齐的绒毛,有布面丰满平整、质地厚实、光泽柔和、手感柔软、保暖性好、耐磨耐穿、不易起皱等特点。按起绒纱线的种类可以分为两类,以经纱起绒的称经平绒,以纬纱起绒的称纬平绒。

(1)经平绒。由两组经纱(绒经和地经)与一组纬纱交织成双层织物,经剖割绒经后成为两幅有平整绒毛的单层经平绒。经平绒的绒经常用强力较高的精梳纱线,也可用股线或单纱,捻度不宜过高,常采用 J13.8tex×2(J42 英支/2)、J9.7tex×2(J60 英支/2)、J13.8tex(J42 英支)等线密度。地经均为股线,捻度比一般股线略高。纬纱大多用单纱,捻度与一般纬纱相同。经向紧度为 65%～75%,纬向紧度为 50%～70%。绒经与地经的排列比为 1：2。地经与纬纱以平纹组织交织。绒经固结主要用 V 形固结法。

(2)纬平绒。由一组经纱与两组纬纱(绒纬和地纬)交织,绒纬经剖割后,在布面形成平整绒毛。纬平绒的组织结构与灯芯绒基本相似,其区别在于绒纬的组织点以一定规律均匀排列,经浮点彼此错开,纬密大于灯芯绒,绒毛比较紧密。纬平绒经纱常用强度较高的精梳股线,如 J13.8tex×2(42 英支/2)、J9.7tex×2(J60 英支/2)等,纬纱用 19.4tex(30 英支)、J14.6tex(J40 英支)等单纱,纬纱粗细可与经纱相同或稍粗。绒纬纱捻度不宜过高,以便割绒后绒毛易于松散,手感柔软。

14. 华夫格 一般采用纯棉原料,布面具有凹凸方格,是因酷似华夫饼干上的花纹而得名的织物。具有花纹别致、手感柔软、弹性良好的特点。一般采用中特纱较多,常见规格为:经纱为 14tex×2(42 英支/2)股线,纬纱为 28tex(21 英支)单纱。组织采用一完全组织经纬数各为 8 根的蜂巢组织。经向紧度约为 66%,纬向紧度约为 50%,经密为 338.5 根/10cm(86 根/英寸),纬密为 259.5 根/10cm(66 根/英寸)。

(二)新型棉及棉型织物的风格特征

棉织物的品种随着纺织技术的发展而发展,在生产实践中,人们不断地总结与探索,近些年又开发出一些具有独特风格的新产品,在此称之为新型棉型纺织品。

1. 猫眼布及弹力猫眼布 一般采用纯棉中粗特纱,织物外观具有点状突起的花纹,好像猫的眼睛一样,故称猫眼布。织物外观风格粗犷又厚实,适于做休闲外衣和裤子。

常见的猫眼布规格有纯棉气流纺 48.6tex×气流纺 58.3tex,283.5 根/10cm×189 根/

10cm 160cm(12英支×10英支,72根/英寸×48根/英寸,63英寸)、棉27.8tex×气流纺48.6tex,480根/10cm×205根/10cm,160cm(英制C21英支×气流纺12英支,122根/英寸×52根/英寸,63英寸)、C18.2tex×气流纺58.3tex,523.5根/10cm×220.5根/10cm,160cm(C32英支×OE10英支,133根/英寸×56根/英寸,63英寸)等。在普通猫眼布的基础上,为了提高猫眼布穿着的舒适性,又开发了弹力猫眼布,将其经纱或纬纱,或经、纬全部采用氨纶包芯纱。

2. 竹节布 用竹节纱(线)织制的织物。布面呈现不规则分布的"竹节",具有类似麻织物外观的风格特征。经纬配置,有经纬均用竹节纱(线)的,也有经或纬用竹节纱(线)与一般纱线交织的。竹节纱的结构可用节的粗细、节长和节距三个参数表示。一般节粗约为原纱的1.5~3倍,节长为5~12cm,节距为0.5~1m,上述三个参数可根据织物结构、用途和风格决定,其中节距长短是决定布面竹节多少的关键参数。竹节布可用纯棉、棉与棉型化纤混纺、纯棉型化纤为原料纺成竹节纱,组织多为平纹,经纬纱一般为13tex(45英支)、14tex(42英支)、18tex(32英支)、29tex(20英支)。经纬密度可参照相应的各类织物结构进行配置,但紧度不宜太高。

3. 弹力织物 棉及棉型化纤与氨纶丝为原料,在织物的经纬纱中,经纱、纬纱或者经纬纱都采用氨纶包芯纱或包覆纱,形成的织物具有较大的弹性,穿着舒适,无绑缚感。所有传统的棉型织物均可采用氨纶包芯纱或包覆纱做成弹力织物。

4. 双层织物 近几年,人们越来越喜欢休闲服装,棉及棉型织物休闲装易于打理,穿着随意,很受消费者青睐。部分休闲外衣对织物厚度有一定的要求,如果只靠纱线增加厚度的话,织物表面风格粗糙,影响其服用性能。因此各种各样的双层织物这几年非常流行。

双层织物采用双层织物组织,织物表面可细腻、可粗犷,可根据织物风格要求及厚度要求选择上下层纱线的细度,织物一般较厚,是做休闲茄克及裤子的理想面料。

5. 灯芯条织物 灯芯条织物出现较早,但历史上生产的厂家并不多,近几年由于休闲装的流行,灯芯条再次成为热销的品种。其组织采用凸条组织中的灯芯条组织,纱线一般采用中粗特纱,紧度与卡其类织物相近,织物外观具有凸条效应,是做流行休闲装的理想面料。

总而言之,近几年棉及棉型新产品发展很快,也完全打破了传统的织物风格,织物设计更注重新颖与时尚,更加追求标新立异。

三、棉及棉型白坯织物设计的常用方法

1. 从产品的性能出发设计产品 这是一种积极式设计产品的方式,随着人们生活水平的提高和科技的进步、产业用纺织品使用领域的扩大,这种设计方法使用得越来越多。从产品性能出发设计产品,也可称之为产品倒推法。首先,对自己要设计的产品的使用目的进行研究、确定产品的性能指标,然后根据产品的性能要求,选取原料。

2. 从原料出发开发设计新产品 目前新型原料不断出现,为纺织品的设计开发提供了广泛的空间。合理利用新原料,对其性能进行研究,开发适销对路的产品,同样会给企业带来经济效益。

3. 利用新型纺纱工艺开发设计新产品 纺纱技术的进步,各种新型纺纱方法的出现,使纱线在结构、外观上都与传统的环锭纺纱有较大的不同,利用纺纱工艺设计与开发产品,可以说是产品的革命。例如目前市场上已经使用很好的包芯纱、包覆纱、竹节纱、花式纱、花色纱等,利用这些新型纱线开发新产品,会获得非常好的效果。目前氨纶包芯纱已广泛用于内衣、外衣等服

装面料和汽车罩布等装饰面料之中。花式纱与花色纱用于装饰织物中,可以得到一般纱线所无法达到的效果。

4. 利用织造工艺开发设计新产品 例如织造时利用送经的差异可以生产泡泡纱、将对染料性能不同的纱线间隔排列,在染色之后会形成白织色织化织物、利用穿筘工艺的改变可以织造稀密纹织物、将不同粗细的纱线间隔排列会形成条、格图案等。

5. 利用织物组织开发设计新产品 目前世界上已经形成了一些很经典的织物品种和织物组织,但是利用组织开发产品具有广阔的空间,特别是织物在产业上的使用量逐渐增大之后,产业用纺织品对纺织品的成型提出了新的要求,实际上这也对织物组织的应用提出了更高的要求,开发三维织物组织,设计新型纺织品,对扩大纺织品的使用领域是非常重要的。织物组织也影响到织物性能的诸多方面,用好织物组织对于提高产品的性能,具有重要意义。

6. 将后整理工艺与产品设计相结合开发产品 巧妙的产品设计再配合后整理工艺,也会开发出理想的产品。如传统的烂花布就是利用织物设计与后整理形成的产品。随着染整技术的发展,与产品的其他生产工艺结合,可以开发更多的产品。例如细特棉织物配以液氨整理,织物会呈现出丝绸般的手感与光泽。

四、棉及棉型白坯织物的设计内容

1. 棉及棉型织物风格设计 织物风格分为广义的织物风格与狭义的织物风格,广义的织物风格是指人的感官对织物产生的感觉,包括视觉风格、触觉风格(又称手感)、听觉风格。狭义的织物风格主要是指手感。视觉风格是眼睛看到的一切,例如,凹凸与立体感、花纹与结构、色彩与光泽、布面的表观等。织物触觉风格,主要是指用手摸上去的感觉,可以分为蓬松与板结、光滑与粗糙、厚实与轻薄、弹性与塑性、冷暖感、润湿感等。听觉风格主要是指织物之间相互摩擦发出的声音,常指丝鸣感。

2. 棉及棉型织物的原料设计 包括原料品种选择、原料的规格选择与设计。

3. 棉及棉型织物的纱线设计 包括纺纱加工方法的选择、纱线的细度设计、捻度及捻向设计、纱线的结构设计等内容。

4. 棉型白坯织物规格设计 主要是指棉织物纱线的细度、经纬密度、幅宽、织物组织等的设计。织物规格设计的方法很多,不同设计方法各有其特点。

5. 棉型白坯织物组织的设计 正确地设计织物组织,能更好地突出织物的风格,体现织物的性能特点。

6. 棉及棉型织物织造加工工艺设计 正确地设计生产加工工艺,合理地选择设备,是保证生产顺利进行的必要条件。

7. 染整加工工艺设计 染整加工工艺主要在印染厂完成,但作为棉纺织产品的设计者,必须了解各种染整加工工艺的特点,充分体现产品的性能特点及风格特征。

第二节　棉及棉型白坯织物设计

一、棉及棉型白坯织物原料选择

原料选择直接影响织物的性能、价格、生产工艺、产品质量。开发产品的方法不同,原料选择的方法也有所不同。

(一)选择原料的方法

1. 根据最终产品的性能选择原料　不同的纤维材料具有不同的性能特点,当产品的最终用途确定时,产品的性能也就确定了,可能有多种纤维原料能够满足产品性能的要求,可以先将满足性能要求的产品列成表格,以待选用。

2. 根据产品加工工艺特性选择原料　能够满足产品性能的纤维原料可能有多种,这些纤维原料的加工工艺特性各异,应根据本企业的设备特点,选择与本企业工艺设备相适应的纤维材料,以保证生产的顺利进行。

3. 根据产品的市场定位与价格选择原料　在前面两条原则的基础上,可能仍然有多种纤维原料满足产品的要求,此时就要看产品的市场定位,选择与产品市场定位相适应的纤维原料,以保证企业能够取得经济效益。

4. 选用新原料　在满足前面三条原则的前提下,尽量选用新原料。人类都具有追求新、奇的特点,在生产成本相同的情况下,有时候新原料更容易吸引消费者。目前棉及棉型织物使用的原料越来越广,除了棉及传统的化纤之外,各种新型原料广泛用于棉型织物。例如新型的再生纤维素纤维、新型的再生蛋白质纤维、新型合成纤维、功能型纤维等。

(二)原料规格的选择

同一种原料,可能具有多种不同规格,应结合产品的性能要求及产品的加工工艺与设备,合理选择纤维原料的规格,以保证生产的顺利进行。

1. 按线密度及纱线质量要求选择原料　如果开发设计的织物线密度较低,由于纱线横截面内包含的纤维根数少,纤维细度对纱线的条干、均匀度影响很大,杂质也容易暴露在外面,因此所用的纤维应当细、长、含杂少;如果开发设计的织物是粗特纱,对原料的品质规格要求则低一些。

一般来说,纱线细度与纤维细度存在着式(7-1)所示的关系:

$$Tt_y = n Tt_f \tag{7-1}$$

式中:Tt_y——纱线线密度,tex;

　　　Tt_f——纤维线密度,tex;

　　　n——纱线截面中纤维的根数。

纤维线密度与纤维的直径存在式(7-2)的关系:

$$d = \frac{1128}{\sqrt{\gamma \times \dfrac{1000}{Tt_f}}} \tag{7-2}$$

式中:d——纤维直径,μm;

　　　γ——纤维密度,g/cm^3;

　　　Tt_f——纤维可纺线密度,tex。

几种常用纤维的密度见表7-1。

2. 根据白坯织物的坯种选择原料规格　白坯织物的后续加工可能是漂白、染色、印花等工艺,不同后续加工对原料的要求也不同,例如生产浅色织物对原料的要求较高,应保证染色时不出现染色不匀及条花等疵点。

表7-1 常用纤维的密度

纤维种类	棉	羊毛	脱胶丝	苎麻	粘胶纤维	醋酯纤维	涤纶	腈纶	锦纶
密度(g/cm³)	1.50	1.32	1.25	1.51	1.52	1.32	1.38	1.17	1.14

3. 根据经纱与纬纱要求选择 原料应根据经纱和纬纱的不同要求选择原料,以降低生产成本。经纱在织造时反复承受张力和摩擦,而纬纱只在投纬时经受张力,故经纱的强力要比纬纱高,表面的毛羽要少。

4. 根据织物表面经、纬纱覆盖面积的多少选择原料 经面织物的经纱选料要好一些,纬面织物的纬纱多浮于织物表面,故宜选用外观好、疵点少、色泽好的原料。

5. 根据化学纤维的性能选择原料 选用化学纤维的时候,除了考虑以上因素外,还应考虑其强伸性质、与成纱结构有关的性质、纤维的沸水收缩率等相关性能。

二、纱线设计

纱线的各项参数对产品性能、织物风格都有影响,只有正确地进行纱线设计,才能突出织物的风格。

(一)纱线线密度设计

纱线细度又称纱线的线密度,是描述纱线粗细程度的指标。纱线线密度决定着织物的品种、风格、用途和物理机械性质。

棉及棉型织物纱线设计的原则如下。

(1)轻薄型织物,如衬衣、夏季连衣裙等的面料应选择线密度较低的纱线,目前市场上棉及棉型织物最高单纱织物有3.9tex(150英支),最高股线织物有2.4tex×2(240/2英支),主要用于做女式夏季衬衣;中厚型衣料主要用于制作春秋休闲夹克衫、裤子、风衣等产品,其选择线密度偏高的纱线,目前市场上销售的这类织物的线密度在14.6~97.2tex(6~40英支)。

(2)对于要求布面细洁、色泽匀净、光泽好、手感柔软的产品,多选用线密度低的纱线;反之,若要求身骨挺括或具有粗犷感的产品,可选用线密度高的纱线。

(二)纱线的捻度、捻向设计

捻度影响织物诸多方面的性能指标,捻向对织物的外观风格也有一定的影响,只有正确设计这些参数,才能使设计更加完美。

1. 捻度设计 纱线捻度设计应充分考虑捻度对织物性能的影响,例如加捻对纱线手感的影响、加捻对织物蓬松性的影响、加捻对织物厚度的影响、加捻对织物强力的影响、加捻对织物伸长率的影响、加捻对织物光泽的影响。

2. 捻向设计 确定织物捻向时应考虑捻向对织物纹路的影响、捻向对织物手感的影响、捻向对织物光泽的影响、捻向对布面效应的影响、捻向对斜纹织物透气量的影响。

3. 结构设计 设计织物时采用股线还是单纱,采用平式纱线还是花式纱线,采用环锭纺纱还是气流纺纱等其他纺纱方法都对织物风格存在着一定的影响。

(1)单纱与股线对织物性能的影响。传统的环锭纺纱单纱与股线影响织物纹路,如斜卡类棉织物单纱织物一般为左斜,股线为右斜。相同线密度的股线比单纱强力高,毛羽少,光泽强,在其他织物参数相同的情况下,形成的织物断裂强度高,撕裂强度高,耐平磨性好,布面光洁,光泽度好。

（2）用好花式纱线。近几年,花式纱线在棉织物中使用量越来越大,花式纱线可以使织物表面形成独特的风格。世界上的花式纱线已有六万多种,在织物设计中用好花式纱线使织物设计的空间更宽广。目前在棉及棉型织物中使用最多的花式纱线有氨纶包芯纱、包缠纱、竹节纱等品种。

（3）不同成纱方法在纱线结构上的区别。不同的纺纱方法,由于成纱结构不同,纤维在纱线中分布状态不同,形成的织物风格也不同。特别是来样生产,很多企业往往只是分析原料、线密度、织物的经纬密度、织物组织等指标,而不分析成纱结构和成纱方法,结果一味地采用环锭纺纱,织物生产出来之后,客户不确认,这往往会给企业造成较大的损失。

三、织物组织设计

织物组织设计包括地组织设计与边组织设计,应结合生产实际进行合理选择。织物地组织的选择主要根据织物最终用途而定,同时,应最大限度的发挥纤维原料的优良性能,选择能够体现织物性能要求的组织结构。边组织的设计,主要是满足边布平整、牢固,保证染整加工正常进行,不破边,不烂边,方便生产。

（一）地组织设计

设计地组织时,可以参考三个原则。

1. 从织物的厚薄出发选择织物组织 开发轻薄型面料时,选用的组织多为平纹、斜纹等较为简单的织物组织,生产较厚的织物时,可以选择双层组织,生产中等厚度的织物时,可以选择联合组织、变化组织。

2. 从体现原料性能特点出发选择织物组织 当设计用于内衣及夏装的面料时,应该考虑织物正反面组织点的分布,例如真丝与涤丝交织的织物,应注意让真丝纱尽量与皮肤接触,故可以选择经面组织或纬面组织(这要看真丝作经丝还是纬丝)。

3. 从织物外观风格出发选择织物组织 如果要设计仿麻风格的织物,就要体现麻纤维纱线的外观特点,可以选用重平等平纹变化组织及绉组织,以突出麻织物的风格。如果织物外观要求粗犷,则可以选择凹凸感强的织物组织。如果要体现织物细腻的外观,则应选择能够增加平整细腻感的织物组织。

（二）边组织设计

边组织的设计要与地组织相配,边要平整、牢固,避免松紧边现象及加工印染过程中的卷边现象。常用的边组织如下。

1. 平纹组织 与平纹组织相配合,还可作为非平纹组织的锁边组织,因其交织点多,不适用于纬密过大的织物。

2. 重平组织

（1）纬重平组织。适用于平纹布边并且纬密较小的织物,如中平布和粗平布。

（2）经重平布边。适用于纬密较高的织物,因其交织点少,可减少断头。

3. 斜纹布边 $\frac{1}{2}$、$\frac{2}{2}$组织用于斜纹织物的布边,为防止卷边采用反斜纹边(特别是$\frac{1}{2}$斜纹)。在实际生产中,$\frac{2}{1}$斜纹采用变化经重平边,再加斜纹边,$\frac{2}{2}$斜纹采用方平布边而不采用反斜纹边。

4. 方平组织　方平组织具有双面组织的优点,布边平整,广泛用于棉织物的布边组织、双面卡其、单面卡其,五枚直贡常常用方平边。

5. 其他布边组织　在新型的无梭织机上,边组织自由一些,经常使用变化重平组织。

四、棉及棉型白坯织物技术计算

(一)织物的匹长

组织匹长一般以米为单位,英制以码为单位。织物匹长有公称匹长和规定匹长之分。公称匹长指工厂设计的标准长度;规定匹长指折布成包长度,即公称匹长加加放布长。棉织物的折幅加放长度一般为5～10mm,布端的加放长度应根据具体情况确定,但在设计时都应考虑在内。一般织物的公称匹长在27～40m,并采用联匹形式。一般厚重织物采用2联匹或3联匹,中厚织物采用3联匹或4联匹,薄织物采用4～6联匹。

(二)织物的幅宽

织物幅宽公制以厘米为单位,商业贸易上习惯以英寸为单位,公称幅宽即织物的标准幅宽。织物幅宽由产品用途决定。客户订单生产一般由客户指定,自我开发的产品,应考虑织物的最终用途来确定产品的幅宽。产品设计时应充分考虑设备条件和产品质量要求,选择合适的机型来生产。

(三)织物织缩率的确定

1. 确定缩率的方法　织物经(纬)纱织缩率是指经(纬)纱织造成织物后其长度缩短量占原长的百分率。织物经(纬)纱织缩率是织物工艺设计的主要项目之一。经(纬)纱织缩率对织物的强力及厚度、外观丰满程度、成布后的回缩、原料消耗、产品成本及印染后整理伸长等性能均有很大影响,因此工艺设计时必须合理把握。根据织物缩率的定义,织物缩率的计算方法如下。

$$a = \frac{l_0 - l_1}{l_0} \times 100\% \tag{7-3}$$

式中:a——织物经(纬)缩率;

　　　l_0——织物中经(纬)纱原长;

　　　l_1——织物经(纬)向长度。

式(7-3)计算缩率的方法只有在织物生产出来以后,实验室里做织物分析时才能用。在实际生产中,在织物没有生产出来以前,技术人员要先制定生产工艺。

一般在相同设备工艺条件下织制新品种时,可参考本单位类似产品的经(纬)纱织缩率进行工艺设计,并充分考虑影响缩率的因素,进行正确的分析、修正,待第一批产品制出来后,再进行实际缩率测试,并根据测试结果进行调整。

2. 影响经(纬)纱织缩率的因素　影响织物缩率的因素很多,如车间的温湿度、机器的型号、上机工艺参数、纤维原料、纱线结构、织物组织等因素。

(1)织造车间湿度。相对湿度较高时,经纱伸长增加,织缩率减小,但布幅会变窄,纬纱织缩率会增加;相于湿度较低时,经纱织缩率会增加,纬纱织缩率减小。

(2)织机类型。织机类型对经纬纱织缩率也有一定影响,一般无梭织机的纬纱织缩率小于相同品种有梭织机的纬纱织缩率。

（3）织造工艺参数。织造中经纱张力大，则经纱织缩率小；反之经纱织缩率大。开口时间早，经纱织缩率大；反之减小。

（4）边撑伸幅效果。边撑形式对纬纱织缩率有一定影响，如边撑伸幅效果好，则纬纱织缩率较小；反之则较大。

（5）上浆率。经纱上浆率大，则经纱织缩率减小；反之则增大。

（6）纤维原料。不同纤维原料纺制成的纱线在外力作用下变形性能不同，一般来讲，易于屈曲的纤维纱线产生的织缩率较大，易于塑形变形的纤维纱线产生的织缩率较小。

（7）纱线线密度。当织物经纱比纬纱粗时，经纱织缩率小，纬纱织缩率大；反之，则纬纱织缩率小，经纱织缩率大。

（8）经纬密度。当织物中经纱密度增加时，纬纱织缩率增加，但当经纱密度增加到一定数值后，纬纱织缩率反而减少，经纱织缩率增加；当经纬密度都增加时，则经纬纱织缩率均会增加。

（9）织物组织。织物中经纬纱交织点越多，则织缩率越大；反之织缩率越小。

（10）捻度。经纱捻度增加，则经纱织缩率减小；反之则增大。

（11）同品种经纬纱。对于同一个品种经纬纱缩率之和趋于一个常数。

3. 缩率的实际测试法　工厂里当织物上机之后，经常要对织物的缩率进行测试，以方便质量控制。

（1）经纱缩率的测试与计算方法。工厂对经纱缩率的实际测试在织物下机后，在整理车间量取浆纱墨印长度间的成布长度，然后根据式（7-4）计算。

$$经纱织缩率 = \frac{实际墨印长度 - 实际墨印间成布长度}{实际墨印长度} \times 100\% \qquad (7-4)$$

（2）纬纱缩率的测试与计算方法。工厂对纬纱缩率的实际测试在织物下机后，在整理车间量取布的实际布幅，然后根据式（7-5）计算。

$$纬纱织缩率 = \frac{筘幅 - 实际测定布幅}{筘幅} \times 100\% \qquad (7-5)$$

（四）浆纱墨印长度的计算

浆纱墨印长度是指织一匹布所需要的浆纱纱线长度，可根据式（7-6）计算。

$$l_{m} = \frac{l_{b}}{1 - a_{j}} \qquad (7-6)$$

式中：l_{m}——浆纱墨印长度，m；

　　　l_{b}——织物规定匹长，m；

　　　a_{j}——经纱织造缩率。

（五）织物的总经根数

总经根数即织物的总经纱数，工厂俗称经纱头份。

1. 布身组织及布边组织穿入数的确定　在确定织物总经根数之前，要先确定织物地组织穿入数及边组织穿入数，地组织穿入数主要根据织物组织而定，一般情况下，穿入数为织物组织的循环纱线数的倍数或者约数，单层组织每筘穿入数不宜超过 5 根，双层组织织物穿入数不易超过 10 根。边组织穿入数一般根据边组织和边密确定,原则上穿入数要能够保证织物顺利织造。

2. 根据织物密度计算总经根数　在已知织物密度后,常用式(7-7)计算织物总经根数。

$$m_z = \frac{P_j}{10} \times W_f + m_{bj}\left(1 - \frac{b_d}{b_b}\right) \tag{7-7}$$

式中：m_z——总经根数;

　　P_j——经纱密度,根/10cm;

　　W_f——织物标准幅宽,cm;

　　m_{bj}——边纱根数;

　　b_d——地组织每筘穿入经纱根数;

　　b_b——边组织每筘穿入经纱根数。

(六)筘号的计算

筘号分为公制筘号与英制筘号。公制筘号以 10cm 内的筘片间隙数表示;英制筘号以 2 英寸内的筘片间隙数表示。

$$公制筘号(齿/10cm) = \frac{经纱密度(根/10cm)}{地组织每筘穿入经纱根数} \times (1-纬纱织缩率) \tag{7-8}$$

$$英制筘号(齿/2英寸) = \frac{经纱密度(根/英寸) \times 2}{地组织每筘穿入经纱根数} \times (1-纬纱织缩率) \tag{7-9}$$

$$公制筘号 = \frac{英制筘号}{2 \times 2.54} \times 10 = 1.968 \times 英制筘号 \tag{7-10}$$

$$英制筘号 = \frac{公制筘号}{10} \times 2 \times 2.54 = 0.508 \times 公制筘号 \tag{7-11}$$

筘号计算的小数取舍规则如下:

(1)英制筘号。0.125 及以下舍掉;0.125~0375 取 0.25,0.375~0.625 取 0.5,0.625~0.875 取 0.75,0.875 及以上取 1,筘号精确到 0.25 号。

(2)公制筘号。0.25 及以下舍去;0.25~0.75 取 0.50;0.75 及以上取 1;精确到 0.5 号。

(七)筘幅计算

筘幅即筘的幅宽,也就是经纱片纱通过筘面的宽度。筘幅并不等于织物的幅宽,因为纬纱和经纱交织时,纬纱也会产生缩率。织物的宽度与筘幅的差异随纬纱缩率的大小而定。筘幅的计算方法为:

$$W_k = \frac{m_z - m_{bj}(1 - \frac{b_d}{b_b})}{b_d \times N_k} \times 10 \tag{7-12}$$

式中：W_k——经纱穿筘幅宽,cm;

　　m_z——总经根数;

　　m_{bj}——边纱根数;

　　b_d——地组织每筘穿入经纱根数;

　　b_b——边组织每筘穿入经纱根数;

N_k——公制筘号,齿/10cm。

(八)织物用纱量计算

织物用纱量一般以每百米织物经纱用量、纬纱用量和每百米织物总用纱量来表示,单位为kg,一般保留四位小数,百米用纱量是计算成本、制定生产计划的依据。

1. 百米织物经纱用纱量的计算

$$G_j = \frac{100 \times 经纱线密度(tex) \times m_z \times (1+加放率)(1+损失率)}{1000 \times 1000 \times (1+经纱总伸长)(1-经纱织缩率)(1-经纱回丝率)} \qquad (7-13)$$

式中:G_j——百米织物经纱用量,kg;

m_z——总经根数(无梭织机应包括废边纱在内)。

2. 百米织物纬纱用纱量的计算

$$G_w = \frac{100 \times 纬纱线密度(tex) \times P_w \times 10 \times 织物幅宽(m) \times (1+加放率)(1+损失率)}{1000 \times 1000 \times (1-纬纱织缩率)(1-纬纱回丝率)}$$

$$(7-14)$$

式中:G_w——百米织物纬纱用量,kg;

P_w——织物纬纱密度,根/10cm。

3. 百米织物总用纱量的计算

百米织物总用纱量=百米织物经纱用纱量+百米织物纬纱用纱量

(九)织物每平方米无浆干重的计算

1. 每平方米织物经纱干燥重量的计算

$$G_T = \frac{P_j \times 10 \times g_j \times (1-F_j)}{(1-a_j)(1+S_j) \times 100} \qquad (7-15)$$

式中:G_T——每平方米织物中经纱无浆干燥重量,g;

P_j——经纱密度,根/10cm;

g_j——经纱纺出标准干燥重量,g/100m;

F_j——经纱总飞花率,%;

a_j——织物经纱织缩率,%;

S_j——织物经纱总伸长率,%。

2. 每平方米织物纬纱干燥重量的计算

$$G_w = \frac{P_w \times 10 \times g_w}{(1-a_w) \times 100} \qquad (7-16)$$

式中:G_w——每平方米织物中纬纱无浆干燥重量,g;

P_w——纬纱密度,根/10cm;

g_w——纬纱纺出标准干燥重量,g/100m;

a_w——织物纬纱织缩率。

3. 每平方米织物无浆干燥重量的计算

每平方米织物无浆干燥重量=$G_T + G_w$

$$经(纬)纱标准纺出干燥重量(g/100m) = \frac{经(纬)纱线密度}{(1 + 纱线公定回潮率) \times 10} \quad (7-17)$$

(十)织物紧度计算

织物的经向紧度、纬向紧度、总紧度的计算方法:

$$E_j(\%) = k_d P_j \sqrt{Tt_j} \quad (7-18)$$

$$E_w(\%) = k_d P_w \sqrt{Tt_w} \quad (7-19)$$

$$E_总(\%) = E_j + E_w - (E_j E_w/100) \quad (7-20)$$

式中:E_j、E_w、$E_总$——分别为经向紧度、纬向紧度、总紧度;

$\quad k_d$——纱线的直径系数;

$\quad P_j$、P_w——分别为经纱密度、纬纱密度,根/10cm;

$\quad Tt_j$、Tt_w——分别为经纱线密度、纬纱线密度,tex。

五、棉及棉型白坯织物工艺设计

工艺设计主要包括制订工艺流程、配置设备、选择工艺参数及设备参数等内容。

(一)生产工艺流程的选择

相对于丝织物、毛织物来说,棉型白坯织物的生产工艺流程比较简单,主要分为纯棉织物及棉化纤混纺织物工艺流程。

1. 本色纯棉织物的基本生产工艺流程

经纱:整经→浆纱→穿经、结经。

纬纱:定捻(纯棉织物常使用的方法是自然堆放定捻,也有干燥地区采用加湿定捻)。

经纱+纬纱:织造→验布→坯布整修→分等→打包→入库。

以上是纯棉织物最基本的生产工艺流程,但是在不同地区,工艺流程还稍有不同,例如南方比较潮湿,为了防止产品在贮存及流通过程中霉变,一般都需在打包入库前进行烘布,在北方干燥地区则不需要烘布。

2. 棉化纤混纺织物的基本生产工艺流程 棉化纤混纺织物生产工艺流程与本色棉织物大致相同,只是经纬纱在进入织造准备工序之前,根据品种的需要,经、纬纱有的需要经过蒸纱工序,通过化纤的热塑性使纱线定形。例如,涤粘强捻纱产品,经纱在织物整经前就需要加蒸纱工序,纬纱在织造前也要进行蒸纱处理。

(二)生产设备的选择

合理地选择设备,一方面可以保证产品生产的顺利进行;另一方面还应保证充分地利用设备,避免好的设备生产低档产品,或者是设备无法满足产品生产的需要。目前织部生产设备型号众多而又纷杂,每种机器都有其独特的使用特点,要保证合理选择机器设备,必须掌握设备的性能。

第三节　典型棉型白坯织物设计实例

棉织物品种发展很快,众多新产品的出现,已完全打破了传统织物风格,从设计到生产加工工艺已与传统纺织产品相比发生了较大改变。以下以双层提花格织物设计与生产作为实例介绍。

一、设计思路及市场定位

目前在休闲装市场上,棉织物占有的比重越来越大,棉织物具有质朴、自然、易于打理、深受消费者喜欢的特点。传统的粗厚类休闲装面料,使用毛织物较多,尽管毛织物具有较好的穿着性能,但其维护要求较高,不易打理。用棉织物代替部分原来用毛织物作服装面料,是棉织物开发的一个热点。棉织物要想做得厚实一些,如果采用粗特纱,尽管面料的厚度增加了,可是织物表面纹路粗糙,手感较硬。如何把棉织物作得厚一些,外观又很细腻,以满足市场的要求,向产品开发者提出了新的设计要求。双层提花格织物就是在这种思路的启发下开发出来的高档休闲装面料。

二、双层提花格织物的特点

双层提花格织物,采用双层组织,经纬向分别采用两个系统的纱线按一定的规律交织。表经、里经因织造时承受外力,应选择品质高一些的纱线,表纬因为在织物正面显露,纱线质量要求也较高;里纬可以采用品质差一些的粗特纱线,一方面可以增加织物克重,另一方面能够降低成本。由于双层织物紧度大,表、里层经纱在织造过程中张力的差异及缩率的差异,使织造非常困难。

三、织物组织及上机图的设计

双层提花格织物采用上接下法,每一组织循环中只有一根接结经,表经与里经排列比为2∶1,表纬与里纬排列比为变化比:1∶1、2∶1、2∶1、2∶1、2∶1、3∶1,表组织为平纹地小提花组织,其组织图如图7-1(a)所示,里组织为平纹,组织图如图7-1(b)所示,接结经中的取消点如图7-1(c)中的□;边组织采用 $\frac{5}{1}$ 变化经重平组织,其组织图如图7-1(d)所示。织物上机图如图7-1(e)所示。里组织平纹用两片综织造,里经穿在第二片、第三片两片综上;表组织为平纹地小提花组织,表经的密度为里经的两倍,因此采用四片综,表经穿在第五、六、七、八片综上,接结经单独穿在第四片综上;边组织穿综时,第一根经纱单独一片综,穿在第一片综上,第二根边经纱与里经纱第二根的运动规律相同,因此可与第二根里经穿在一起,穿在第三片综上,地综穿筘采用6根穿;边综采用4根一筘。

四、织物规格的确定

因为织物制作休闲夹克衫,织物的克重较大,根据市场调研的结果,将织物克重确定为320g/m²左右,为了满足织物定重要求,织物线密度不宜选得太低,经过分析,表经、里经均选27.8tex纯棉纱,刚开始设计时,表、里纬选用相同细度的纬纱,但是无法进行织造,主要原因是表里层经纱的缩率有差异,经过分析最后将表纬确定为27.8tex纯棉纱,里纬用气流纺83.3tex纯棉纱,根据织物的克重要求,经计算后确定经密为602根/10cm,纬密为326.5根/10cm,织物幅宽为160cm。织物规格为:C27.8tex×(27.8tex+OE83.3tex),602根/10cm×326.5根/

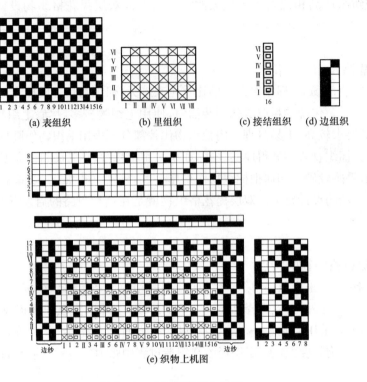

(a) 表组织　　(b) 里组织　　(c) 接结组织　(d) 边组织

(e) 织物上机图

图 7-1　织物组织及上机图

10cm，160cm，织物克重为 324g/m²。

五、织造难度分析

根据织物规格，进行了产品上机难度的分析，上层织物紧度：经 78.3%，纬 42.47%，总紧度 87.5%；下层织物紧度：经 39.15%，纬 36.74%，总紧度 61.5%，上下层织物的总紧度为 103.14%，紧度非常大，因此织造难度很大。

六、相关工艺计算

1. 缩率的确定　根据生产经验及相关产品确定本产品的经纱缩率为 16.5%，纬纱缩率为 2.3%。

2. 匹长及联匹数的确定　匹长 40m，3 联匹。

3. 边纱根数的确定　边宽取 1cm，根据上机图，边穿入数 4 根，地组织穿入数为 6 根，边组织密度是地组织密度的三分之二，即 401 根/10cm，单边边纱根数为 40 根，是穿入数 4 的整数倍，无需调整，那么双边边纱根数为 80 根。

4. 总经根数的确定　根据上机图，可以知道地组织穿入数为 6 根，根据式（7-7）可计算总经根数。

$$m_z = \frac{P_j}{10} \times W_f + m_{bj}\left(1 - \frac{b_d}{b_b}\right) = \frac{602}{10} \times 160 + 80 \times \left(1 - \frac{6}{4}\right) = 9592（根）$$

总经根数应修正为穿筘数的整数倍，其边经纱根数是边部穿筘数的整数倍，地经是地组织穿筘数的整数倍。边经每边 40 根是穿入数的整数倍,地经根数为 9592－80＝9512 根,不是穿筘数的整数倍,地经应该修正为 9510 根,那么总经根数应该修正为 9590 根。

5. 筘号的计算　根据式(7－8)、式(7－9):

$$公制筘号(齿/10cm)=\frac{经纱密度(根/10cm)}{地组织每筘穿入经纱根数}\times(1-纬纱织缩率)$$

$$公制筘号(齿/10cm)=\frac{602}{6}\times(1-0.023)=98.025(齿/10cm)$$

修正为 98 齿/10cm

$$英制筘号(齿/2英寸)=\frac{经纱密度(根/英寸)\times2}{地组织每筘穿入经纱根数}\times(1-纬纱织缩率)$$

$$英制筘号(齿/2英寸)=\frac{153\times2}{6}\times(1-0.023)=49.827(齿/2英寸)$$

修正为 49.75 齿/2 英寸

6. 筘幅的计算　根据式(7－12):

$$W_k=\frac{m_z-m_{bj}\left(1-\dfrac{b_d}{b_b}\right)}{b_d\times N_k}\times10=\frac{9590-80\left(1-\dfrac{6}{4}\right)}{6\times98}\times10=163.775(cm)$$

修正为 163.78cm

7. 浆纱墨印长度的计算　根据式(7－6),织物折幅加放长度 0.4cm,40m 加放 16cm。那么规定匹长为 40.16m。

$$l_m=\frac{l_b}{(1-a_j)}=\frac{40.16}{(1-0.165)}=48.09(m)$$

8. 百米织物用纱量计算　百米织物经用纱量根据式(7－13)计算:

$$G_j=\frac{100\times经纱线密度(tex)\times m_z\times(1+加放率)(1+损失率)}{1000\times1000\times(1+经纱总伸长)(1-经纱织缩率)(1-经纱回丝率)}$$

$$=\frac{100\times27.8\times9590\times1.004\times1.0005}{1000\times1000\times1.012\times0.835\times0.9}=35.2131(kg/100m)$$

百米织物纬用纱量可以根据式(7－14)计算,但是表、里纬纱的线密度不一样,应该分开计算,根据表纬与里纬的排列比及织物的纬纱密度,表纬的密度为 217.7 根/10cm,里纬的密度为 108.8 根/10cm。

$$G_w=\frac{100\times纬纱线密度(tex)\times P_w\times10\times织物幅宽(m)\times(1+加放率)(1+损失率)}{1000\times1000\times(1-纬纱织缩率)(1-纬纱回丝率)}$$

$$G_{w表}=\frac{100\times27.8\times217.7\times10\times1.6\times1.004\times1.0005}{1000\times1000\times0.977\times0.98}=10.1591(kg/100m)$$

$$G_{w里}=\frac{100\times83.3\times108.8\times10\times1.6\times1.004\times1.0005}{1000\times1000\times0.977\times0.98}=15.2133(kg/100m)$$

9. 织物无浆干燥重量的计算　根据式(7−15)每平方米经纱干燥重量为：

$$G_T = \frac{P_j \times 10 \times g_j \times (1-F_j)}{(1-a_j)(1+S_j) \times 100} = \frac{602 \times 10 \times 2.562 \times (1-0.006)}{(1-16.5)(1+0.012) \times 100} = 181.424 \, (\text{g/m}^2)$$

根据式(7−16)，表纬的每平方米经纱干燥重量为：

$$G_{w表} = \frac{P_w \times 10 \times g_w}{(1-a_w) \times 100} = \frac{217.7 \times 10 \times 2.562}{(1-0.023) \times 100} = 57.088 \, (\text{g/m}^2)$$

里纬的每平方米经纱干燥重量为：

$$G_{w里} = \frac{P_w \times 10 \times g_w}{(1-a_w) \times 100} = \frac{108.8 \times 10 \times 7.677}{(1-0.023) \times 100} = 85.492 \, (\text{g/m}^2)$$

百米织物无浆干燥重量为

$$G_干 = G_T + G_{w表} + G_{w里} = 181.424 + 57.088 + 85.492$$
$$= 324.00(\text{g/m}^2)$$

10. 织物紧度计算　织物紧度根据式(7−18)、式(7−19)、式(7−20)计算。

表经、里经排列比为 2:1，上层经纱密度为 401.3 根/10cm，下层经纱密度为 200.7 根/10cm。

$$E_{j上}(\%) = k_d p_{j上} \sqrt{Tt_j} = 0.037 \times 401.3 \times \sqrt{27.8} = 78.29$$

$$E_{w上}(\%) = k_d p_{w上} \sqrt{Tt_{w上}} = 0.037 \times 217.7 \times \sqrt{27.8} = 42.47$$

$$E_{总上}(\%) = E_{j上} + E_{w上} - (E_{j上} E_{w上}/100) = 78.29 + 42.47 - (78.29 \times 42.47)/100$$
$$= 87.51$$

$$E_{j下}(\%) = k_d p_{j下} \sqrt{Tt_j} = 0.037 \times 200.7 \times \sqrt{27.8} = 39.15$$

$$E_{w下}(\%) = k_d p_{w下} \sqrt{Tt_{w下}} = 0.037 \times 108.8 \times \sqrt{83.3} = 36.74$$

$$E_{总下}(\%) = E_{j下} + E_{w下} - (E_{j下} E_{w下}/100) = 39.15 + 36.74 - (39.15 \times 36.74)/100$$
$$= 61.51$$

七、织部工艺流程的确定

经纱：筒纱→整经(沈阳金丸 CGGA114B 型整经机)→浆纱(S432 型浆纱机)→穿筘 (G177—180 型穿筘机)。

纬纱：筒纱。

机织：织造(GAMMA190 型织造机)→验布(GA801—180 型验布机)→折布(GA841—180 型折布机)→修布、分等→打包。

八、织造设备的选择

由织物的组织图可以看出，该织物生产的关键设备是织机的选择，传统的有梭织机和新形凸轮开口织机已无法生产，生产该品种的布机需要有较大的打纬能力，具有多臂提花开口装置。

因此,应选用目前世界上较先进的毕加诺多臂提花剑杆织机。

九、关键技术措施

1. 整经 整经采用沈阳金丸 CGGA114B 型整经机,该品种纱线较组,强力较高,整经的关键在于张力的配置及前后张力的调节,张力采用 5.89cN;将筒子架上的筒子前后分成 6 段,从前到后其张力摩擦角度分别为 5、4、3、2、1 格。

2. 浆纱 该品种头份较多,织物紧度较大,需采用双浆槽浆纱机;浆纱的难点在于选择的浆纱机卷绕张力一定要大,能给经纱加上足够的张力,使织造顺利进行。因此选用祖克 S432 型浆纱机;该纱线较粗,浆液黏度不宜太大,应采用中上浆。尽管本品种是纯棉纱,但是为了提高上浆效果,浆料选用 25% 的 PVA 与 75% 的氧化淀粉混合浆料。具体工艺参数见表 7-2。

表 7-2 浆纱工艺参数及上浆效果

工艺参数	数 据	工艺参数	数 据
浆液黏度/sec	7~9	压浆辊形式	双浸双压
浆液含固量(%)	11	浆纱速度(m/min)	40±5
浆槽温度(℃)	90±2	第Ⅰ压浆辊压力(kN)	11
后上蜡(%)	3	第Ⅱ压浆辊压力(kN)	低9,高25
上浆率(%)	10~12	干区张力(N)	2200
回潮率(%)	7~8.5	卷绕张力(N)	2900
伸长率(%)	≤1.2		

3. 穿经 本品种穿经比较复杂。刚开始上机的经停片采用 6 列顺穿法,在织造过程中发现,凡是里经纱穿入 1、6 列经停片的,经纱下沉使织造不能顺利进行。经调整,边纱采用顺穿,地经纱穿经的顺序为 3、2、1、4、5、6,调整后布机效率有很大提高,织造可以顺利进行。

4. 织造 采用毕加诺 GAMMA 型剑杆织机,刚开始上机的时候,经常是投入几根纬纱之后,布机关机,主要是因为表、里层经纱之间缩率的差异,要求加大布机的上机张力,提高布面风格和开口清晰度。经过反复实践与总结,最后确定布机的工艺参数见表 7-3。

表 7-3 布机主要工艺参数

工艺参数	数据	工艺参数	数据
布机转数(r/min)	460	后梁位置(mm)	高低+2,前后3
开口时间	地 315	停经架位置(mm)	高低+2,前后5
	左绞边 320	张力重锤(kg)	3.6
	右绞边 295		

☞ **思考题**

1. 棉织物常用的设计方法有哪些?设计内容有哪些?

2. 棉织物的主要品种具有怎样的风格特征?

3. 棉斜纹布、哔叽、华达呢与卡其等织物在外观与手感上有什么不同？并分析其形成的原因。

4. 设计织物时,织物组织设计有哪些原则？

5. 设计织物时是否要考虑不同纺纱方法对织物外观风格的影响,为什么？

6. 同样平纹组织的粗平布、细平布、细纺、巴厘纱、府绸、细布等织物,其风格为什么不同？

7. 请设计一床上用品,并进行相关工艺计算。

8. 请设计一夏季女装面料,并进行相关工艺计算。

9. 试对 14.5tex×14.5tex 523.5 根/10cm×393.5 根/10cm 160cm 防羽绒布进行工艺计算。

第八章　毛织物设计

第一节　精纺毛织物设计

一、精纺毛织物的风格特征、分类与编号

1. 精纺毛织物的特点

(1)线密度一般较低,织物密度较大。为了保证织物强力,并获得所需要的效果,多为股线织物。

(2)毛纱表面光洁、浮毛少;织物表面光洁,纹路清晰。

(3)精纺毛织品一般较轻薄,单位质量较轻,大部分在 $130\sim400g/m^2$。

(4)精纺毛纱对原料要求较高。精纺毛织品的原料多为同质毛,线密度在 16.7tex 以下(60公支以上),长度最好在 60mm 以上,长度和细度的均匀度要好。

(5)精纺毛织品的手感不如粗纺毛织品丰满,但光滑、挺爽。

2. 精纺毛织物的分类及其风格特征　精纺毛织物按其风格特征和品质要求,分为四大类。

(1)大路产品类。大路产品主要包括华达呢、哔叽、啥味呢、贡呢、派立司、巧克丁、驼丝锦等织物。

①华达呢。华达呢多为匹染产品,条染时色彩丰富、色牢度高。华达呢按原料分为全毛华达呢、混纺华达呢;按织纹分为双面$\left(\frac{2}{2}\text{斜纹}\right)$华达呢、单面$\left(\frac{2}{1}\text{斜纹}\right)$华达呢、缎背华达呢;按所用纱线分为经纬股线、单纱或股线作经、单纱作纬华达呢;按外观效果分为素色、混色、条子等。条染华达呢有混色、经纬异色、花并纱和素色之分。

华达呢的经密显著大于纬密,纬经密度比为 0.51~0.57,斜纹纹路距离较窄,纹路清晰、细密,贡子挺直饱满,条干均匀,手感滑糯、活络、丰满,有身骨和弹性,呢面光洁平整,光泽自然柔和,色泽滋润、纯净,无陈旧感。

②哔叽。哔叽常用的组织为 $\frac{2}{2}$ 斜纹、$\frac{2}{1}$ 斜纹,纬经密度比为 0.80~0.90,斜纹纹路距离较宽。以匹染主,色彩以素色为主,有藏灰、蓝、咖啡、驼色等。哔叽按原料分为全毛、毛混纺、毛型化纤三种;按呢面分为光面、毛面两类,光面哔叽光洁平整,纹路清晰,毛面哔叽短毛绒浮掩呢面,斜纹清晰可见;按重量分为薄($193g/m^2$以下)、中厚($194\sim315g/m^2$)和厚($315g/m^2$以上)三类。

③啥味呢。啥味呢有平纹、斜纹、变化斜纹等组织,以 $\frac{2}{2}$ 右斜纹组织为主,单面或双面起绒。啥味呢按原料分为全毛、混纺两类;按外观分为素色、混色、条子、格子等类型;按呢面分为光面、毛面两类。光面啥味呢呢面光洁平整,纹路清晰;毛面啥味呢有轻绒、重绒和全绒面等品

种,以重绒面居多。轻绒呢面绒毛轻微,织纹略有隐蔽;重绒呢面绒毛密集,织纹模糊不清;全绒呢面绒毛粘缩,织纹难以看到。

④贡呢。贡呢采用缎纹、缎纹变化或急斜纹组织,以五枚加强缎纹为主。经纬密度较大,紧密细洁。贡呢按原料分为全毛、混纺两类。按呢面纹路倾斜角不同分为直贡呢(75°以上)、横贡呢(15°左右)、斜贡呢(45°～50°),以直贡呢较多。颜色多为素色,有黑色、蓝色、灰色、驼色以及各种闪色、夹色和混色等品种,以黑色为主。匹染、条染均可。贡呢呢面平整,贡路清晰,纱线条干均匀,有身骨,有弹性,手感活络,光泽自然明亮,色泽纯正,边道整齐。

⑤派立司。派立司采用平纹组织,色泽以中灰、浅灰最多,也有浅驼色、浅米色等色泽。一般为条染混色。派力司光洁平整,不起毛,光泽自然柔和,手感滋润、滑爽、活络、挺括,轻薄而有弹性,纱线条干均匀。深浅混色形成的特殊效应,使呢面具有散布性匀细而不规则的轻微雨状丝痕条纹。

⑥巧克丁。巧克丁外观呈现针织物样的明显罗纹条,呢面呈现双根并列的急斜纹条子,斜纹角约为63°。每组斜纹线条间距小,凹度较浅,不同组斜纹间的线条距离较大,凹度较深。巧克丁有匹染和条染两类,颜色多为蓝、军绿、灰色等中深色,以素色为主,也有花纱、混色等品种。巧克丁呢面干净,织纹清晰、顺直,不起毛,光泽自然柔和,手感活络,光滑不糙,有弹性,有身骨,抗皱性能好,纱线条干均匀,无雨丝痕。

⑦驼丝锦。驼丝锦采用缎纹类组织,颜色以深色为主,多为黑、深藏青、灰、紫红等色。按原料分为全毛、混纺两类;按染色方式分为匹染、条染两类,条染包括经纬异色、花并纱、混色和素色等;按织纹分为普通、格形和条形三类;按所用纱线分为精纺、粗纺和精粗纺纱交织三类。精纺驼丝锦呢面平整,织纹细致,光泽滋润,手感柔软、紧密,弹性好。

(2)花呢类。综合运用各种构作花样的方法,使花呢呈现点子、条子、格子以及其他花型图案,多以条染为主。花呢按重量分为薄型、中厚、厚型;按原料分为全毛花呢、混纺花呢;按纱线分为多股纱线、花式纱线、强捻纱线、精粗交织、双组分和赛络纺纱花呢;按花型组织分为单面花呢(牙签呢)、鸟眼花呢、板司呢、海力蒙、双层花呢等组织。

①薄花呢。薄花呢一般重 150～190g/m²,常用平纹组织,采用中浅色,手感滑爽,质地轻薄;中厚花呢一般重 191～289g/m²,多用斜纹、变化斜纹或重经组织,颜色鲜艳、纯正;厚花呢一般重 290g/m² 以上,多用变化组织,颜色中深,有素色、混色和花纱等品种。

②全毛花呢。全毛花呢包括丝毛、羊绒、马海毛和纯毛花呢。全毛花呢光泽自然柔和,有膘光,颜色纯正,手感滑糯、活络、不板不烂,弹性和抗皱性能好。

③混纺花呢。混纺花呢分为毛涤、毛粘、毛麻、毛棉及多种纤维混纺花呢。毛涤混纺花呢耐皱、耐穿、尺寸稳定、免烫等性能优于全毛花呢,但手感丰满度、舒适度、光泽滋润性等性能不及全毛花呢。毛粘混纺花呢呢面平整光洁,光泽自然柔和,手感活络,弹性好,毛型感足。毛麻混纺花呢透气性好,散热性强,抗皱性强,抗起球,手感滑爽。毛棉混纺花呢具有羊毛的柔软、保暖和棉的舒适、耐穿的优点。

④多股纱线花呢。多股纱线花呢外表光、圆、紧,有身骨,表面有颗粒感,色彩丰富,有层次感;花式纱线花呢利用花式线构作花型与配色,使织物呈现不同的风格;强捻纱线花呢具有干爽、高弹或平滑细腻的手感风格;精粗交织花呢外观风格粗犷而不失细腻,手感丰满蓬松,柔糯而有弹性,花型清晰细洁,轻缩绒面;赛络纺纱花呢多为轻薄织物,外观毛羽少,光泽自然,手感

滑糯,悬垂性好,富有弹性。

⑤单面花呢。单面花呢织物正反面外观不同,Z、S捻按一定规律排列,使呢面呈现牙签呢状细条子花型,花型立体感强,手感丰满蓬松,光滑细腻,有身骨,挺括活络;鸟眼花呢表面均匀分布鸟眼点纹样,手感丰厚,外观细洁,弹性良好;板司呢结构坚实,不板不烂,有身骨和弹性,呢面平整,混色均匀,花样细巧;光面海力蒙人字纹路清晰、匀洁,织物紧密,有身骨,弹性好。毛面海力蒙呢面有均匀的绒毛,人字纹路仍然可见,手感柔软活络,弹性好;双层花呢厚实丰满。

(3)女衣呢类。女衣呢以松结构、长浮线构成各种花型或凹凸纹样,广泛使用多种染色工艺、花式线。呢面光洁平整,或绒面或带抢毛。利用联合与变化组织等构成纤细的几何花型,利用复杂组织构作别致多层次的花样。花型可为平素、直条、横条、格子及不规则的织纹。女衣呢重量轻,结构松,手感柔软,色彩艳丽,在原料、纱线、组织、染整工艺等方面充分运用各种技法,使女衣呢花哨、活泼、随意。

(4)其他类。如麦司林、绉纹呢等较轻薄、柔软、洁净的呢坯,可形成风格轻盈飘逸的印花织物;如华达呢、驼丝锦、女士呢等加入弹性原料,可形成弹力织物;依靠组织的变化形成织纹清晰、手感滑爽、呢面光洁、色彩艳丽的小提花织物和图案生动、造型优美、层次丰富、配色典雅的大提花织物等织物品种。

3. 精纺毛织物的编号　精纺毛织物可用五位及以上的数字表示。第一位表示原料种类,其含义:2为纯纺,3为混纺,4为纯化纤。第二位表示品种大类:1为哔叽呢、啥味呢等;2为华达呢类;3、4为中厚花呢类;5为凡立丁类(包括派立司);6为女式呢类;7为贡呢类(包括直贡呢、马裤呢、巧克丁、驼丝锦等);8为薄花呢类;9为其他类。如36101表示混纺女式呢类的第101个规格的产品。如编号已由 ＊＊001 编到 ＊＊999,可再由 ＊＊001(2)编到 ＊＊999(2),以此类推。若某一品种有多个花型,则可编成如21001－3或21001(2)－2等形式。

二、精纺毛织物的主要结构参数设计

进行精纺毛织物设计,必须从原料选择、纱线线密度确定、组织选用、密度计算、织物定重的规定、呢面风格特征要求、色彩搭配、花型设计以及坯布质量标准和染整加工工艺等方面加以考虑。

1. 原料的选择　原料是决定精纺毛织物性能的基础,在设计中,应该依据毛织物的风格特征、品质要求选择原料,使最终产品能够充分发挥和体现各种纤维的优良特征。

(1)纤维的细度。羊毛纤维的细度与工艺性能、产品质量密切相关,它对纱线和毛织物的品质影响较大,是确定羊毛品质和使用价值的一项重要指标。羊毛纤维细度的选择,要考虑产品风格特征和实物质量。如华达呢、哔叽、单面花呢及细特高档产品,要求呢面洁净、条干均匀、手感丰满,应选用细特的羊毛纤维;如中厚花呢类,要求手感滑爽、挺括,弹性好,光泽足,则可选用较粗的羊毛纤维。

选择纤维的品质支数时,原则上主要考虑毛纱的可纺细度。为了确保细纱条干质量和断头率,精纺毛纱内的纤维根数应在35～45根,一般在40根左右较为实用。实践证明,全毛纱内纤维在40根以上时纺纱顺利,低于35根时就逐渐困难,低于25根时就无法纺纱。在混纺产品中,由于加入的化纤长度长,强度高,纺纱时纤维的根数可以适当减少,但也不能少于30根。全毛细特毛纱纤维根数一般不低于35根。

(2)纤维的长度。纤维长度不仅影响纱线的强力、条干均匀度、表面光洁度、毛织物品质等因素,也影响纺纱加工系统的确定、工艺参数的选择。选择纤维长度时,应根据毛织物的风格特征及品质要求来确定。精纺用羊毛纤维长度通常在6.5cm以上。

细特、轻薄、呢面要求洁净的产品,应选用稍长的羊毛纤维,3cm以下的短毛含量要低,细度均匀;中粗特、手感丰满的绒面产品,则应选用稍短的羊毛;毛混纺产品应注意纤维长度对纱线结构的影响,所用化纤长度要稍长于羊毛纤维的平均长度,这样可使毛混纺织物充分体现毛形感。

(3)混纺比。为提高织物的性能,降低成本,精纺毛织物生产中常混入一定量化学纤维。如涤纶与羊毛混纺的女式呢,要注意涤纶的含量,涤纶含量增加,织物强力、折皱回复率相应提高,但织物透气性、抗熔性则降低,静电、起毛起球现象将加剧。

毛/腈女衣呢充分利用了腈纶蓬松、质轻、保暖和染色鲜艳等特点,但随着腈纶含量的提高,折皱回复率会降低。

毛/粘女衣呢吸湿性好,手感柔软,强力好。羊毛与粘胶纤维混纺可以纺出较细的纱,增加纱的强力,降低成本。为避免因粘胶纤维缩绒性、耐皱性、弹性回复性能差而影响织物的性能,一般混用粘胶纤维30%左右。

混用涤纶、腈纶及粘胶纤维的细度一般在0.33tex、长度在80～95mm,但是羊毛的制成率低于化纤,投料时要注意混纺的比例。

2. 纱线设计

(1)纱线的捻度和捻系数。精纺毛织物一般单纱捻系数小于股线捻系数,纱的结构内松外紧,织纹清晰。

当股线捻度小于单纱捻度时,织物身骨松软;两者捻度接近时,织物强力高、弹性好、挺爽;当股线捻度过大时,织物硬挺。单纬织物的纬纱捻度应大些。一般纯毛纱比混纺毛纱捻度大;含涤纶、腈纶等纤维的中厚型织物,捻系数比同类毛纱要小,否则易硬板。细度细、长度短,可采用较大捻度;为避免织物手感发糙,应采用较小捻度。

薄爽风格的织物、坚挺而贡子饱满的华达呢、贡呢以及组织浮点较长的单面花呢,捻系数宜大些。要求滑、挺、爽的织物的捻系数要比滑、挺、糯风格的大。一般合股花线的捻度比同色合股纱线大。薄型绉织物起绉效果明显,应采用股线和单纱同捻向的强捻纱。而股线捻系数小的松捻纱织物则另有风格。手感柔软、丰满的织物或绒面织物,如啥味呢等,捻度要适当减小。哔叽要求呢面光洁,纹路清晰,纱线的捻度不宜过小;同时还要求手感丰满、柔糯而富有弹性,毛纱的捻度也不宜过大,其捻度应适当选择。派力司呢面平整、手感滑爽,捻系数较大。

(2)纱线的捻向。经纬异向的双经单纬轻薄织物,下机后有卷边现象。隐条隐格效应织物,需用S、Z捻合股纱。若单纱和股线同向捻,则织物手感挺爽。中厚型织物常用异向捻。薄形绉纹织物要求起绉明显,可用部分单纱合股同向强捻纱。不同捻向配合的女式呢可获得凹凸不平的呢面效应,如采用ZZ、SS强捻,可达到起绉的效果。花呢以色经为主,选用不同的捻度、捻向配合,会产生丰富多样的效果。

(3)纱线的线密度。精纺毛织物中,要求呢面细洁、色泽均匀、光泽好、手感柔软滑糯,多选用中细特纱线;反之,要求手感滑爽、身骨挺括、弹性好,具有粗犷外观的织物,则可以选择粗特纱。如毛哔叽纱线线密度为10tex×2～20.8tex×2,其中以10tex×2～16.7tex×2较多。若重量在 240～268g/m² ,手感稍粗而厚实,呢面多抢毛,则一般用 16.7tex×2～20.8tex×2 的纱线;重量在 147～188g/m² ,手感丰满、柔糯、有弹性,呢面细洁,通常用 10tex×2～16.7tex×2 的较细纱线;柔糯的厚哔叽,可选用品质支数较高的细羊毛纺成的较粗纱线。华达呢呢面平整光洁,纹路清晰而细密,手感结实、挺括,纱线线密度一般为 12.5tex×2～33.3tex×2,多采用 16.7tex×2～22.2tex×2。双面华达呢呢面纹路清晰而细密,贡子饱满,手感滑糯、丰满,有身骨,弹性足,线密度为 16.7tex×2～20tex×2,成品重量在 220～295g/m² 。单面华达呢,正面斜纹纹路清晰,贡子细洁微凸,反面有颗粒感,线密度为 16.7tex×2～18.2tex×2,也可采用双经单纬,成品重量在 220～270g/m² 。

纯毛纱纺纱比较困难,为降低断头率,保证单纱质量,可以适当降低可纺支数。一般原料质量好,纤维越细,可纺性越好,可纺单纱线密度可以适当低些;毛混纺、纯化纤产品,因原料线密度低些,可纺性好,可纺单纱线密度可以适当低些;但有些产品为了提高织物弹性,可以少量使用粗特羊毛。

3. 精纺毛织物的密度和紧度。织物的密度对织物风格、手感、外观、强力等性能以及织造加工均有影响,是织物结构的主要因素。对于精纺毛织物的紧度通常有:

$$E = P \times d = \frac{0.043 \times P}{\sqrt{\dfrac{1000}{Tt}}}$$

式中:E——织物紧度;

　　P——织物密度,根/10cm;

　　d——纱线直径,mm;

　　Tt——纱线线密度。

毛织物密度设计在实际工作中多采用经验法或参考设计法。经验法会产生较严重的人为误差,对于工作时间短、经验少的设计人员来说有很大难度。经验法由于织物规格参数的不准确性,会给织物生产带来困难,还会影响织物的服用性能。参考设计手册进行设计对传统产品有效,但对开发新产品就难于把握。在毛织物密度设计的研究中,时间长、效果好的方法是经验公式法(见第六章经验公式设计法),采用 Brierley 公式计算织物密度,它较适合毛织物的密度设计,有较高的准确性和推广价值。

4. 织物组织

(1)平纹类组织。薄花呢、凡立丁、派力司等均采用平纹组织。平纹组织可使织物呈现隐条隐格、绉纹、凸条、凹凸、点子、条子、格子、对比、闪色等不同的外观效应。

花呢中应用纬重平、$\frac{2}{2}$ 方平 、$\frac{3}{3}$ 方平较多。变化重平可突出凸纹或仿麻效果,变化方平可得颗粒花纹或透孔效应,变化重平与方平的联合可获得仿麻效果。

(2)斜纹类组织。单面华达呢、哔叽、啥味呢、花呢等织物组织均广泛应用斜纹组织。双面斜纹常用于哔叽、华达呢、啥味呢和各类花呢中。人字斜纹、破斜纹常用于各类花呢中,$\frac{1}{3}$ 破斜纹常用于各类花呢和驼丝锦等织物组织中,马裤呢、贡呢、巧克丁等都是变化斜纹组织的品种。

(3)缎纹类组织。缎纹组织多用于缎面花呢、缎背花呢、贡呢类的织物组织中,缎纹变化组织常用于军服呢类、色子贡等产品中。

(4)联合组织类。绉组织、凸条组织、透孔组织等联合组织在花呢中可形成颗粒、凹凸、透孔、屈曲、泡泡等提花效果。

(5)复杂组织类。花呢中经二重组织应用较多。纱罗组织常用作女衣呢以及无梭织机的布边组织。双层组织以纬纱底面换层的双层平纹组织用得较多,如鸟眼花呢,女衣呢中也常采用接结经或接结纬的双层组织。

5. 布边设计　布边的作用是防止织物幅宽过分收缩,使呢幅稳定,织物平整,并起装饰美化的作用。

(1)布边组织。

①平纹组织是最普通的布边组织,它适用于地组织为平纹的织物以及一般经纬密适中的小提花织物。

②斜纹组织适用于地组织为各类斜纹的织物。如啥味呢产品,采用边、地组织反斜向来防止整理时的卷边。

③$\frac{2}{2}$方平组织适用于地组织为斜纹、重平、变化、联合组织、提花组织等纬密较高的织物,以使布边垂直、紧密。

④纬重平组织的布边与平纹组织布边的性质相同,而$\frac{3}{2}$变化经重平组织则用于驼丝锦织物作布边组织。

(2)边字设计。边部多采用织字来反映织物的特征、原料成分、厂名、商标等内容。边字分为有衬底、无衬底两种。有衬底边字用于中厚花呢、华达呢、啥味呢、贡呢等中厚织物,无衬底边字用于派力司、凡立丁等薄型织物。

边字的高度取决于起字箱号、经纱根数和每箱穿入数。起字经纱通常为10～13根,厚重织物可用15～20根,薄型织物可用7～8根。每箱穿入数过多,字边变窄,厚度增厚,剪毛时会剪破织物,布边宽通常取1～1.5cm。有衬底的布边,衬底应在字的两端各留出0.1～0.2cm。通常布边穿箱密度大于布身50%左右。

边字宽度取决于起字纬纱根数和成品纬密。边字高度与宽度应匀称大方。

边字配色常用黑底配白、金黄或其他色,漂白织物为防黑底泛色,可配白底。

$$边子高度=\frac{边字经纱实际占用箱齿数×10}{箱号}$$

$$边字宽度=\frac{起字纬纱根数×10}{成品纬密}$$

三、精纺毛织物的规格设计与上机计算

1. 精纺毛织物规格设计的内容

(1)织物的品名、品号、风格要求、染整工艺等内容。

(2)原料构成及其品质特征。

（3）纱线的结构、纱线线密度、捻度、捻向及合股方式。

（4）上机、坯布、成品的经纬密度。

（5）上机筘幅、坯布幅宽与成品幅宽。

（6）总经根数（包括地经、边经）、每筘穿入数、筘号。

（7）上机图（包括经纬色纱排列循环和布边组织）等。

（8）织物匹长（成品、坯布与上机）和织物定重（米重、平方米重）。

2. 上机计算

（1）匹长和幅宽。织物的匹长和幅宽应按订货要求、织物用途和实际生产条件确定，通常大匹为 60～70m，小匹为 30～40m。按既定匹长和幅宽设计产品时，应综合考虑原料、纺纱、组织、经纬密度、准织工艺、染整加工工艺等因素确定织物的长缩率和幅缩率。织物的幅宽限制较严而其变化又较大，应特别注意对幅缩率的考虑。

$$坯布匹长 = \frac{成品匹长}{染整净长率}$$

$$染整净长率 = 1 - 染整长缩率$$

$$整经匹长 = \frac{坯布匹长}{织造净长率}$$

$$织造净长率 = 1 - 织造长缩率$$

$$总长缩率 = 织造长缩率 \times 染整长缩率$$

$$坯布幅宽 = \frac{成品幅宽}{染整净宽率}$$

$$染整净宽率 = 1 - 染整幅缩率 = \frac{成品幅宽}{坯布幅缩}$$

$$上机幅宽 = \frac{坯布幅宽}{织造净宽率} = \frac{地经穿筘数 + 边经穿筘数}{筘号 \times 10}$$

$$织造净宽率 = 1 - 织造幅缩率 = \frac{坯布幅宽}{上机幅宽}$$

$$总幅缩率 = 织造幅缩率 \times 染整幅缩率$$

（2）经密（根/10cm）。

$$坯布经密 = 成品经密 \times 染整净宽率 = \frac{成品幅宽 \times 成品经密}{坯布幅宽}$$

$$上机经密 = 坯布经密 \times 织造净宽率 = 筘号 \times 每筘穿入根数$$

（3）纬密（根/10cm）。

$$坯布纬密 = 成品纬密 \times 染整净长率$$

$$上机纬密 = 坯布纬密 \times 下机坯布缩率$$

下机坯布缩率一般取 97%～98%。

(4)总经根数。

$$总经根数=地经根数+边经根数$$
$$=上机幅宽×上机经密/10$$
$$=成品幅宽×成品经密/10$$

(5)坯布重量。

$$每米坯布重量(g)=每米坯布经纱重量+每米坯布纬纱重量$$

$$每米坯布经纱重量(g)=\frac{总经根数×1m×经纱线密度}{1000×织造净长率}$$

$$每米坯布纬纱重量(g)=\frac{坯布纬密×上机幅宽×纬纱线密度}{1000×10}$$

$$每平方米坯布重量(g)=\frac{每米坯布重量×100}{坯布幅宽}$$

$$每匹坯布用纱量(kg)=每匹坯布经纱用量+每匹坯布纬纱用量$$

$$每匹坯布经纱用量(kg)=\frac{总经根数×整经匹长×经纱线密度}{1000×1000}$$

$$每匹坯布纬纱用量(kg)=\frac{坯布纬密×上机幅宽×纬纱线密度×整经匹长×织造净长率}{1000×10×1000}$$

(6)成品重量。

$$每米成品重量(g)=每米成品经纱重量+每米成品纬纱重量$$

四、精纺毛织物规格和上机计算示例

某涤毛单面花呢织物,成品成分为涤纶55%、羊毛45%,单位面积质量为308g/m²,成品密度为415根/10cm×302根/10cm,匹长为65m,幅宽为144cm。地经纱、边经纱、纬纱的排方式如下:

地经纱排列:(1B 1A)×3 (1A 1B)×2 1B 1A (1A 1B)×2 1B 1A (1A 1B)×3,共24根。其中A为正捻纱(Z/S),B为反捻纱(S/Z)。

边经纱排列:30A 2C 2A 2D 2A 2E,左右对称。其中A为地经纱,C为棉纱(橘黄),D为棉纱(白),E为棉纱(蓝)。

纬纱排列:1B 1A,共2根。

解:从同类产品的上机资料可知,全毛品种与涤毛品种的主要区别在于染整缩率,特别是净长率,故参考全毛单面花呢品种,使织造缩率保持不变,降低其染整缩率,具体参数选择如下:织造净长率为94%,染整净长率为99%,总净长率为93%,织造净宽率为92.5%,染整净宽率89%,总净宽率为82.33%,染整净重率为96%,下机坯布净长率为98.5%。

1. 匹长的计算

$$坯布匹长=\frac{成品匹长}{染整净长率}=\frac{65}{99\%}=65.66\ (m)$$

$$\text{整经匹长} = \frac{\text{坯布匹长}}{\text{织造净长率}} = \frac{65.66}{94\%} = 69.85\,(\text{m}) \qquad \text{取 } 70\text{m}$$

2. 经密的计算

坯布经纱密度 = 成品经纱密度 × 染整净宽率 = 415 × 89% ≈ 369(根/10cm)

上机经纱密度 = 坯布经纱密度 × 织造净宽率 = 369 × 92.5% ≈ 341(根/10cm)

3. 筘号的计算　单面花呢为高经纱密度品种,每个筘齿内的经纱穿入数以 6 根为宜,则:

$$\text{筘号} = \frac{341}{6} \approx 56.8 \qquad \text{取 } 57 \text{ 号}$$

修正上机经纱密度 = 57 × 6 = 342(根/10cm)

4. 纬密的计算

坯布纬纱密度 = 成品纬纱密度 × 染整净长率 = 302 × 99% ≈ 299(根/10cm)

上机纬纱密度 = 坯布纬纱密度 × 下机坯布净长率 = 299 × 98.5% ≈ 295(根/10cm)

5. 幅宽的计算

$$\text{坯布幅宽} = \frac{\text{成品幅宽}}{\text{染整净宽率}} = \frac{144}{89\%} = 161.8\,(\text{cm})$$

$$\text{上机幅宽} = \frac{\text{坯布幅宽}}{\text{织造净宽率}} = \frac{161.8}{92.5\%} = 174.92\,(\text{cm})$$

6. 总经根数的计算

总经根数 = 成品经纱密度 × 成品幅宽 ÷ 10 = 415 × 144 ÷ 10 = 5976(根)

总筘齿数 = 5976 ÷ 6 = 996(齿)

总经纱根数正好被每个筘齿内的穿入数所整除,故不必修正。

计算实际上机幅宽:

实际上机幅宽 = 996 ÷ 57 × 10 = 174.74(cm)

7. 边经纱计算　该产品可以用 $\frac{3}{1}$、$\frac{1}{3}$ 经二重或双层平纹织制,边组织与地组织相同,用 8 片综织制。每边宽度为 0.96cm,则:

成品每边经纱根数 = 415 × 0.96 ÷ 10 ≈ 40(根)

则:地经纱总数为 5976 − (40 × 2) = 5896(根)

8. 按既定的成品质量求毛纱线密度

成品每米质量 = 成品单位面积质量 × 成品幅宽 ÷ 100

$= 308 × 144 ÷ 100 = 443.52\,(\text{g/m}^2)$

$$\text{毛纱线密度} = \frac{10^3 × \text{成品单位面积质量} × \text{成品匹长} × \text{幅宽}}{(\text{整经匹长} × \text{总经根数} + 10 × \text{纬密} × \text{上机幅宽} × \text{坯布匹长}) × \text{染整净重率}}$$

$$= \frac{10^3 \times 308 \times 65 \times 144}{(70 \times 5976 + 10 \times 302 \times 174.92 \times 65.66) \times 96\%} = 85.5 (\text{tex})$$

9. 坯布质量计算

$$每米坯布质量 = \left(\frac{5976}{94\% \times 10^3} + \frac{299 \times 174.91}{10^4} \right) \times 39.42 \approx 456.77 (\text{g/m})$$

10. 成品质量计算

$$每米成品质量 = \frac{每米坯布质量 \times 染整净重率}{染整净长率} = \frac{456.77 \times 96\%}{99\%} = 442.93 (\text{g/m})$$

11. 每匹坯布用纱量计算

$$每匹坯布用纱量 = 每匹坯布经纱用量 + 每匹坯布纬纱用量$$
$$= \left(\frac{5976 \times 70}{10^6} + \frac{174.91 \times 299 \times 65066}{10^7} \right) \times 39.42$$
$$\approx 30.029 (\text{kg})$$

12. 每页综片上的综丝数计算 根据地经纱、边经纱所用组织、纱线排列情况确定用综数及穿综方法。

用综数确定为 8 页综。

穿综方法为:

边经纱,顺穿:1,2,3,4,5,6,7,8,共穿 5 个循环。

地经纱,花穿:1,2,3,4,1,2,7,8,5,6,3,4,5,6,7,8,1,2,7,8,5,6,7,8,共 24 根。

提综次序(纹板):1,2,3,5;1,5,6,7;1,3,4,7;3,5,7,8。

穿筘方法:

边经纱每个筘齿内穿 6 根,共穿 6 筘,余 4 根,与地经纱 1,2 一起穿筘,可以避免产生错纹。

所以地经纱的穿筘方法为:

BA　BABAAB　ABBAAB ABBAAB　ABAB……

12　3 41278　563456　781278　567……余 4 根(5678)与下一循环地经纱 BA(1、2 片综)一起穿筘。

地经纱共 245 个循环(245 朵花),余 16 根,则:

第 1,2,5,6 页综片上的综丝数为:$3 \times 245 + 2 + 10 = 747$(根)

第 3,4 页综片上的综丝数为:$2 \times 245 + 2 + 10 = 502$(根)

第 7,8 页综片上的综丝数为:$4 \times 245 + 2 + 10 = 992$(根)

总的综丝数 $= 747 \times 4 + 502 \times 2 + 992 \times 2 = 5976$ 根,与总经根数相符,计算无误。

第二节　粗纺毛织物设计

与精纺毛织物相比,粗纺毛织物在品种特点、原料使用、染整加工、质量要求以及织物用途与风格特征等方面有着明显的不同。设计时,应正确掌握与运用粗纺毛织物的特征,合理选择工艺参数。

一、粗纺毛织物的风格特征、分类与编号

1. 粗纺毛织物的特点

(1)线密度较低,多在 29.2tex 以上(20 英支以下),多为单纱织造,纱线毛茸性好,手感柔软,富有弹性。

(2)织物较厚重,大部分产品经缩绒起毛处理,表面覆盖一层毛茸,一般不显纹路。

(3)一般粗纺呢绒对原料的要求较低,3cm 以下的羊毛皆可纺制。粗毛、细毛、精梳短毛、各种下脚毛、再生毛,都可以搭配使用。毛毯中表面具有波纹的提花毯,则要求原料长度、白度、光泽要好。为了提高强力,毛毯的经纱多为 27.8tex×4(21 英支/4)棉纱。

(4)粗纺毛织物使用的化纤多为 3~5 旦,长度为 7cm 左右。

(5)粗纺毛织物手感丰满柔软,保暖性好。

2. 粗纺毛织物的分类及其风格特征　粗纺衣着用呢的品种花色很多,但就品种特征、品质要求及商业部门沿用的名称来分,大体可分为九大类,有的大类产品又可分成几小类。

(1)麦尔登类:有麦尔登、平厚呢。麦尔登呢是粗纺织物中最高级品种,采用 $\frac{2}{2}$ 斜纹组织织成,具有呢面细洁平整,呢身紧密挺实,手感丰满,有弹性,不露底,不起球等特点。适宜制作冬季长短大衣和中山装等。

(2)大衣呢类:有平厚大衣呢、立绒大衣呢、顺毛大衣呢、烤花大衣呢、花式大衣呢。大衣呢是粗纺呢绒中较高档的品种,采用织物组织不同,可得到各种制品。大衣呢的基本特点是质地厚实,保暖性强。主要有平厚大衣呢、立绒大衣呢、顺毛大衣呢、拷花大衣呢、银抢大衣呢等品种。

①平厚大衣呢:采用 83.3~200tex(5~12 公支)纱织成的定重为 430~700g/m² 的大衣呢。具有呢面平整匀净、不起球、不露底、手感厚实的特点。

②立绒大衣呢:采用 71.4~125tex(8~14 公支)纱织成的定重为 420~780g/m² 的大衣呢。具有绒毛密立、丰满,手感柔软又富有弹性的特点。

③顺毛大衣呢:采用 71.4~125tex(8~14 公支)纱织成的定重为 380~780g/m² 的大衣呢。具有绒毛平顺整齐且不露底、不脱毛、手感丰厚顺滑的特点。

④拷花大衣呢:采用 71.4~125tex(8~14 公支)纱织成的定重为 580~840g/m² 的大衣呢。其组织为双层组织,具有质地厚重、绒毛丰满、抗皱、挺括、保形性强、拷花纹路清晰、有弹性的特点。尤其人字形或波浪形凹凸花纹成为拷花大衣呢的最明显外观特征。拷花大衣呢又分为立绒拷花、顺毛拷花及仿拷花等品种。适宜制作高档大衣。

⑤银抢大衣呢:因呢面中夹有均匀光亮的银白色抢毛而得名。具有外观乌黑丰满、呢面手感滑润、质地厚实、弹性好、保暖性强等特点。抢毛一般采用马海毛,也有用涤纶、锦纶或腈纶异形丝的。适宜制作高档大衣,独具特色。

(3)制服呢类:有海军呢、制服呢。海军呢是质量仅次于麦尔登的又一高级粗纺呢绒制品,所用原料以一、二级毛为主,混有少量精梳短毛,仍以 $\frac{2}{2}$ 斜纹组织织成。具有质地紧密,呢面丰满平整,手感挺立,有弹性,不露底,耐磨性好及色光鲜艳等特点。因其多染成海军蓝、军绿及

深灰色，故主要用于海军制服、海关人员工作服等。制服呢是粗纺呢绒中较低档的品种，纱中混有短毛或再生毛。具有呢面粗糙，色光较差，身骨较松软，露底纹，但织物较厚实，保暖性好等特点。一般适宜制作上装。

（4）海力斯类：有混色（素色）海力斯、花色海力斯（人字、条、格）。

（5）女式呢类：平素女式呢、立绒女式呢、顺毛女式呢、花式女式呢。

（6）法兰绒类：有素色（混色）法兰绒、花色（条、格）法兰绒。法兰绒是粗纺呢绒中的混色缩绒品种，常以平纹或斜纹织成。具有绒毛丰满细结、混色均匀、不起球、手感柔软有弹性、悬垂性好、保暖性好的特点。多以灰色为主，适合制作春秋各种服装。

（7）粗花呢类：有纹面花呢（条、格、点、圈、提花）、呢面花呢（各类花呢、缩绒）、绒面花呢（立绒、顺毛）。粗花呢是粗纺呢绒中花色品种规格最多的一类。常用两种或两种以上色纱合股织成平纹、斜纹或各种变化组织织物。具有花纹丰富（混色、夹花、显点等）、质地粗厚、结实耐用、保暖性好的特点。适宜制作男女三季服装。粗花呢中值得一提的是钢花呢，也称作火姆斯本，呢面具有明显的散布状的彩色粒点特征，给人以赏心悦目、素雅之感。

（8）大众呢类：有大众呢、学生呢。

（9）其他类：有纱毛呢、粗服呢、劳动呢、制帽呢等。

3. 粗纺毛织物的编号　粗纺织物的编号由五或六位数字组成，从左边起：

第 1 位数字：表示织物的原料成分。

0——全毛织物；1——混纺织物；7——纯化纤织物。

第 2 位数字：表示大类织物名称。

1——麦尔登类；2——大衣呢类；3——制服呢类；4——海力丝类；5——女式呢类；6——法兰绒类；7——粗花呢类；8——大众呢类；9——其他类。

第 3、4、5 或 6 位数字：表示产品不同规格的顺序编号。

举例：05001——纯毛女式呢，第 1 号；131023——混纺制服呢，第 1023 号。

二、粗纺毛织物主要结构参数设计

1. 原料选择　原料的选择与合理搭配是产品设计极为重要的环节，选择原料时应考虑原料特性、产品风格、纺织染加工等多方面的因素。

粗纺毛织物使用的原料范围极广，所有天然纤维和化纤等纺织原料几乎都可以在粗纺毛织物上使用，再生毛和其他再生纤维材料也可以使用，从而充分利用原料资源，降低生产成本，提高经济效益和社会效益。选择粗纺毛织物原料可遵循以下原则。

（1）根据羊毛纤维的性能和分级选择原料。一般细特原料用于高档产品；中特原料用于中档产品；粗特原料用于低档产品。

（2）根据纤维长度选择原料。粗纺用毛长度多在 20～65mm，20mm 以下的短纤维只能适当掺用，不宜单独纺纱。产品风格有特定要求时使用 65mm 以上的长纤维。化纤与羊毛混纺时，化纤的长度为 50～75mm，以 65mm 居多。长纤维和粗纤维主要用于拉毛产品，短纤维、细纤维用于缩绒产品。强力差的纤维不宜纺制细特纱或对毛纱强度要求高的产品，弱节毛、黄残毛等只能在一般产品上搭配使用。

(3)按照产品风格和品质要求选择原料。粗纺毛织物虽然种类繁多,但按照其风格可以分为不缩绒(或轻缩绒)、缩绒及拉毛产品三大类。不缩绒产品多数是花色产品,花纹可以掩盖原料的疵点,故选用原料可以不强调缩绒性能,也可以选择细度较低的羊毛或部分化纤,但浅色、素色产品,或经纬异色产品,纱疵容易暴露,应选用较好的原料。缩绒产品必须选用缩绒性能好的纤维,在保证纱线强度的条件下可适当掺用少量精梳短毛与下脚原料,使呢面绒毛密集、丰满。拉毛产品则强调纤维的强度和长度,应减少短纤维含量。

(4)合理使用化学纤维。在粗纺毛织物中,合理地使用化纤可以改善织物外观,使织物获得良好的服用性能。如粘胶纤维与粗毛混纺可以改善织物外观的细洁度;在麦尔登、海军呢中加入 $7\%\sim15\%$ 的锦纶,可以使织物更加耐穿、耐用。

2. 纱线设计

(1)纱线线密度。纱线线密度对成品外观、手感、重量、后整理以及力学性能均有影响。粗纺毛织物用纱,纱线线密度的选择与织物风格、原料性能、后整理工艺有关。粗纺毛织物用粗特纱或股线作纬纱织制起毛产品,既可以提高织机产量,又可以使织物获得良好的起毛效果,使呢面绒毛丰满。

(2)捻度、捻系数。一般情况下,纹面织物用纱的捻系数大于缩绒织物,仿麻织物用纱的捻系数大于纹面织物,纯毛纱的捻系数大于混纺纱,混纺纱大于纯化纤纱,短毛含量高的纱的捻系数大于短毛含量低的纱,短纤纱大于长纤纱,点子纱大于混色纱,细特纱大于粗特纱,经用纱大于纬用纱。

织物起毛与纱线的捻度密切相关。一般紧密织物的纱线捻度较大,起毛困难。纬纱捻度小,易于起毛。组织紧密、品质较优的纱线捻度较大,只能表面起绒毛。

(3)纱线的捻向。不同的经纬纱捻向配合,对缩绒、起毛会产生不同的影响。经纬纱捻向不同,纱线易相互缠结,易于缩绒。合股的单纱与股线捻向相同,捻度大,则缩绒性差。单纱与股线捻向相反,捻度小,易于缩绒。股线捻度大,缩绒性小,捻度小,则缩绒性大。经纬纱捻向不同的织物,起出的毛平顺而均匀,经纬纱捻向相同的织物,起出的毛绒丰厚而不平顺。

3. 呢坯密度充实率　粗纺产品大多经过缩绒及拉毛工艺,成品密度发生了很大变化,因此,要合理选择呢坯上机密度。一般呢坯上机密度不超过各类组织和纱线各档线密度相配合时的最大密度,故可用充实率表示呢坯的紧密程度。充实率就是呢坯的实际上机密度与织坯最大密度的比值,以百分率表示。织坯最大密度可用勃莱依经验法计算,则

$$呢坯实际上机密度＝织坯最大密度×充实率$$

根据粗纺产品织物密度相差很大的特点,以及缩绒与不缩绒的差别,呢坯上机密度可分为特密(充实率为 95%)、紧密(充实率 85.1%～95%)、适中(充实率 75.1%～85%)、较松(充实率 65.1%～75%)以及特松(充实率 65%以下)。选择充实率时应注意以下几点。

(1)大部分粗纺缩绒产品的呢坯上机密度都在适中的范围内,海军呢、大众呢、学生呢、大衣呢可取适中偏紧,法兰绒及粗花呢、深色的宜偏紧,中浅色宜偏松,海力斯、女式呢可偏松掌握。

(2)一般缩呢产品,经充实率大于纬充实率 1%～15%,而以 5%～10%较普遍。轻缩绒急斜纹露纹织物,经充实率大于纬充实率 20%左右。选择经纬向充实率时,可先选出经纬平均充

实率,再分别定出经纬向充实率。如海军呢选经纬平均充实率为 82%,然后定出经充实率85%、纬充实率 79%、经纬相差 6%。

织物密度影响外观和手感,如纹面织物,经密大,则身骨较好;绒面织物,纬密大,则绒面较好;密度大,不易缩绒;长缩过大,手感板硬。羊绒大衣呢要求绒面丰满,整理时采用缩绒后反复起毛、剪毛,绒毛较为丰满;纬密较大的织物绒面平整细密。组织相同而经纬纱线密度不同时,密度不能真正反映织物的紧密程度,应采用相对密度,即采用紧度来评定织物。生产中常利用同类产品紧度的经验数据来推得密度。

4. 粗纺毛织物的织物组织 薄型女式呢、法兰绒、合股花呢、粗花呢及粗细特松结构等产品,均用平纹组织。

斜纹组织在粗纺产品中应用最广。$\frac{2}{2}$ 斜纹组织常用于麦尔登、大众呢、海军呢、制服呢、女式呢、海力斯、粗花呢及粗服呢等产品中。使用量居其次的是 $\frac{2}{1}$ 斜纹与 $\frac{3}{3}$ 斜纹组织。女式呢、大衣呢等常采用 $\frac{3}{1}$ 破斜纹。匹染或混色的顺毛、立绒大衣呢采用 $\frac{2}{2}$ 破斜纹,$\frac{2}{2}$ 破斜纹在纹面、绒面中均有应用。厚重大衣可采用 $\frac{3}{3}$ 斜纹、$\frac{4}{4}$ 斜纹、$\frac{1}{3}$ 破斜纹、$\frac{1}{2}$ 斜纹等织物组织。

缎纹组织一般用于起毛大衣呢及粗花呢中。纬面缎纹在生产丰满和紧密绒毛或起毛作用剧烈时,易拉掉纤维。经面缎纹起毛使纤维平伏顺直,绒毛表面平整。

变化组织可用于女式呢、粗花呢、大衣呢、经纬配色花纹以及条、格、小花纹等花式产品中。

联合组织中的条格组织、凸条组织、绉组织、蜂巢组织等组织能使织物具有各种形式的外观,一般用于纹面女式呢、粗花呢、粗服呢等织物中。

复杂组织中的二重组织、双层组织、多层组织常用于各种大衣呢中,厚织物多为较粗纱线的二重或多层织物。

提花女式呢通常采用以平纹、$\frac{2}{2}$ 斜纹及 $\frac{2}{2}$ 方平为组织基础的表里交换双层组织。

5. 粗纺毛织物整理工艺 整理工艺与产品特征、风格和品质有密切关系,产品设计时必须同时考虑整理工艺。毛织物品种很多,各种织物在组织结构、呢面状态、风格特征、用途以及原料等方面存在差异,因此,整理加工的工艺和要求也不一样。粗纺毛织物的整理内容主要有缩呢、洗呢、剪毛及蒸呢等工艺。织物品种不同,整理的侧重点也不同,如纹面织物,不经过缩绒和拉毛工序,重点放在洗呢、烫呢及蒸呢工序上;呢面织物必须经过缩绒或重缩绒,然后烫蒸定型;绒面织物要经过缩绒与起毛,并要反复拉毛、剪毛多次,使成品具有立绒绒面(织物表面绒毛细密直立)或顺毛绒面(织物表面绒毛密而顺伏)的风格。由于织物表面风格多样,整理工艺也必须随之改变。

三、粗纺毛织物规格设计与上机计算

1. 缩率与重耗 缩率包括织造、染整缩率,它不仅是工艺设计中的重要工艺数据,而且对成品的强力、弹性、手感和外观均有很大影响。缩率与纺织、染整工艺条件、织物组织和密度、纱

线线密度和捻度、原料等因素有关。由于毛织物在后加工中经过洗、缩、蒸、煮、烘等工序处理，使构成织物的纤维内部承受的应力、外部的摩擦力和其他外力发生变化，因而引起织物尺寸的变化。染整缩率和织物的原料成分、经纬密度及染整工艺等因素有关。一般情况下，全毛产品染缩较大，毛粘产品次之，毛涤产品染缩较小；匹染产品染缩大，条染产品染缩小；粗纺产品的染缩比精纺产品大，如精纺全毛派力司，染整幅缩率为2%，染整长缩率为7.2%，而粗纺重缩绒产品麦尔登，幅缩大，长缩多，染整长缩高达25%～30%。由于染整过程中经过烧毛、洗呢、缩呢、剪毛等工序处理，使织物中纤维有所损失，而且织物的含油率、回潮率也发生了变化，因而染整后重量减轻。一般精纺产品染整重耗较小，为1.5%～5%，粗纺呢绒的染整重耗较大，如麦尔登的染整重耗在5%～10%；缩绒后重起毛产品，如拷花大衣呢的染整重耗最大，达17%～23%。

粗纺呢绒的幅缩、长缩与重耗较大，影响缩率和重耗的因素很多，应从产品风格、加工工艺等方面综合考虑。一般参照类似产品选定，并在试织中加以修正。

2. 匹长与幅宽

(1)匹长。

$$呢坯匹长（m）=\frac{成品匹长}{染整净长率}\times100\%=1-\frac{呢坯匹长}{1-染整长缩率}\times100\%$$

$$整经匹长（m）=\frac{成品匹长}{总净长率}\times100\%=\frac{呢坯匹长}{织造净长率}\times100\%$$

$$成品匹长（m）=呢坯匹长\times染整净长率$$

(2)幅宽。粗纺产品成品幅宽一般为143cm、145cm及150cm三种。

$$成品幅宽（cm）=呢坯幅宽\times染整净宽率=上机幅宽\times织整总净宽率$$

$$呢坯幅宽（cm）=\frac{成品幅宽}{1-染整幅缩率}=\frac{成品幅宽}{染整净宽率}$$

$$上机筘幅（cm）=\frac{成品幅宽}{总净宽率}=\frac{呢坯幅宽}{织造净宽率}=\frac{呢坯幅宽}{1-呢坯幅缩率}$$

呢坯的上机筘幅随总净宽率的增减而变化，而总净宽率又随产品特征、品质要求、原料性能、织物密度、织物组织及缩绒与起毛的程度而异。

3. 经密（根/10cm）

$$坯布经密=成品经密\times染整净宽率=\frac{成品幅宽\times成品经密}{坯布幅宽}$$

$$上机经密=坯布经密\times织造净宽率=筘号\times每筘穿入根数$$

4. 总经根数

$$总经根数=地经数+边经数=每厘米筘齿数\times每筘穿入数\times上机筘幅$$

$$=上机筘幅\times每筘穿入数\times每厘米筘齿数$$

$$=上机筘幅\times上机经密/10$$

$$=成品幅宽\times成品经密/10$$

$$=\frac{呢坯每米经纱重\times1000\times织造净长率}{经纱线密度}$$

$$=\text{呢坯每米经纱重}\times\text{织造净长率}\times\text{经纱线密度}$$

5. 呢坯重量

(1)呢坯每米经纱重(g) $= \dfrac{\text{总经根数}\times 1\text{m}\times\text{经纱线密度}}{1000\times\text{织造净长率}}$

$$= \dfrac{\text{总经根数}\times 1\text{m}}{1000\times\text{织造净长率}\times\text{经纱公支数}}$$

$$= \dfrac{\text{呢坯每匹经纱重}}{1000\times\text{呢坯匹长}}$$

(2)呢坯每米纬纱重(g) $= \dfrac{\text{呢坯纬密}\times\text{上机幅宽}\times\text{纬纱线密度}}{1000\times 10}$

$$= \dfrac{\text{呢坯纬密}\times\text{上机幅宽}}{\text{纬纱公支数}\times 10}$$

$$= \dfrac{\text{呢坯每匹纬纱重量}\times 1000}{\text{呢坯匹长}}$$

(3)呢坯定重(g) $=$ 呢坯每米经纱重 $+$ 呢坯每米纬纱重

$$= \dfrac{\text{呢坯匹重}\times 1000}{\text{呢坯匹长}} = \dfrac{\text{成品定重}\times\text{染整净长率}}{\text{染整净重率}}$$

(4)呢坯每匹经纱重(kg) $= \dfrac{\text{总经根数}\times\text{整经匹长}\times\text{经纱线密度}}{1000\times 1000}$

$$= \dfrac{\text{总经根数}\times\text{整经匹长}}{1000\times\text{经纱公支数}}$$

(5)呢坯每匹纬纱重(kg) $= \dfrac{\text{呢坯纬密}\times\text{上机幅宽}\times\text{纬纱线密度}\times\text{呢坯匹长}}{1000\times 10\times 1000}$

$$= \dfrac{\text{呢坯纬密}\times\text{上机幅宽}\times\text{呢坯匹长}}{1000\times 10\times\text{纬纱公支数}}$$

(6)呢坯匹重(kg) $=$ 呢坯每匹经纱重 $+$ 呢坯每坯纬纱重

$$=\text{呢坯米重}\times\text{整经匹长}\times\text{织造净长率}/1000$$

$$=\text{呢坯匹重}\times\text{染整净重率}$$

6. 成品重量

(1)成品每米经纱重(g) $= \dfrac{\text{总经根数}\times 1\text{m}\times\text{经纱线密度}\times(1-\text{重耗率})}{1000\times\text{织造净长率}}$

$$= \dfrac{\text{呢坯每米经纱重}\times(1-\text{重耗率})}{\text{染整净长率}}$$

(2)成品每米纬纱重(g) $= \dfrac{\text{成品纬密}\times\text{上机筘幅}\times\text{纬纱线密度}\times(1-\text{重耗率})}{1000\times 10}$

$$= \dfrac{\text{呢坯每米纬纱重}\times(1-\text{重耗率})}{\text{染整净长率}}$$

(3)成品米重(g) $=$ 成品每米经纱重 $+$ 成品每米纬纱重

$$= \dfrac{\text{呢坯米重}\times\text{染整净重率}}{\text{染整净长率}}$$

$$= \frac{成品匹重 \times 1000}{成品匹长}$$

（4）成品匹重（kg）＝成品每匹经纱重＋成品每匹纬纱重
$$= 成品米重 \times 成品匹长/1000$$

四、粗纺毛织物规格与上机计算示例

用 65％的品质支数 60 的羔羊毛、35％的 0.3tex（3 旦）粘胶纤维纺成 125tex（8 公支）纱，织制混纺花式大衣呢，捻度为 390 捻/10cm，经、纬纱分别为 Z 捻、S 捻，成品幅宽为 143cm，产品匹长为 45m，采用 $\frac{2}{2}$ 斜纹组织，试进行规格设计与工艺计算。

解：根据织物特点，取成品匹长 45m，织造净长率 93.2％，染整净长率 88％，总净长率 82％，总净宽率 77.7％，染整净宽率 82％，染整净重率 92.8％，经向充实率 72％，纬向充实率 70％，下机呢坯缩率 3％。

1. 匹长

$$呢坯匹长（m）＝ \frac{成品匹长（m）}{1 - 染整长缩率（\%）} = \frac{45}{88\%} = 51.14$$

$$整经匹长（m）＝ \frac{坯布匹长（m）}{1 - 织造长缩率（\%）} = \frac{51.14}{93.2\%} = 54.9 \qquad 取 55m$$

2. 幅宽

$$呢坯幅宽（cm）＝ \frac{成品幅宽（cm）}{1 - 染整幅缩率} = \frac{143}{82\%} = 174.4$$

$$上机幅宽（cm）＝ \frac{坯布幅宽（cm）}{织造净宽率} = \frac{174.4}{77.7\% \div 82\%} = 184$$

3. 经密

$$呢坯最大上机密度 ＝ 41\sqrt{N_m}F^m = 41\sqrt{8} \times 2^{0.39} = 152（根/10cm）$$

$$上机经密 ＝ 呢坯最大上机密度 \times 经向充实率 = 152 \times 72\% = 109（根/10cm）$$

$$取 4 入/筘，筘号定为 27 号，修正上机经密 ＝ 4 \times 27 = 108（根/10cm）$$

$$呢坯经密 ＝ \frac{上机经密}{织造净宽率} = \frac{108}{77.7\% \div 82\%} = 114（根/10cm）$$

4. 纬密

$$上机纬密 ＝ 呢坯最大上机密度 \times 纬向充实率 = 152 \times 70\% = 106（根/10cm）$$

$$呢坯纬密 ＝ \frac{上机纬密}{1 - 下机呢坯缩率} = \frac{106}{1 - 3\%} = 109（根/10cm）$$

5. 总经根数

$$总经根数 ＝ 上机筘幅 \times 筘号 \times 每筘穿入数/10 = 184 \times 27 \times 4/10 = 1987 根$$

修正为 1988 根

6. 呢坯质量

$$呢坯每米经纱质量=\frac{总经根数×经纱线密度}{织造净长率×1000}=\frac{1988×125}{93.2\%×1000}=266.6(g)$$

$$呢坯每米纬纱质量=\frac{呢坯纬密×上机幅宽×纬纱线密度}{10^4}=\frac{109×184×125}{10^4}=250.7(g)$$

$$呢坯每米质量=呢坯每米经纱质量+呢坯每米纬纱质量+266.6+250.7=517.3(g)$$

7. 成品质量

$$成品每米质量=\frac{呢坯每米质量×染整净重率}{染整净长率}=\frac{517.3×92.8\%}{88\%}=545.5(g)$$

第三节　毛织物设计实例

一、精纺毛织物——华达呢设计实例

1. 华达呢的基本特征　华达呢呢面平整光洁,织物正面的斜纹纹路清晰而细密,手感结实、挺括。一般用作男外衣的华达呢强调紧密、滑挺、结实耐穿;用作女外衣和女裙的华达呢可偏重于滑糯柔软,悬垂适体,结构可适当松一些。

2. 原料选择　华达呢以纯毛为主,也可以采用化纤与羊毛混纺,如毛/涤混纺、毛/粘混纺。由于华达呢类产品对呢面光洁度要求高,颜色又为素色,因此选择原料时应注意以下几点。

(1)选用原料时应考虑织物的色泽,浅色产品要注意毛条中黑花毛的含量,深灰色产品要注意髓腔毛、麻丝及草屑的含量。

(2)为了保证织物呢面光洁,要注意毛条中毛粒、毛片的含量。如果是混纺产品,还要注意涤纶条中丙纶丝或粘纤条中的毛粒个数。

(3)对纤维的细度、长度、短毛含量等参数应严格把关,确保纱线的可纺性能,细纱截面内纤维根数应大于36根。

3. 纱线结构设计　全毛华达呢一般常用的纱线细度为$(16\sim21)$tex$×2(48/2\sim63/2$公支),毛混纺华达呢纱线细度的选择范围基本与全毛华达呢相似,其可纺密度可根据不同原料配比和产品风格进行设计。华达呢类产品手感结实、挺括且丰厚,因而宜采用较大的捻系数,全毛华达呢常用的捻系数:单纱为$85\sim90$,股线为$130\sim155$,毛混纺华达呢可根据不同的原料配比情况酌减。纱线捻向一般采用经纬同捻向,但有时为了使织物的斜纹清晰,也可采用经纱S捻、纬纱Z捻的设计工艺。

4. 织物组织　华达呢一般是$\frac{2}{2}$斜纹织物,斜纹倾斜角在$63°$左右。$\frac{2}{2}$斜纹组织的华达呢又称双面华达呢,还有$\frac{2}{1}$斜纹组织的单面华达和$\frac{1}{3}$纬面加强缎纹的缎背华达呢。

5. 经纬密度和产品规格　华达呢的纬经比为$0.51\sim0.57$,经密约是纬密的1倍。由于华达呢在织物组织、衣着用途上有较大的差别,在工艺程序及生产设备方面也有较大的差别,规格设计时也有差别。表8-1中列出了不同组织华达呢产品的规格。

表 8-1　几种华达呢产品的主要规格

织物参数		全毛双面华达呢	全毛单面华达呢	全毛缎背华达呢	毛涤华达呢
原料组成(%)		全毛	全毛	全毛	毛45 涤纶55
经纬纱线密度(tex)		16.7×2	17.5×2	20×2	16.7×2
经纬 密度 (根/10cm)	上机	444×245	396×214	552×232	474×240
	织坯	458×250	409×220	567×238	489×246
	成品	496×258	420×234	602×262	505×250
幅宽(cm)	筘幅	161	158	157	159
	坯幅	156	153	153	154
	成品	149	149	144	149
净长率(%)	织造	91	89	90	92
	染整	94	94	90	98
	总净长率	86	84	81	90
总净宽率		93	94	92	94
染整净重率(%)		96	97	95	96
成品定重(g/m)		400	372	564	397
织物组织		$\frac{2}{2}$ 斜纹	$\frac{2}{1}$ 斜纹	缎背组织	$\frac{2}{2}$ 斜纹

6. 华达呢染整工艺　华达呢染整工艺应根据坯布情况制定。如国毛与外毛在洗呢时间、选用助剂等方面要有区别。应根据条染、匹染以及纤维含量的不同及深浅色号的差异,采取不同的整理工艺。全毛华达呢的染整工艺流程如下。

匹染:生修→复查→烧毛→揩油→洗呢→开幅→双煮→染色→开幅→双煮→吸干→烘干→中检→熟修→蒸刷→剪毛→刷毛→给湿→蒸呢→调头蒸→成品检验。

条染:生修→复查→烧毛→揩油→洗呢→开幅→双煮→皂洗→开幅→双煮→吸干→烘干→中检→熟修→蒸刷→剪毛→刷毛→给湿→蒸呢→调头蒸→成品检验。

烧毛工序既要去除贡子沟槽中的短绒毛,又要保护好羊毛性能,使产品手感柔软、滑糯,采用弱火焰,布速70m/min,正面烧毛两次,烧毛坯布立即降温,堆置温度不超过40℃。通过洗呢可清洁坯布中的油污杂质,使织物洁净,改善手感、身骨。因此洗剂的选用和温度及时间等方面的掌握应根据不同的原料及色泽选用不同的工艺。华达呢类产品单煮易出水花,一般采用双槽煮呢。双槽煮呢的温度、压力和冷却方法对产品的光泽、身骨以及定型效果都有很大的影响,弱酸性煮呢可减少羊毛损伤。烘呢采用低温慢速的流程,应严格控制好呢坯烘后的回潮率,使其稳定在11%～14%之间,并认真掌握好超喂和开幅。

二、粗纺毛织物——维罗呢设计实例

1. 维罗呢的基本特征　维罗呢一般是用细特羊毛织成的,经过强缩绒、起毛和剪毛整理,维罗呢具有呢面丰满、绒毛密立、毛感强、手感柔软舒适、有弹性、色泽鲜艳、光泽柔和等特点,产品具有高档感。

2. 原料选择和原料配比

(1)维罗呢系列产品属中档产品,成品要求轻软,但手感不烂,织物紧度偏大,纱线线密度偏低,因此在原料的选择上,应考虑纤维的细度、长度及它们的离散情况,以适应纺纱的需要。选用过于细软的羊毛,起毛后绒毛不易密立,会影响成品的外观。

(2)原料配比既要考虑产品的外观风格、纺纱的需要,又要考虑品种的色泽及经济效益。混入一定量的短毛,可以使呢面绒毛更加丰满、密集,根据色泽的要求凡是可用国毛代替外毛的就用国毛,以降低成本。

3. 毛纱线密度设计 维罗呢要求呢面丰满、细洁,手感不烂,产品规格设计时,以采用低线密度的纱线为宜。维罗呢常用毛纱的线密度为 71.4～125tex,经纱 83.3～143tex,纬纱 67～91tex。设计毛纱规格时,应控制在原料可纺性能许可的条件下,当毛纱断头率不高时,尽可能纺较细的纱线。

例 混纺维罗呢的原料选用一级改良毛 35%,15.6tex 国毛 36%,0.56tex 粘纤维 29%,求其可纺线密度?

解:一级改良毛的可纺线密度为 71.4tex,15.6tex 国毛的可纺线密度为 58.8tex,0.56tex 粘纤的可纺线密度为 50tex,其混合原料的可纺线密度为:

$$71.4×35\%+58.8×36\%+50×29\%=60.7(tex)$$

产品设计时,毛纱线密度的确定不宜低于以上计算所得的混合原料的可纺线密度,以免条干不匀、强力下降、断头增加,必须适当留有余地,一般毛纱线密度的设计值为计算值的 1.1～1.4 倍,故上述毛纱的线密度可选择 72.2tex。

4. 织物组织的确定 维罗呢产品重点在后整理上,后整理的重点在拉毛上,所以织物组织的确定要有利于拉毛,但又要考虑织物的身骨。织物的起毛主要是纬纱起毛,所以在组织中纬浮较长的起毛效果好。常用的织物组织有 $\frac{5}{2}$ 纬面缎纹、6 枚不规则缎纹、$\frac{2}{2}$ 破斜纹、$\frac{2}{2}$ 斜纹、$\frac{1}{3}$ 破斜纹等。

5. 经纬密度的确定 维罗呢的上机经、纬纱密度不能太稀,因为密度较稀的织坯,缩绒虽快,但绒面不及经纬密度较大的织坯好,因此,经纬密度可掌握稍大些。根据织物的不同风格特征,维罗呢的上机密度充实率可在 70%～90% 内选择。

例 混纺维罗呢,83.3tex 混纺毛纱,$\frac{2}{2}$ 破斜纹,求呢坯上机密度?

解:因维罗呢为单层毛织品,紧密程度要求适中偏松,故选定经充实率为 76%,纬充实率为 81%,而 83.3tex 毛纱、$\frac{2}{2}$ 破斜纹的最大密度为 185 根/10cm,因此,呢坯上机经密为 185×76%=140(根/10cm),上机纬密为 185×81%=150(根/10cm)。

6. 染整工艺 由于维罗呢的原料组分、织物规格以及成品的质量要求各有不同,其染整工艺也是多种多样的。即使采用同一染整工艺流程,而其具体操作方法以及掌握洗缩等工艺条件如有不同,也会使成品质量发生较大的差异,因此维罗呢的染整工艺必须根据质量要求和呢坯的具体情况决定,才能取得良好的效果。

维罗呢的染整工艺流程如下：生修→复验→缝袋→缩呢→湿检→洗呢→脱水→(染色)→烘干→烫边→熟修→起毛→刷毛→剪毛→起毛→剪毛→蒸刷→成品检验→入库。

后整理的重点工序为缩呢、起毛和剪毛。维罗呢的缩呢是一个重要工序，缩呢的程度影响到产品风格，过分的缩呢，使纤维交叉纠缠过紧，妨碍起毛的进行，绒毛不易拉出，增加了起毛的难度，呢面手感板硬。缩呢不足，使结构偏松，底绒减少，不易拉成短密的绒毛，特别在毛纱捻度较小的情况下，会造成织物强力下降，一般选择中等偏松的缩呢程度。起毛是利用针尖，将织物表面的纤维拉出，使织物丰厚、柔软，增加保暖性。根据维罗呢的特点，需起出直立的短毛，采用多次重复起剪，起出的毛绒经剪毛后，再起再剪，形成密立短齐的绒毛。剪毛要求将表面长短不齐的绒毛分次剪齐，使绒面平整、美观。要使绒毛平齐，除了刀口锋利外，还可采取以下措施。

(1)将剪毛机上的刷毛辊改用钢丝板刷，以充分刷顺绒毛，使绒毛剪得更齐。

(2)调节好吸风装置，使剪刀口处有一个较大的负压，促使绒毛竖起。

(3)增加静电消除器，减少由于静电作用引起的绒毛吸附在呢面上的现象。

7. 四种维罗呢产品的主要规格　四种产品的主要规格见表8-2。

表8-2　四种维罗呢产品的主要规格

参　数		混纺维罗呢1	混纺维罗呢2	混纺维罗呢3	混纺维罗呢4
原料组成(%)		毛90 锦纶10	毛80 锦纶20	毛55 粘胶纤维45	毛60 粘胶纤维30 涤纶10
经纬纱线密度(tex)		100×100	111.1×111.1	105.3×105.3	83.3×83.2×2
经纬 密度 (根/10cm)	上机	140×137	148×130	132×124	150×130
	织坯	149×146	157×138	141×132	160×139
	成品	169×149	170×146	165×139	182×145
幅宽(cm)	筘幅	181	172	188	180
	坯幅	170	162	176	169
	成品	150	150	150	150
定重(g/m)	织坯	533	564	538	655
	成品	500	540	510	630
净长率(%)	织造	94.0	94.0	94.0	94.0
	染整	98.0	94.0	95.0	96.0
	总净长率	92.1	88.4	89.3	90.2
净宽率(%)	织造	94.0	94.0	94.0	94.0
	染整	88.0	93.0	85.0	90.0
	总净宽率	82.7	87.2	79.9	84.6
染整净重率(%)		92	90	90	92
织物组织		$\frac{2}{2}$斜纹	$\frac{2}{2}$破斜纹	$\frac{2}{1}$斜纹	6枚缎纹

☞ **思考题**

1. 精纺毛织物的特点是什么？

2. 粗纺毛织物的特点是什么？

3. 哔叽与华达呢,若原料、组织与线密度相同,如何区分两者?

4. 某涤/毛单面花呢,成品经密×纬密为 415 根/10cm×302 根/10cm,定重为 308g/m²,经、纬纱线密度为 19.6tex×2tex(51 公支/2);现消费者要求改薄些,拟新产品成品定重为 292g/m²。求新织物所用纱线线密度及经、纬密度。

5. 设计一精纺全毛花呢,组织为 $\frac{2}{2}$ 双面斜纹(每筘 6 入,6 片综织造),经纬纱线密度相同,成品幅宽为 149cm,成品经纬密为 462 根/10cm×262 根/10cm,成品定重为 400g/m,已知织造净长率为 94%,染整净长率为 95%,织造净宽率为 91%,染整净宽率为 91%,染整重耗为 4%,下机缩率为 2%,匹长为 65m,经向紧度系数为 85,纬向紧度系数为 48。

(1)计算上机资料(包括品号、线密度、捻系数、捻向、原毛选择、上机与呢坯各项工艺计算);

(2)若改变该产品的织纹,使该产品成品风格、手感、身骨均不变,则上机资料中哪些项应有变化?

6. 试完成全毛华达呢的工艺设计。

7. 试完成粗纺花呢花型及工艺设计。

第九章　丝织物设计

第一节　丝织物概述

一、丝织物

关于丝织物的概念,《纺织品大全》第二版的注释是,丝织物是主要采用蚕丝、人造丝、合纤丝等原料织成的各种织物,具有柔软滑爽、光泽明亮、华丽飘逸、舒适高贵的特点。在棉、毛、丝、麻四大类织物中,丝织物是花色品种最多的一类,有 3300 多个品种。丝织物广泛应用于衣着、装饰以及工业、国防、医疗等领域。

二、丝织物分类

丝织物分类的规范化与标准化是丝绸工业的重要标志,目前丝织物共分为 14 大类和 36 小类。

(一)丝织物 14 大类

1. 绡类　采用平纹或假纱等组织,经纬密度较小,质地爽挺轻薄、透明,孔眼方正清晰的丝织物。经、纬常用不加捻或加中、弱捻的桑蚕丝或粘胶丝、锦纶丝、涤纶丝等织制,生织后再精练、染色或印花整理,或者是生丝先染色后熟织,织后不需整理。绡类丝织物主要作晚礼服、头巾、连衣裙、披纱,以及灯罩、绢花等用料。此外,硬挺、孔眼清晰的绡还可用作工业筛网。

2. 纺类　应用平纹组织,经纬无捻或弱捻,采用生丝或半色织工艺,外观平整缜密、质地较轻薄的花、素丝织物,又称纺绸。一般采用不加捻桑蚕丝、粘胶丝、锦纶丝、涤纶丝等原料织制,也有以长丝为经,粘胶纱、绢纺纱为纬交织的产品。纺类织物用途甚广,中厚型纺绸可作衬衣、裙料、滑雪衣用料;中薄型纺绸可作伞面、扇面、绝缘绸、打字带、灯罩、绢花以及彩旗等的用料。

3. 绉类　运用工艺手段或结构手段,以丝线加捻和采用平纹或绉组织相结合织制的、外观呈现绉效应、富有弹性的丝织物。织物形成绉效应的方法有高捻度或异捻向丝线起绉、异收缩性能丝线起绉、经和纬线异张力起绉、绉组织起绉、后道轧纹整理起绉。绉织物主要用作服装和装饰。中、薄型产品可制作衬衫、连衣裙、晚礼服、窗帘、头巾或制作宫灯、玩具等物品;厚型产品可作服装,尤其是外衣面料。

4. 缎类　织物的全部或大部分采用缎纹组织(除经或纬用强捻线织成的绉缎外),质地紧密柔软,绸面平滑、光亮的丝织物,可分锦缎、花缎、素缎三种。缎主要用作服装。薄型缎可做衬衣、裙料、披肩、头巾、舞台服装等,厚型缎可做外衣、旗袍、夹袄或棉袄面料。此外,还可用作台毯、床罩、被面及领带、书籍装帧料。

209

5. 锦类 采用斜纹、缎纹等组织,经、纬无捻或加弱捻,绸面精致绚丽的多彩色织提花丝织物。以精练、染色的桑蚕丝为主要原料,多与彩色粘胶丝、金银丝交织。按组织结构分,有重经组织经丝起花的经锦和重纬组织纬丝起花的纬锦,以及运用双层组织的双层锦等组织。中国传统名锦有宋锦、云锦、蜀锦及妆花缎。锦类品种繁多,用途很广,作服装用的如妇女棉袄、夹袄的面料,少数民族大袍用的织锦缎、素库缎等。用于室内装饰的有织锦挂屏、织锦台毯、织锦床罩、织锦被面和古代宫殿内壁的各种装饰物等。锦还可用作领带、腰带以及各种高级礼品盒的封面和名贵书册的装帧等的用料。

6. 绫类 采用斜纹或变化斜纹为基础组织,表面具有明显的斜纹纹路,或以不同斜向组成山形、条格形以及阶梯形等花纹的花、素丝织物。绫类丝织物丝光柔和,质地细腻,穿着舒适。中型质地的绫宜作衬衣、头巾(长巾)、连衣裙和睡衣等的用料。轻薄绫宜作服装里子,或作装裱书画经卷以及装饰精美的工艺品包装盒用。

7. 绢类 采用平纹或重平组织,经、纬线先染色或部分染色后进行色织或半色织套染的丝织物。绸面细密挺爽,光泽柔和。绢类丝织物一般用作服装,如外衣、礼服、滑雪衣等,还可用作床罩、毛毯镶边、领结、帽花、绢花等服饰。画绢是用未脱胶的桑蚕丝织制,结构细密,表面平洁,不需精练的一种绢类丝织物,专为书画、裱糊扇面、扎制彩灯等用。

8. 纱类 全部或部分采用纱组织,绸面呈现清晰纱孔的素、花织物。质地轻薄透明,具有飘逸感,透气性好,经丝相互扭绞,织物结构稳定,比较耐磨。纱类丝织物广泛用作窗帘、蚊帐、妇女夜礼服、宴会服、装饰用布,素纱罗在工业上用作筛网过滤等。

9. 罗类 全部或部分采用罗组织,即绞经在每织三梭或三梭以上奇数纬绞转一次外观具有横条或直条形孔眼特征的丝织物。罗类丝织物大多作男女衬衫、两用衫等的用料。

10. 绨类 采用平纹组织,以各种长丝作经,以棉纱、蜡纱(采用普通棉纱经上蜡制成,表面茸毛少,条干光滑)或其他短纤维纱线作纬,质地较粗厚的素、花织物。大花纹的花绨可作被面、装饰用绸等;小花纹的花绨与素线绨一般用作衣料或装饰绸料。

11. 葛类 采用平纹、经重平、急斜纹组织,经细纬粗,经密纬疏,地纹表面少光泽,并具有明显横棱凸纹的素、花织物。葛类丝织物质地厚实而较坚牢,多数用作春秋季服装和冬季棉袄的面料,还可作坐垫、沙发面料等装饰用绸。

12. 绒类 全部或部分采用绒组织,绸面呈绒毛或绒圈的素、花织物。绒类丝织物宜作服装、帷幕、窗帘以及装饰精美的工艺品包装盒用料。

13. 呢类 采用绉组织、平纹组织、斜纹组织或其他短浮纹联合组织,应用较粗的经纬丝线织制,质地丰厚,具有毛型呢感的丝织物。呢类丝织物主要用作夹袄、棉袄面料或装饰绸,较薄型的呢还可做衬衣、连衣裙。

14. 绸类 地纹采用平纹或各种变化组织,或同时混用几种基本组织和变化组织(纱、罗、绒组织除外),无上述类特征的各类素、花丝织物。轻薄型绸质地柔软,富有弹性,常用作衬衫、裙料。中厚型绸绸面层次丰富,质地平挺厚实,适宜作西服、礼服,或供室内装饰之用。

(二)丝织物 36 小类

丝织物还根据材料应用、外观风格、加工方法或用途等特征进一步划分为双绉类、碧绉类、乔其类、顺纡类、塔夫类、电力纺类、薄纺类、绢纺类、绵绸类、双宫类、疙瘩类、条子类、格子类、透凉类、色织类、双面类、花类、修花类、生类、特染类、印经类、拉绒类、立绒类、和服类、挖花类、烂花类、轧花类、高花类、圈绒类、领带类、光类、纹类、罗纹类、腰带类、打字类、绝缘类,计 36 小类。

三、丝织物品号与品名

为了便于生产、贸易和统计的规范管理与服务工作,丝织物有较为严格的品号、品名制定规定。

(一)品号

丝织物品号是采用数字和字母按一定的规范编排代表一个产品规格的代号。品号按贸易渠道不同分为外销品号和内销品号,外销品号又按管理层次不同分为全国统一品号和地区品号。

1. 外销绸全国统一品号编制方法 外销绸全国统一品号由五位阿拉伯数字组成,分别代表品种的原料属性、大类类别、品种规格序号。

第一位数字代表原料属性,其中"1"表示桑蚕丝类原料(包括桑丝、双宫丝、桑绢丝、蓖麻绢丝、桑䌷丝)纯织及桑丝含量占 50% 以上的桑柞交织织物,"2"表示合成纤维长丝、合成纤维长丝与合成短纤纱线(包括合成短纤与棉混纺的纱线)交织的织物,"3"表示天然丝短纤与其他短纤混纺的纱线所组成的织物,"4"表示柞蚕丝类原料(包括柞丝、柞绢丝、柞䌷丝)纯织及柞丝含量占 50% 以上的柞桑交织织物,"5"表示粘胶纤维长丝或铜氨长丝、醋酸纤维长丝及与其短纤维纱线的交织物,"6"表示除上述"1"、"2"、"3"、"4"、"5"以外的经、纬由两种或两种以上原料交织的织物,"7"按习惯沿用,代表被面。

第二位或第二、三位数字代表大类类别,其中 0 代表绡类,1 代表纺类,2 代表绉类,3 代表绸类,40~47 代表缎类,48、49 代表锦类,50~54 代表绢类,55~59 代表绫类,60~64 代表罗类,65~69 代表纱类,70~74 代表葛类,75~79 代表绨类,80~84 代表绒类,85~89 代表呢类(由于编号工作多次变革,缎、锦、绒、呢大类中有些品种的品号编定不符合上表要求)。

第三、四、五位或第四、五位数字代表品种规格序号,以区别同一类的不同丝线组合、经纬密度、门幅、克重等。

2. 外销绸地区品号编制方法 由地区字母代码+四位阿拉伯数字组成。各地区字母代码有明确规定,如北京 B、上海 S、江苏 K、南京 NJ、浙江 H、宁波 HN、四川 C、重庆 CC、成都 CR、广东 G、山东 L、安徽 W、江西 J、福建 M、广西 N、陕西 Q、湖北 E、湖南 X、河南 Y、天津 T。第一位数字代表原料属性,涵义与全国统一品号规定相同,第二~四位数代表品种规格序号。

3. 无梭织机外销绸品号编制规定 无梭织机织造的外销绸缎品号要求在编定的全国统一品号和地区品号后,再按机型加写下列代号:剑杆织机光边(1-1)、剑杆织机毛边(1-2)、片梭织机光边(2-1)、片梭织机毛边(2-2)、喷水织机光边(3-1)、喷水织机毛边(3-2)、喷气织机光边(4-1)、喷气织机毛边(4-2)。

4. 内销绸品号编制方法 内销绸品号由各省(市)地区自行编制,但编制时要与外销绸全国统一品号相区别,尤其是不要用五位数编排,以免内外混淆,不利生产管理和对外销售。

(二)品名

丝织物商品名称即为品名,如双绉、缎条绡、双面缎、印经塔夫绢、格子碧绉、彩锦缎、尼丝纺、鸭江绸、杭罗、绝缘纺等。命名的一般规则如下。

(1)品名通常由冠名和尾名组成。冠名一般以织物的主要组织结构、加工工艺、使用原料、外观形态、用途甚至产地等为依据,作为尾名的定语。尾名为14大类名,表示产品属性。

(2)冠名制订要通、达、雅。"通"即简单明了,通顺上口,以二三个字组成为好,最多不要超过五个字,便于消费者记忆;"达"即能顾名思义、类物象形地反映绸缎的特征,使消费者能快速读出产品的关键信息;"雅"即含蓄、生动、优雅,既能表现丝绸的高贵品位,又使消费者记忆深刻。

第二节 丝织物设计

一、丝织物设计规格单编制

丝织物设计的具体内容可采用表格表示,即丝织物设计规格单(表9-1)。

表9-1 丝织物设计规格单

统一品号		地区品号		品名		
成品规格		织造规格				
外幅(cm)		钢筘	内幅 cm+边幅 cm×2=外幅 cm 筘号 穿入数			
内幅(cm)			内筘齿数 +边筘齿数 ×2=总筘齿数 边筘号			
经密(根/10cm)		经线数	甲经 根+边经 ×2=总经线数 根			
纬密(根/10cm)			乙经 根 丙经 根			
匹长(m)		经线组合	甲		原料定量(g/m)	
匹重(kg)			乙			
单位面积重量	g/m²		丙			
	m/m					
基本组织		纬线组合	甲			
			乙			
			丙			
			丁			
原料含量(%)		工艺流程	经			
			纬			
坯型规格		织机装造	纹针 针 把吊 花数		经线排列	
外幅 cm			综片 片 梭箱 经轴		纬线排列	
纬密(根/10cm)		边经穿法	大边 根/综 综/齿 共 齿×2			
匹长(m)			小边 根/综 综/齿 共 齿×2			
边组织		后处理		备注		

(一)品号、品名

品号、品名栏内按本章第一节中的有关规定规范完整地填写,并标明成品简要规格"内幅/每米重量",例如 14180 真丝缎 91/44,统一品号 14180,品名真丝缎,成品内幅 91cm,成品每米重量 44g。

(二)成品规格

1. 幅宽　幅宽以厘米(cm)为单位,取整数或小数点后一位数(一般以 0.5 为宜,不足 0.5 的舍去)。

2. 经(纬)密度　经(纬)密度以每 10cm 宽度织物中所含的经(纬)线根数计,取整数。

3. 匹重　匹重以每匹织物重量(kg)计数,取至小数点后两位数。

4. 单位定量　单位定重分别以每米克重(g/m)和每平方米克重(g/m²)为单位,取整数,小数点后面的数值舍去。

出口真丝绸单位面积重量还折合姆米(m/m)数,$1m/m = 4.3056g/m^2$,取小数点后一位数,该位小数按"二舍八入、三七作五"原则修正为 0 或 5。

5. 匹长　匹长以米(m)为单位,取小数点后一位数。

6. 原料含量　原料含量以百分数(%)表示,取整数。填写时原料要按统一名称填入(参见经纬线组合)。

7. 基本组织　基本组织指织物正身所采用的组织,对于提花织物,则指其地部组织。

(三)坯型规格

坯型规格是经织造下机 24h 后的坯型织物的主要技术指标,是染整加工的依据。

1. 外幅　坯型外幅宽度系指织物下机 24h 后包括两边在内的宽度,单位为 cm,取整数或小数点后一位数(以 0.5 计)。

2. 纬密　纬密单位为根/10cm,取整数。

3. 匹长　匹长指绸缎下机后每匹成品织物要求达到规定长度所需的坯型织物一匹长度,单位为米(m),取小数点后一位数。

4. 边组织　边组织指绸缎两个边的组织。

(四)织造规格

1. 钢筘筘幅　钢筘筘幅以厘米为单位,取整数或小数点后一位数(以 0.5 计)。

2. 钢筘筘号　钢筘筘号指每厘米宽钢筘内的筘齿数。钢筘筘号又分为内经钢筘筘号和边经钢筘筘号,取整数或小数点后一位数(以 0.5 计)。

3. 钢筘齿数　钢筘齿数分为内筘齿数、边筘齿数和总筘齿数,一般取偶数。

4. 钢筘穿入数　钢筘穿入数分内筘齿穿入数、边筘齿穿入数两种。如有几种不同的穿入数时,则应填写一个穿入数循环,不同的穿入数中间用顿号分开。

5. 经线数　经线数包括内经线数、边经线数和总经根数。内经线数指构成织物正身的经线根数,如采用两种或两种以上不同属性、不同规格的原料作经线,则应分别填。如系双层绒类品种,其地经应按内经线根数×2 填写。

边经线数按每边边经根数×2 填写,单边的边经线数应为偶数。如采用两种或两种以上不同属性、不同规格的原料作边经,则应分别填写;对于双层绒类品种,则应按每边边经线数×4 填写。

6. 经、纬线组合　经线、纬线组合包括原料名称、根数、线密度、合股数、捻度、捻向和主要加工工艺要求。

原料名称统一为桑丝(包括桑蚕丝、桑绢丝、桑绸丝)、柞丝(包括柞蚕丝、柞绢丝，柞绸丝)、蓖麻绢丝、木薯绢丝;再生丝(包括粘纤丝、铜氨纤维丝、醋酸纤维丝)、锦纶(包括锦纶6、锦纶66)、涤纶(包括涤纶长丝、涤纶短纤维)、棉纱、金银线等。主要加工工艺特征包括有光、无光、低弹、异形截面、混纺百分比、丝光、脱脂、烧毛、彩条、耐练、浆经、绞浆、染色、半脱胶、脱胶、练不褪色、浸渍、并捻等。加捻情况采用"捻度/捻向"形式表示,捻度以 1cm 的捻回数计,如"8T/S"、"4.5T/Z"。

经线、纬线组合填写示例,如 1/133.3dtex 有光粘胶丝机浆、(1/22.2/24.4dtex 桑蚕丝 8T/S×2)6T/Z 熟色、1/83.3dtex×2 桑绢丝、(1/83.3dtex 有光粘胶丝 15T/S+1/14.4/16.7dtex 桑蚕丝)14T/Z、1/130.2dtex/1 涤粘混纺纱(涤 65/粘 35)等。

7. 原料定量 原料定量是指每米坯型织物中所需的经、纬线原料的用量(包括回丝),以克(g)为单位,取小数点后两位数。不同属性、不同规格的丝线定量应分开填写。

(五)加工工艺

1. 经、纬线工艺流程 按织物中各种经、纬线从原料到准备工序以及织造全过程的加工流程。各工序的填写名称有挑剔、保燥、浸渍、络丝、并丝、捻丝、定形、复捻、自然定形、倒筒、成绞、染丝、半练、卷纬、整经、浆经、穿接经、织造等。

2. 织机装造 织机装造指产品对织机设备配置和造机的主要要求,项目有纹针数、把吊数、造数、花数、综片数、梭箱、经轴、边经穿法、纬线排列和经线排列顺序。

(1)纹针数指管理提花绸内经线的纹针根数。巴吊数指一根纹针在一个花纹循环内管理的经线数(有单把吊、双把吊、三把吊、四把吊、六把吊之分)。造数指提花龙头装造形式,一般分为单造、双造、多造和大小造。填写时,单造以纹针数、把吊数表示,如"1200 针"单造双把吊,双造、多造以单造针数×造数表示,如"720 针×2",大小造用大造针数+小造针数表示,如"960 针+480 针"。

(2)花数指大提花品种整个幅宽内的花纹循环数,也称花回数,有独花、二花、三花、四花、五花、六花、八花之分。若有不足整花的零花,则用整花数+零花纹针数表示,如"6 花+800 针"。

(3)综片数指管理素织绸内经线的综片数。若使用多龙骨综片,填写时以"龙骨数/综片数"形式表示。

(4)梭箱指有梭织机上织制产品时所需的梭箱类型。填写时,对于一侧单梭箱类型,采用中间"-"连接两侧梭箱数形式表示,梭箱数多的放在前面,如 1-1、2-1、3-1 等,对于双面独立式自由升降梭箱,中间用"×"表示,如 2×2、3×3 等。

3. 边经穿法 将大边、小边边经线穿综、穿箱分别标注出来。

4. 经(纬)线排列 要注明一个循环内不同材料的属性或规格的经(纬)线排列比和排列顺序。

5. 后处理工艺 对于需要进行后整理加工织物,要标明其加工内容与主要工艺流程,填写时要求简单明了。

二、丝织物设计要点

(一)经纬组合设计

1. 丝织原料 丝织物常用原料及其规格见表 9-2。

2. 原料选用 从生产加工角度,要根据生产各环节能否正常进行,要根据生产设备制定原料规格,要考虑不同原料织造及后整理特性差异;从销售贸易角度,要追求高质低耗、价廉物美,以取得较好的经济效益,增强市场竞争力。消费者对丝织物材质的心理层次由高到低依次为真丝→再生丝→涤纶丝、腈纶丝→棉纱、混纺纱→锦纶丝→粘胶纤维。因此,丝织物设计选配原料的原则是:对纯织产品要优质优选、有的放矢,对交织产品要取长补短、优势互补。

表 9 - 2　丝织物常用原料及规格

类别	纤维名称		基本特征	常用规格(dtex)
天然丝类	桑蚕丝	白厂丝	家蚕缫制,品质优秀,光泽亮丽,条干均匀	10/12.2、12.2/14.4、14.4/16.7、18.9/21.1、22.2/24.4、24.4/26.7、26.7/28.9、30/32.2、31/33、33/35、44.4/48.9、55.6/77.8
		土丝	鲜蚕茧缫制,光泽柔润,糙节多,条干不匀	31/35、33/38.9、38.9/44.4、55.6/77.8、77.8/100
		双宫丝	双宫茧缫制,粗细不匀,有疙瘩瘤疖、蚕皮	33.3/44.4、55.6/77.8、66.7/88.9、77.8/100、88.9/111.1、111.1/133.3、111.1/166.7、166.7/222.2、222.2/277.5
		绢丝	下脚丝纺制,强力好,色淡黄,弹性一般	83.3/1、125/1、166.7/1、47.6×2、51.5×2、71.4×2、83.3×2、100×2、125×2、166.7×2
		䌷丝	废丝或绢纺下脚料纺制,条干极不匀,强力、弹性差	333.3/1、370/1、400/1、500/1、588/1、1000/1
	柞蚕丝	柞药水丝	淡黄色,光泽、强力、弹性好	36.7/42.2、36.7/44.4、44.4/66.7、66.7/72、66.7/88.9
		柞灰丝	灰褐色,性能与柞药水丝相近	36.7/42.2、36.7/44.4、44.4/66.7、66.7/72、66.7/88.9
		柞绢丝	下脚丝纺制,强力大,弹性差	83×2、147×2
		大条丝	手工缫制,条干极粗且不匀	667、778、889、1111、1333、1778、2556
再生丝类	粘胶丝		光泽亮而不柔和,吸湿、染色性能好	50、66.7、83.3、111.1、133.3、166.7、222.2、277.8
	粘胶短纤		易皱,稳定性差	146/1、194/1、146×2、194×2
	醋酯丝		光泽接近蚕丝,吸湿、耐晒,强力低、耐磨差	66.7、88.3、111.1、133.3、166.7
合成丝类	锦纶丝		结实耐磨,高弹质轻	单丝 16.7、22.2、33.3,复丝 22.2、33.3、44.4、55.6、77.8、122.2,弹性丝 83.3、166.7
	涤纶丝		高强富弹,耐磨,保形	普通丝 33.3、50、61.1、75.6、83.3,低弹丝 55.6、83.3、111.1、150、166.7
	腈纶丝		柔软,轻盈,保暖,富弹	55.6、83.3、111.1、150、166.7
	丙纶丝		质量轻,吸湿很小,耐光性差	83.3、111.1、133.3、166.7
其他类	棉纤维		强力较高,易染色,色泽暗淡	139/1、182/1、277/1、417/1、97.1/1、73×2、97×2
	金属丝		有强烈金属光泽	91、100、183.3、188.9、288.9、303.3

　　3. 线型设计　选定原料及其规格后,还需对原料进行并合、加捻的线型组合设计,以满足织物设计的品质与性能要求。丝织物常用丝线的线型结构特征、织物应用效果见表9-3(表中的弱捻丝、中捻丝、强捻丝的捻度值是以线密度45~60dtex的丝线为参照的)。

　　经纬线型搭配的典型示例有:同是平纹组织的真丝产品,电力纺采用平经平纬搭配,即经纬丝线都选用无捻丝或弱捻丝;双绉和顺纡绉均采用平经绉纬配置,其中顺纡绉的纬线选用单一捻向的强捻丝,双绉的纬线选用S捻向强捻丝和Z捻向强捻丝按2:2比例间隔排列,即所谓的

2S2Z 排列;乔其绉采用绉经绉纬配置,经线为强捻丝 1S1Z 排列,纬线为强捻丝 2S2Z 排列。

表 9-3 丝织物常规线型

名称	结构特征	应用效果	示 例
平丝	丝线无捻,纤维与丝线轴向平行排列,松弛、光亮、平滑	织物结构松弛,手感柔软,光泽亮丽,绸面平整	n/22.2/24.4dtex 白厂丝(n 一般为 1~6)
弱捻丝	丝线捻度<10T/cm,强力优于平丝(线),光泽略差	织物手感柔软,绸面平整,光泽减弱	4/22.2/24.4dtex 生丝 8T/Z
中捻丝	10T/cm≤丝线捻度≤20T/cm,强力好,有弹性,光泽差	织物手感较为粗糙、挺爽,表面略有凹凸起绉	3/22.2/24.4dtex 生丝 18T/S
强捻丝(绉线)	丝线捻度>20T/cm,高强、高弹,强烈皱缩	织物光泽暗淡,手感粗糙、挺爽,凹凸起绉强烈	2/22.2/24.4dtex 生丝 26T/S
双股复捻线(熟双经)	2 根单丝线作相同加捻后并合再加反向捻,捻度接近初捻捻度。结构稳定,强度好,柔软,有光泽	织物手感柔软,绸面平整,光泽减弱	(1/22.2/24.4dtex 桑蚕丝 8T/S×2)6.8T/Z(熟色)
复捻绉线	多根同向强捻丝并合再加以反向捻,复捻捻度远低于初捻捻度。手感较硬,仍有弹性	织物手感糙爽,结构稳定,有弹性,有绉效应,织物较厚实,有弹性	(4/22.2/24.4dtex23T/S×3)5T/Z 生丝
多重复捻线	单丝经多次并合加捻,再并合加捻。线密度大,纤维在线体轴向分布复杂,光泽暗弱,手感尚柔软	织物厚重,组织点粒纹大小不匀,光泽暗淡,风格粗犷	[(2/22.2/24.4dtex18T/Z×3)生丝 12T/S×6]2.5T/Z
紧绉线(碧绉线)	强捻丝与无捻丝并合加反向低捻。强捻丝因退捻而在外层螺旋包覆,丝线呈波浪形	织物表面呈独特的水波绉纹(即碧绉效应)	(2/22.2/24.4dtex18T/S + 1/22.2/24.4dtex)16T/Z

(二)经纬密度设计

丝织物的经纬密度大多根据设计者的工作经验和传统产品的规格进行设计。设计密度应从原料选用、丝线捻度和线密度设计、织物组织结构设计、产品用途设计等方面考虑。

1. 要考虑选用材料的结构与性能特点 桑蚕丝纤细、光滑、柔软,织物密度宜配置大些,以表现产品的细腻、滑润的品质;合纤丝透气性差,织物热处理后手感易变硬,密度宜小,以满足服用效果;选用低弹、高收缩丝,应配置小密度,以确保后道处理中丝线得以充分的收缩和膨化;短纤维纱线表面粗糙,有毛羽,可以克服在织物中的纰裂现象,织物密度可以设计得小些。

2. 要考虑丝线线密度特点 由于所用丝线比较纤细的原因,丝织物更适合于高致密产品。织物单位宽度内所能排列的丝线根数与丝线线密度有关,线密度越小,可织密度就越大。相同线密度下,可织最大密度与纤维材料的相对密度和丝线束的纤维根数有关。

3. 要考虑丝线的捻度特点 无捻的平线织物,密度不能设计得过小,否则容易产生披裂现象。低捻度丝线对密度设计影响不大。随着捻度增大,丝线易产生收缩效应,丝线直径趋于增大,织物密度应逐渐减小。强捻绉线织物,更应降低交织密度,以满足后道精练后丝线皱缩的空间需求。

4. 要考虑组织结构的特点 经纬线间的一次沉浮交错能产生约占丝线直径 70% 的交错空隙,因此交织频度越大(即平均浮长值越小),可织密度越小。对于原组织织物,相同情况下,平纹结构配置的经纬密度最小,斜纹次之,缎纹最大。对于其他组织的单层结构织物,密度可根据经纬交织的频度情况参照原组织设计。对于存在重叠的重组织、双层或多层组织织物,应重点设计表层组织的密度,一般按单层结构织物密度的80%～85%配置。对于单层提花织物,其密度设计应以地组织为主。

5. 要根据产品用途设计密度 外衣、休闲装面料要求挺括有型,一般选用高密度的中厚型织物。夏季衬衣、晚礼服、裙裤的饰边、兼具装饰和防风沙作用的丝巾,面料要求轻薄、透明、飘逸,宜配置低密度。装裱绸在满足其装饰效果的同时可减小其经纬密度,以降低产品成本,并使织物保持干燥,不霉变。

6. 要考虑织物经纬向密度设计的区别 由于丝织物经线选用优质、纤细的材料,织物的质地效果主要以经线来表现,因此一般先设计织物经密。织物纬密可参照经密向下调整。对于相近线密度的经纬线来说,平纹织物的纬密设计为经密的70%～80%,斜纹织物为60%～70%,缎纹织物在50%左右。

一般织物纬密可在试样中随时灵活调节,但对于纹样造型有严格要求的提花织物,如适合形纹样织物、像景织物等,纬密不能随意变动,否则易使花纹变形。

(三)织物组织设计

正如丝织物是品种最多的一大类纺织品一样,几乎各类组织都在丝织物中有所应用。由于丝织物以长丝丝线交织为主,织物表面一般无毛羽,组织结构纹理能清晰显现,因此组织选择、搭配与变化在丝织物设计中有着极其重要的作用。

1. 组织的构成 组织循环越大,变化越丰富。设计组织构成时,应遵循平衡与对称、对比与互衬、节奏与韵律等视觉美学原则。

2. 组织的组合 两个及以上不同组织应用于同一织物时,一方面要注意组织松紧度基本一致,以保证织物的平整,另一方面要注意相邻组织之间的配合关系,或者互呈底片关系,使界线分明,或者过渡自然匀整,相得益彰。

(四)门幅与穿筘设计

1. 门幅设计 丝织物成品门幅主要依据产品用途和织机条件设计。衣用丝织物的内幅有72cm、90cm、114cm、144cm。家用丝织物中,床罩的尺寸规格为156cm(内幅)×210cm、200cm×260cm、220cm×250cm、240cm×287cm,台毯有96cm×96cm、120cm×120cm、138cm×138cm、145cm×200cm、156cm×100cm,靠垫有46cm×46cm、58cm×58cm,被面有134cm×196cm、140cm×215cm。有梭织机一般可织门幅在150cm之内,现代剑杆织机、喷气织机的可织门幅已达300cm以上。

2. 筘幅设计 成品门幅确定后,要按缩幅率折算成织物上机织造门幅,即筘幅。

$$筘内幅＝成品内幅×(1+缩幅率)$$

缩幅率包括织造产生的织缩和练漂产生的练缩,应根据设计所选择的纤维原料、交织密度、组织结构、生产方式及后整理工艺等情况来确立。

(1)生产方式不同,缩幅率不同,如真丝熟织绸的缩幅率在2%左右,而生织绸在4%以上。

(2)组织结构不同,缩幅率不同,如相同情况的平经平纬织物,平纹组织缩幅率在4%～6%,斜纹组织在4%～5%,缎纹组织在3%～4%。

(3)丝线材料不同,缩幅率不同,如平经绉纬平纹组织织物,桑蚕丝材料缩幅率在8%～

10%,粘纤丝材料在9%~13%,涤纶丝材料在10%~12%。

(4)纬线捻度不同,缩幅率不同,如桑蚕丝平经缎纹组织织物,无捻纬缩幅率在3%~4%,中捻纬在6%~9%,强捻双绉纬在12%~16%,强捻顺纤纬可达20%。

(5)长丝纬与短纤纱纬的缩幅率不同,如生织平纹组织织物,再生丝长丝纬的缩幅率在9%~12%,再生短纤纬在10%~13%。

(6)经纬线配置不同,缩幅率不同,如平经绉纬的双绉缩幅率在8%~10%,绉经绉纬的乔其在16%~20%。

3. 筘穿入数设计　确定每筘齿经线穿入数一般要考虑以下几个问题。

(1)筘穿入数越少,经线分布越均匀,筘穿入数多,易产生筘痕病疵。因此,在筘号允许范围内,穿入数以少为宜。

(2)织物经密大,筘穿入数宜多;经线粗,穿入数宜少。

(3)生织物穿入数可配置多些,织物经后整理可减弱筘痕现象。熟织物下机后直接为成品,因此筘穿入数宜少。

(4)小循环的平纹、斜纹组织织物的筘穿入数一般应选择基础组织循环数的整倍数或整约数,如平纹组织以2穿入或4穿入,3枚斜纹组织以3穿入或6穿入,4枚斜纹组织可选2穿入、4穿入或8穿入。5枚缎纹选用4穿入效果最好。

(5)两组或两组以上经线按一定比例间隔配置时,筘穿入数应为排列比之和或其整数倍。对于重经或双层组织织物,应注意将里经夹在表经中间穿过筘齿。

第三节　丝织物设计典型示例

一、素织服用丝织物设计示例——10169 碧透绡的设计

(一)产品用途、风格特点

该产品轻薄、透明,质地平整、挺括。在绡类织物特点的基础上,纬纱织入了粗细不匀的花色双宫丝与金银丝,使产品显得高贵、绚丽多姿,适宜制作女装、围巾、窗纱等产品。

(二)设计思路

在绡类织物薄、轻、透特点的基础上,采用金银丝纬纱来体现织物高贵的感觉,再将3根异色双宫丝并合加捻为1根纱线作纬纱,以体现织物绚丽多彩的风格。

(三)原料选用与纱线设计

经纱采用1/30.0/32.2dtex桑蚕丝(生、色),纬纱采用三组,其中一组常织纬纱为(1/22.2/24.4dtex桑蚕丝 8T/S×2)6T/Z(生、色)。为体现织物挺括、平整的特点,经纱与常织纬纱采用生丝染色,织后不再精练。另外两组纬纱作抛道处理间隔交替织入,分别为1/166.7dtex金银丝和[2/111.1/133.3dtex双宫丝 1.5T/Z(熟、色)×3]1.5T/S,其中双宫丝为花色纱,先将2根111.1/133.3dtex双宫丝并合加捻(1.5T/Z),精练、染色,再将3根不同颜色的双宫丝线并合并反向加捻(1.5T/S)成股线,利用金银丝、花色双宫丝股线来体现织物华丽高贵、绚丽多彩的风格。

(四)组织设计

由于此织物纱线细,密度稀,所以桑蚕丝纬、金银丝纬与经交织成平纹组织,而双宫丝纬较

粗,为了体现花色双宫丝丝线不匀、多彩的特色,双宫丝纬与经交织成 4 枚纬浮组织,织物组织的 $R_j=4$,$R_w=112$,如图 9-1 所示。

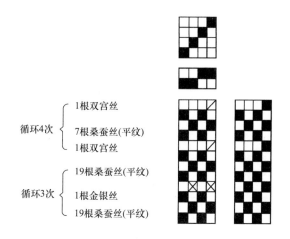

$$\left.\begin{array}{l}\text{1根双宫丝}\\\text{7根桑蚕丝(平纹)}\\\text{1根双宫丝}\end{array}\right\}$$ 循环4次

$$\left.\begin{array}{l}\text{19根桑蚕丝(平纹)}\\\text{1根金银丝}\\\text{19根桑蚕丝(平纹)}\end{array}\right\}$$ 循环3次

图 9-1 碧透绡织物上机图

(五)密度设计

为体现桑蚕丝绡类织物薄、轻、透的特点,经、纬紧度可控制在 15%~35% 之间。由此,根据紧度计算公式,可算出桑蚕丝的经丝密度应控制在 226~527 根/10cm 之间,桑蚕丝的纬丝密度应控制在 184~430 根/10cm 之间。碧透绡织物经丝密度取 524 根/10cm,纬丝密度取 430 根/10cm。

(六)织造规格计算

初定内经纱根数=内幅×经密=140×52.4=7336(根)

筘经密=内经纱根数/筘内幅=7336/141=52.03 根/cm=筘号×筘穿入数

故筘号取 26 号,筘穿入数为 2,内经纱根数确定为:

筘内幅×筘号×筘穿入数=141×26×2=7332(根)

大边经纱根数=边筘内幅×筘号×筘穿入数×2=0.5×26×2×2=52(根)

(七)织造与染整后处理工艺

该织物下机后不再练染,经检验、织补、定幅整理、包装,最后入库。

碧透绡设计规格见表 9-4。

表 9-4 碧透绡设计规格单

品名		10169		品名		碧透绡			
设计意图		销售地区:内销		服用对象:妇女		织物用途:女装、围巾			
成品规格	外幅	141cm	原料含量	桑蚕丝	95.8%	平方米质量	45g/m²	基本组织	平纹
	内幅	140cm		金银丝	4.2%				
	经密	524 根/10cm			%	每米质量	10.5g/m	边组织	平纹
	纬密	430 根/10cm							

品名	10169		品名		碧透绡	
设计意图	销售地区:内销		服用对象:妇女		织物用途:女装、围巾	

<table>
<tr><td rowspan="13">织造规格</td><td colspan="2">筘幅</td><td>外幅 142cm</td><td colspan="2">内幅 141cm</td><td>边幅 0.5cm×2</td><td>筘号 26</td><td>边筘号 26</td></tr>
<tr><td colspan="2">筘穿</td><td>筘穿入:
2 根/筘</td><td colspan="2">边穿入:
2 根/筘</td><td colspan="2">大边:1 根/综,2 综/齿</td><td>小边:1 根/综,2 综/齿</td></tr>
<tr><td colspan="2">纹针</td><td>针</td><td colspan="2">花数</td><td>花</td><td colspan="2">装造</td></tr>
<tr><td colspan="2">素综</td><td>4 片</td><td colspan="2">储纬器</td><td>3 个</td><td>梭箱</td><td>经轴</td><td>1 个</td></tr>
</table>

		甲	7332 根		甲	399 根/10cm		甲	(甲 19＋丙 1)×3＋甲 19＋(乙 1＋甲 7)×4＋乙 1
织造规格	经纱数	乙	根	纬纱密度	乙	19 根/10cm	纬排方法	乙	
		丙	根		丙	12 根/10cm		丙	
		边	26 根×2		丁	根/10cm		丁	

经纱织缩率	%	经纱染整缩率	%	纬纱织缩率	0.7%	纬纱染整缩率	%

经组合	甲	1/30.0/32.2dtex 桑蚕丝(生、色)
	乙	

纬组合	甲	(1/22.2/24.4dtex 桑蚕丝 8T/S×2)6T/Z(生、色)
	乙	[2/111.1/133.3dtex 双宫丝 1.5T/Z(熟、色)×3]1.5T/S
	丙	1/166.7dtex 金银丝

工艺流程:

经:桑蚕丝检验→生丝染色→色丝挑剔→络丝→整经→穿结经→织造

甲纬:桑蚕丝检验→络丝→捻丝→定形→并丝→捻丝→定形→成绞→生丝染色→色丝挑剔→络丝(→卷纬)→织造

乙纬:双宫丝检验→络丝→并丝→捻丝→定形→成绞→练染→色丝挑剔→络丝→并丝→捻丝→定形(→卷纬)→织造

丙纬:金银丝检验(→卷纬)→织造

后整理工艺	定幅整理	上机图	见图 9-1	备注	剑杆机织造

二、提花服用丝织物设计示例——12302 花塔夫绸

(一)产品介绍与基本规格设计

花塔夫绸是一种有百年传统的丝绸纹织物,在多年的生产历史中,有过多种规格,其基本组织为平纹地上起 8 枚经花,经纬原料有桑蚕丝、绢丝、涤纶丝等多种变化。本例为全真丝提花塔夫绸,该品种的特点是:经纬丝密度大,采用平纹组织使其紧度极高,从而使织物平挺、硬朗并爽滑,是一种高级时装面料,也适宜做羽绒服和羽绒被的衬胆。此织物不宜水洗,揉搓痕难以消除。花塔夫绸简要规格见表 9-5。

表 9-5 花塔夫绸简要规格单

品号、品名	12302 花塔夫绸		
成品规格	外幅:92cm	内幅:90cm	平方米克重:70g/m²
	经密:105.5 根/cm	纬密:47 根/cm	组织:平纹地、8 枚缎花

品号、品名	12302 花塔夫绸
织造规格	钢筘外幅:93.3cm　　钢筘内幅:92.3cm　边幅:0.5cm×2 全幅花数:4 花　　每筘穿入数:4 根/齿 内经根数:9600 根　边经根数:80 根×2 经组合:(1/22.2/24.4dtex 桑蚕丝 8T/S×2)6T/Z(熟) 纬组合:(1/22.2/24.4dtex 桑蚕丝 8T/S×3)6T/Z(熟) 提花装造:有梭织机,1400 号机械提花机,1200 针＋棒刀针 96 针 工艺流程: 　　经:络丝→捻丝→并丝→复捻→成绞→练丝→染色→干燥→挑剔→络筒→整经 　　纬:络丝→捻丝→并丝→复捻→成绞→练丝→染色→干燥→挑剔→络筒→卷纬(如是无梭织机, 可省略卷纬工序)
后处理工艺	全真丝熟织物,下机后只需熨烫整理

(二)机械提花纹织设计

1. 纹样设计　花塔夫绸纹样一般选用自然或变形花卉,清地散点排列。由于平纹地与缎纹花的组织紧度不同,因此,纹样排列要力求不留空当,重点要使纵向经线织缩均衡,花纹块面不宜过大,布局不宜过满,以免织物松紧不匀,在花纹边缘处形成难以抹平的"细碎皱纹",俗称"压刹印"。

$$纹样宽度(花幅)＝成品内幅/花数＝90cm/4＝22.5(cm)$$

纹样长度设计为 25cm。

2. 装造设计

(1)装造类型与纹针数。由于花塔夫绸为单层,一般采用单造装造。

$$一花经线数＝成品经密×成品内幅/花数＝105.5×90/4＝2374(根)$$

因此,在 1400 号提花机上必须采用双把吊。

初定纹针数＝一花经线数/把吊数＝1187 针,修正为 1200 针,即提花机装造类型为 1200针单造双把吊。

花塔夫绸为高经密织物,目板取 48 列,造机配置有棒刀 48 片,用两枚纹针控制一片棒刀,需棒刀针 96 针。

大边组织与小边组织同设计为平纹,采用 4 枚边针。

$$总纹针数＝纹针数＋棒刀针数＋边针数＝1200＋96＋4＝1300(针)$$

样卡设计如图 9－2 所示,4 针边针"⊘"放在第一行零针行上,96 针棒刀针"⊘"占用首、尾各三整行。为便于纹板调头使用不出错,有时在末行零针行上也轧有同样的边针。

(2)棒刀纹针配合。织物为平纹地上起经面缎纹花,因此织物应正面朝下织造,即反织。棒刀起 8 枚纬面缎纹组织,如图 9－3(a)所示。

纹针在花部不提升,在地部起平纹组织,如图 9－3(b)所示。

经线 1、3、2、4 跨穿,即第 1 针控制 1、3 序号经线,第 2 针控制 2、4 序号经线,以此类推。

织物上,由于花部纹针不提升,由棒刀组织形成 8 枚纬面缎纹组织。地部纹针组织 1、3、2、4 展开成平纹组织,棒刀组织点落在平纹组织经组织点上,保证了地部仍保持平纹组织,如图

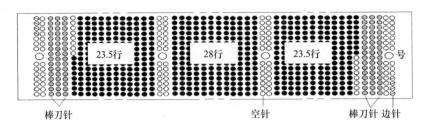

图 9-2　花塔夫绸样卡

●—实用纹针　◎—棒刀针　⊘—边针　○—空针

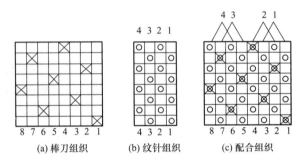

(a) 棒刀组织　　(b) 纹针组织　　(c) 配合组织

图 9-3　花塔夫绸棒刀纹针配合图

9-3(c)所示。

(3)目板规划和穿法。传统装造的目板行列数规格统一。丝织目板虽有 55 列,但一般最多穿 48 列,目板行密 3.2 行/cm。目板花幅应等于钢箍内幅或略大 1cm。目板上棒刀麻线位置安排在 1、2 及 3、4 花界之间,每道棒刀麻线占 7 行目孔。目板穿幅取 92.4cm。

$$目板每花穿幅 = 目板穿幅/花数 = 92.4/4 = 23.1(cm)$$
$$目板每花实有行数 = 目板行密 × 目板每花穿幅 = 3.2 × 23.1 ≈ 74(行)$$
$$目板每花实穿行数 = 纹针数 × 把吊数/列数 = 1200 × 2/48 = 50(行)$$

余行除留出棒刀麻线空行外,其余均匀空出。

$$通丝把数 = 纹针数 = 1200 把$$
$$每把通丝数 = 花数 = 4 根$$

目板为 48 列,由于一般采用下双把吊,通丝需穿一孔空一孔,故实穿 24 列。

钢箍每箍 4 穿入,目板采用二段二飞穿或四段二飞穿,图 9-4 是右手织机(顺穿向)一个花回的目板穿法示意图(编号为纹针序号)。

(4)穿经、穿箍。根据设计,双把吊经丝应采用 1、3、2、4 跨穿,在下双把吊装造中,可以在穿经前捻综绞时把综丝按 1、3、2、4 捻绞,然后依次穿经。

同样,穿箍前应在箍绞纹板帮助下把经丝捻四上四下的箍纹,然后依次穿箍。

(5)棒刀吊挂。若目板为二段二飞穿,8 枚棒刀组织每一纬的棒刀针提升要么全为前 6 片,要么为全后 6 片,提花机前后负荷不匀。

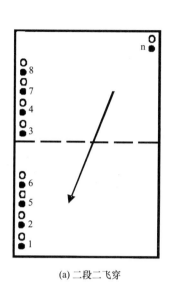

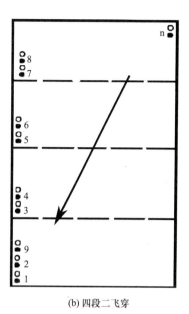

(a) 二段二飞穿　　　　　　　　　　(b) 四段二飞穿

图 9 - 4　花塔夫绸目板穿法示意图

如果目板改用四段二飞穿,则每一纬的棒刀针提升为前后各 3 片,提花机前后负荷均匀,故四段二飞穿更为合理。

四段二飞的棒刀吊挂如图 9 - 5 所示,图的下端表示机前,上端表示机后。图的中间纵向四栏从左向右第一栏为目板分段栏,自前向后分为四段;第二栏为棒刀序号栏,自前向后依次编号为 1～48;第三栏为经线序号栏,表示目板同一行中经线自左向右的顺序,按照经线 1、3、2、4 穿法依次标注在对应的棒刀序号上;第四栏为棒刀组织栏,即将各序号经线应起的棒刀组织(8 枚)经线序号编入栏内。图的上下位置的圆圈表示棒刀针(机前、机后各 3 行,每行 16 针),圆圈内数字表示该棒刀针控制的对应棒刀组织经线序号。圆圈与纵栏之间的连线表示各片棒刀分别吊挂到对应棒刀针上或者各棒刀针控制对于棒刀片(图中仅标出部分)。

(6)挂边。边经双头入综,每边 40 综。分扎成 2 把,左右边综共 4 把,挂于 4 枚边针织平纹,因双头入综,实织 $\frac{2}{2}$ 纬重平。

3. 纹织 CAD 处理

(1)意匠图创建。通过图像引入、扫描或直接绘制,取得基础纹样,然后进行色彩归并和去除杂色,保存两色。纹样设色为地部空白、花部红色。设色后需进行修边,再四方对接(俗称"接回头")处理。

设定小样参数:经密 52.75 根/cm;纬密 47 根/cm;意匠纵格数＝纹针数＝1200 格(合 150 大格);意匠横格数＝纬密×纹样长度＝47×25＝1175 格,按棒刀组织 8 枚的倍数修正为 1176 格(横格数合 147 大格)。

保存意匠纹样。意匠图中,一个纵格代表 1 枚纹针(2 根经丝),一个横格代表 1 根纬丝(1 块纹板)。

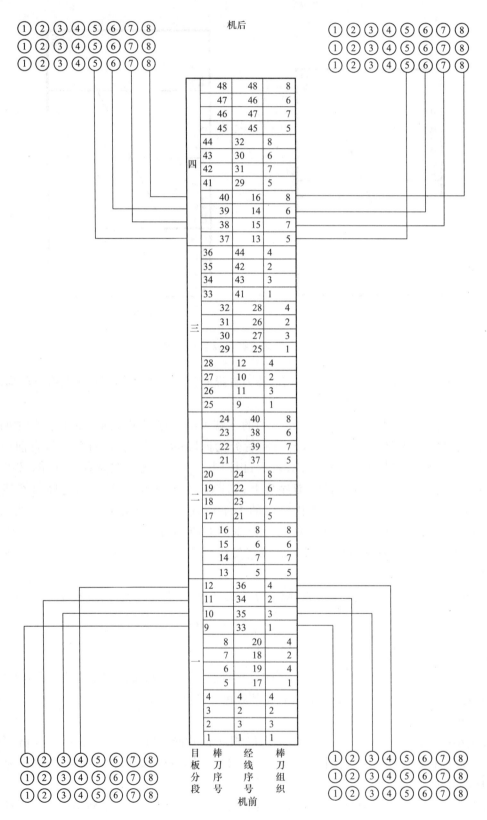

图 9-5 花塔夫绸四段二飞棒刀吊挂图

（2）意匠图绘画。因花塔夫绸采用单造双把吊装造，且经线为1、3、2、4跨穿，若意匠采用横向自由针勾边，则织物花纹轮廓模糊不清，如图9-6（a）所示，因此应改用横向双针勾边，则花纹轮廓就很清晰了，如图9-6（b）所示。

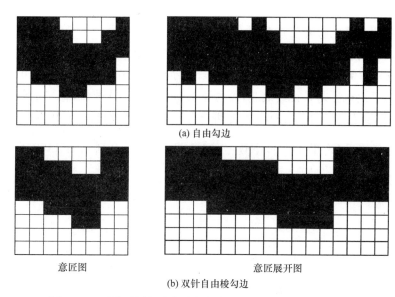

(a) 自由勾边

意匠图　　　　　　　　　　　　　意匠展开图

(b) 双针自由梭勾边

图9-6　两种不同勾边方法下的意匠图片段及其展开图效果

花部组织由棒刀提织，地部组织又是循环数为2的平纹组织，因此无需点绘间丝点。

（3）意匠工艺处理。按图9-2建立样卡电子文件；一纬常投建立投纬文件。绘制8枚纬面缎纹和平纹组织图，然后存入组织库中待用。

纹针轧法：空白色（地部）设为平纹（从组织库中引入），红色（花部）设为不轧。

辅助纹针轧法：棒刀针设为8枚纬面缎纹（从组织库中引入），边针设为平纹（从组织库中引入），大孔针（定位栓孔）和编联穿线孔针设为全轧。

最后将意匠图处理成适合于自动轧孔机的电子纹板文件。

（三）电子提花纹制处理

选用2688针或有更多纹针数的电子提花机织制花塔夫绸，可采用普通装造（单造单把吊），正面朝上织造。

纹针数＝2400针，边针40×2＝80（针），绞边、辅助边、投梭用专用机构管理，可不计纹针，因此总纹针数＝2480针。目板取32列。

小样参数输入为经密105.5根/cm，纬密47根/cm，经线数2400根，纬线数1176根。

意匠图地部设为空白，花部设为红色。红色单起平纹勾边。花部选用黄色（或红色外的其他色）按8枚点切间丝，花纹边缘抛边2格。

工艺处理中，纹针轧法设为空白—平纹（从组织库中引出），红色—全轧，黄色—不轧。辅助针轧法设为边针—平纹。

思考题

1. 一个丝织物新产品如何将它合理归类和命名？

2. 丝织物分类与编号规定与其他大类织物有什么不同?

3. 丝织物规格单制订与其他大类织物有什么不同?

4. 真丝纺类、绉类、绢类均以平纹组织为主,它们在丝线组合、经纬密度上分别应怎样合理设计?

5. 目前差别化涤纶在仿真丝产品中有哪些应用?

6. 设计一只有新颖外观效果的全真丝连衣裙面料,写出设计全过程,编制设计规格单。

7. 66716花富纺简要的成品和织造规格如下:门幅 90+0.5×2cm,经密 440 根/10cm,纬密 240 根/10cm,平纹地上起 8 枚经缎花,筘内幅 100cm,采用 20 号筘,每筘 4 穿入。全幅 5 花,内经丝数 4000 根,经丝组合 1/13.3tex 有光再生丝(机浆),纬丝组合 1/19.4tex/1 无光粘胶纤维,大边组织 $\frac{2}{2}$ 经重平(选用 4 针),小边平纹(选用 2 针)。分别采用 1400 号机械提花机和 2688 针电子提花机织造。分别制订其纹织设计工艺。

第十章　色织物设计

第一节　色织物概述

一、色织物及其特点

色织物是使用染色纱、色纺纱、花式线等原料,通过织物组织的变化和经纬纱线色彩的配合织造而成的织物。其主要特点有如下几个。

(1)采用原纱染色,染料渗透好。利用各种不同色彩的纱线再配以组织的变化,可构成各种不同的花型图案,立体感强,布面丰满。

(2)利用多梭箱或多纬装置、多臂机机构织造,可同时采用几种不同性能的纤维,运用不同特性、不同色泽的纱线进行交织、交并,以丰富产品的花色品种。

(3)采用色纱和花式纱线及各种组织变化,可部分弥补原料品质的不足之处。

(4)可生产小批量多品种织物,生产周期短,花样易于不断翻新,能根据季节特点及时供应各种花式品种。

二、色织物主要品种及其风格特征

常见色织物的主要品种及风格特征如下。

1. 线呢类　线呢为传统色织物品种,包括全线呢、半线呢。色织线呢色谱齐全,布面光泽好,有毛料感和立体感,质地丰满厚实,坚牢耐穿。

2. 色织直贡　色织直贡成品颜色乌黑,光泽良好,布身坚实,纹路清晰、陡直,采用13页急斜纹组织,产品规格变化较少。

3. 色织绒布　色织绒布坯布拉绒,织物表面纤维蓬松,保暖性好,柔软厚实,吸湿性好。有单面条绒、双面凹凸绒、双纬绒、磨绒等产品。

4. 条格布　条格布为大众化色织物品种,有全纱、半线条格布之分。组织多为平纹,少数为斜纹。彩线格型的色织条格织物,浮纹别致,立体感强。

5. 被单布　被单布花型以条、格形为多,花型通常偏大,全幅多为5到6花。色织被单布的条形、格形较为活泼。白底色泽文静,条子突出,色底彩色鲜明调和。

6. 色织府绸与细纺　色织府绸与原色府绸风格相同。经纬紧度稍低于原色府绸,通常在(1.6~1.8):1。有全线、半线、纱府绸之分。色织府绸要求织物细密,表面光洁、平整,手感柔软、挺滑、薄爽,花形清晰、细巧。薄型色织细纺,规格相似于原色细布类,有彩条、彩格等品种,其经纬密度不宜过高,织物轻薄滑爽。

7. 色织泡泡纱　色织泡泡纱布面立体感强,泡泡保形性好,色牢度高。织物挺、爽、滑,不贴身,透气性好。通过原料与粗细条结合,可使织物泡绉明显,风格新颖。

8. 色织灯芯绒　色织灯芯绒可运用异色并线作纬纱,绒面产生闪色效应。

9. 色织大提花织物　色织大提花织物主要有色织大提花府绸及大提花沙发布。大提花府绸色泽素净、雅致,风格似丝绸;大提花沙发布厚实,手感柔软;或结构紧密,手感挺滑,风格粗犷。

10. 色织中长花呢　色织中长花呢是采用中长并捻花线制成各色平素仿毛花呢,具有毛型风格,条格新颖。经树脂整理后,弹性良好,手感柔软、滑爽;或质地坚厚,花型活泼,有飘逸感。

11. 牛仔布　牛仔布是一种较粗厚的色织经面斜纹棉布,经纱颜色深,一般为靛蓝色,纬纱颜色浅,一般为浅灰或煮练后的本白纱。又称靛蓝劳动布,始于美国西部,放牧人员用以制作衣裤而得名。经纱采用浆染联合一步法染色工艺,线密度有 80tex(7 英支)、58tex(10 英支)、36tex(16 英支)等品种,纬纱线密度有 96tex(6 英支)、58tex(10 英支)、48tex(12 英支)等品种,采用 $\frac{3}{1}$ 组织,也有采用变化斜纹组织、平纹或绉组织的牛仔布,坯布经防缩整理,缩水率比一般织物小,质地紧密、厚实,色泽鲜艳,织纹清晰。适于制作男女牛仔裤、牛仔上装、牛仔背心、牛仔裙等服装。

12. 其他织物　色织烂花织物可体现色彩、透明效应或绉纹效果。采用透孔、特经提花等工艺的色织印花织物,透气性好,层次感强。Tencel 纤维与棉混纺色织物,吸湿透气,悬垂性极佳,手感柔滑,具有天然与合成纤维的优点。棉丝交织贡缎色织物表面呈真丝风格,手感柔软,光亮。

第二节　色织物设计内容

一、色织物主要结构参数设计

(一)原料的选配

色织物采用的原料除了棉纤维外,还有涤纶、维纶、腈纶、丙纶、粘纤等短纤及长丝及各种异形丝、差别化纤维。各种新型纤维的相继问世为色织新品种开发提供了新的空间。Lycra 纤维、Tencel 纤维、Modal 纤维、Coolmax 纤维、天然彩棉、蚕蛹蛋白丝、大豆蛋白质纤维、铜氨丝、竹炭纤维等均被用作色织面料的最新原料,并取得了传统原料所具有的技术经济效果。随着原料使用的多元化,通过混纺、交织、交并等工艺,已使各种纤维的优点发挥到极致,使面料风格新颖化、多样化,在服用性能及外观效果等方面具有单一纤维织物无可比拟的优点。

纤维长度 L 与直径 D 的选择可遵循 $L/D \approx 1$ 的原则。根据不同织物的风格要求,L/D 比值可作适当调整。如织制涤/棉轻薄织物,可取 $L/D > 1$,以提高纺纱能力,改善布面条干,使织物柔软。织制中厚型织物,可取 $L/D < 1$(式中 L 的单位取英寸,D 的单位取旦尼尔)。

(二)纱线设计

在色织物生产中,为了扩大织物的应用范围,除使用传统的单纱和股线外,还常常应用各种花式纱线,如合股花线、花式线、花色线等。使用花式线时应注意以下几点。

(1)单纱作芯的结子线因其强力较差,不宜作经纱,只能作纬纱。纬向不宜同时采用两种结子线,否则容易形成带纤纱。

(2)素色平纹地织物用纬向结子线容易形成档疵,但对有格型或条型的织物就不明显,故设计时可在经向加几根结子嵌线。使结子纵横交错,以避免档疵。

(3)毛巾圈线与结子线不宜用于单纱织物,这是因为毛巾圈线或结子线一旦断裂,其末梢常纠缠于旁侧单纱上,造成断经不关车,开口不清,形成蛛网、跳花疵点。

(4)金银线用于平纹织物外观平直美观,但在其组织中易造成经缩、起毛圈、布面不平整等疵点。

(三)织物组织设计

各种组织均可运用到色织物中,如平纹组织可使布面平坦、坚实,利于突出花型;缎纹组织可用于仿丝及仿毛织物中,在缎条与缎格织物中应用也较普遍。除了传统的简单组织之外,多种组织结构联合使用以及各种复杂组织、多层组织的应用已成为新面料的趋势。各种组织结构以及配色技巧将赋予织物独特的视觉风格和不同的性能特点。

(四)织物密度、紧度设计

进行创新设计时,色织物的密度、紧度可使用紧度理论设计法、经验公式计算法和参照设计等方法进行设计。仿样设计时,其织物的密度设计要保证花型、条格不变形。

(五)色彩与图案设计

1. 色彩配合 色织物配色总的原则是"调和对比,统一变化"八个字,即调和中求对比,统一中求变化。配色规则为:确定基本色调,注意配套问题,注意用色比例,色相不宜过多,注意色彩的对比与统一。

2. 图案设计 色织物的图案不同于印花与丝绸图案,可在决定题材后如实描绘。色织物的图案类型主要有以下几种。

(1)几何图案。几何图案以经、纬浮长起花或以原组织起花等各种组合,在织物表面构成由线条或点连缀成的简单的各式几何图形。

(2)条格图案。条格图案由各种大小不同的方格和条子结合色彩和组织进行排列。

(3)朵花图案。朵花图案即采用写实为题材的朵花,一般需经艺术加工,浓缩成象形的似花非花,似物非物的图案。

(六)产品的风格设计

1. 丝绸风格的色织产品 丝绸织物的特点是光滑、明亮、柔软,纬纱用化纤长丝能使色织产品的手感、外观进一步接近丝绸品种。闪色品种亦来自仿丝绸产品,一般是由两种对比色织制而得到的,色彩明度上以中深色效果为好,浅色品种闪色效应较差;地组织以平纹为好,经、纬密度亦要配合得当,密度过稀会削弱闪色效应。

2. 仿麻风格的色织产品 要达到麻织物的外观,选用粗特纱为好,织物密度也不宜太大,但要使织物具有一定的身骨、透气性和弹性。织物组织以平纹为主,嵌以经重平、纬重平、变化重平等组织,还可适当用一些花式纱作点缀。粗、细特纱组合使用,可以衬托出麻织物挺爽、朴实、粗犷的特点。色调多用低彩度的中浅色,不宜使用五颜六色,这样会冲淡麻的风格。

3. 仿毛风格的色织产品 毛型感的仿制在于图案造型、织物组织及色彩配合。常用咖啡、灰、驼黄、姜黄、米色、蟹元、蟹灰、蟹青、草绿、翠绿等颜色。色织物仿毛花呢的关键在于花线的应用,有两股异色花线、三股花线、粗细不同特数捻合的花线、不同捻度合成的各种花线。花线的色泽配合有明调配色加捻、暗调配色加捻、姊妹色配色加捻、近似色配色加捻和对比色配色加捻等品种。

二、色织物的劈花与排花

1. 色织物的劈花与排花 根据色织物花型设计、配色要求和实际生产的需要,决定织物经纬纱排列的方式叫排花。合理的排花能够提高织物的服用性能,改善织物加工条件。

为保证产品在使用时达到拼幅或拼花等要求,并有利于浆缸排头、织造和整理加工生产,需要合理安排各花在全幅中的位置。确定经纱配色循环排列起始点的工作称为劈花。

2. 劈花的原则 劈花必须根据产品的配色和组织特征,并结合产品的加工方式和用途进行。劈花时应掌握以下原则。

(1)选择组织较紧密的条纹处作为劈花的起止位置。劈花位置一般在平纹、斜纹组织处。提花、缎条、泡泡纱的起泡区、剪花织物的花区等松软组织,劈花时要距布边一定位置(一般在2cm左右),以免织造时织物边部经纱开口不清、花型不清晰、泡泡不均匀、产生边撑疵等问题,避免整理拉幅时使布边拉破、卷布边等问题。当不能满足上述条件时,可适当增加布边纱的根数。

经向有毛巾线、结子线、低捻花线等花式捻线时,也应避免将这些纱线作为起止点。

例1 某织物(全幅40花)有两种劈花方法,见表10-1。

表10-1 某织物的两种劈花方法

方法一	缎纹蓝色 20	平纹白色 80		100 根/花
方法二	平纹白色 40	缎纹蓝色 20	平纹白色 40	100 根/花

方法 A 劈花产品外观不协调,织造时边部缎纹易起毛圈,产生边撑、经缩等织疵,整理时易发生卷边和拉破布边。

方法 B 劈花产品两边整齐、匀称,能符合织造和整理要求。

(2)大格型产品的劈花。格形、花型较大的彩格绒、格府绸、格布等产品,劈花时一般劈在白色或浅色且纱线根数较多或条形较宽的地方,应力求织物两边在配色和花型等方面保持对称,以使织物外观好看,便于裁制时达到拼幅、拼花和节约用料的目的。

例2 某织物可以有三种劈花方法,见表10-2。

表10-2 某织物的三种劈花方法

方法一	黄 4	元 40	红 8	元 9	红 4	元 9	红 8	元 40	黄 4	白 60	186 根/花
方法二	红 2	元 9	红 8	元 40	黄 4	白 60	黄 4	元 40	红 8	元 9	红 2	186 根/花
方法三	白 30	黄 4	元 40	红 8	元 9	红 4	元 9	红 8	元 40	黄 4	白 30	186 根/花

上述三种劈花方法中,方法一织物布幅两边不对称。如被单布用这种劈花方法,拼幅后的

被单布一边是黄色,另一边是白色,有损于织物外观。方法二织物两边虽然对称,由于红色根数太少,拼缝时红色易缝掉,不呈一个完整花型。方法三是合理的劈花方法,拼幅后能构成完整的条(格)形。布幅两边对称、匀整。

(3)劈花时注意整经时的加(减)头。若总经根数减去边纱根数后,不能被产品的一花经纱根数整除,产生的余数即是整经时的加头或减头。

如某产品整经时无加(减)头,应采用下表中例一的劈花方法。但是当该产品根据规定的总经根数有加头时(假设整经时须加头 36 根)就应选表 10-3 中例二的劈花方法,才能使布幅两边对称,皆为 54 根白经。如果仍采用表 10-3 中例一的劈花方法,则布幅两边其中一面是 36 根白经,另一面是 72 根白经,布面不匀称。

表 10-3 两种劈花方法(1)

	平纹白	泡泡蓝	平纹白	泡泡蓝	平纹白	泡泡蓝	平纹白
例一	36	24	15	24	24	6	36
例二	54	24	15	24	24	6	18(+36)

(4)劈花时要注意各组织穿筘的要求。透孔组织、纵向凸条组织、网目组织、纬起花组织、灯芯条组织等采用花筘法插筘的产品,劈花时都要根据织物的组织特点和穿筘的要求进行劈花。

如平纹组织和透孔组织间隔排列的色织府绸,全幅经纱的每筘穿入数皆为 3 根,无加减头时,须采用表 10-4 中例一的劈花方法,才能满足透孔组织每筘穿 3 根,保证织造时透孔组织清晰。若采用表 10-4 中例二的劈花方法,透孔组织的插筘方法被破坏,织造时透孔组织透孔清晰度差。

表 10-4 两种劈花方法(2)

	平纹	透孔	平纹	透孔	平纹
	浅灰	白	浅灰	白	浅灰
例一	27	18	21	18	24
例二	26	18	21	18	25

劈花虽有一定的规则可循,但实际生产中应灵活运用上述原则。

3. 调整经纱排列 色经纱的排列顺序、排列根数和穿综方法构成了色织物经纱的排列方式。色织物工艺设计时的总经根数和上机筘幅都必须控制在规定的范围内,为满足劈花的各项要求,并减少整经时分绞不清与加减头,常常需要对一花内的经纱排列进行调整。

(1)平纹、$\frac{2}{2}$ 斜纹及平纹夹绉地等织物,每筘穿入数相同,只要在条、格型最宽处,抽去或增加适当的根数,尽量使一花排列经纱数为 4 的倍数,同时应将整经时加减头控制在 20 根以内。这样即能保证原样外观,又能满足拼花要求,并能改善整经、穿综的加工条件。该方法适用于每筘穿入数相同的织物。

例 某色织物总经根数为 2776 根(包括边纱 28 根),原排列见表 10-5,每花 215 根纱,全幅 13 花减头 47 根,织物左右两边不能达到拼幅要求,同时,其一花排列是奇数,产生平纹,不利整经,且穿综时不宜记忆。若把原排列改为 212 根,则全幅 13 花减头 8 根,如此调整后,一花排列为 4 的倍数,两边对称,有利整经、穿箔等工艺。

表 10-5　某色织物的色经排列

色经排列	A	B	C	D	C	D	A	D	C	D	C	B	A	加减头	每花根数
原排列	31	41	6	18	6	4	12	4	6	18	6	41	22	减47	215
调整后	22	40	6	18	6	4	12	4	6	18	6	40	30	减8	212

(2)花箔穿法织物经纱排列的调整。

①一花经纱总箔齿数不变,调整一花经纱排列根数。

如生产(14tex×2)×17tex,346 根/10cm×259 根/10cm,总经根数 3036 根(包括 36 根边纱)的色织缎条府绸,原样一花排列见表 10-6。

表 10-6　色织缎条府绸原色经排列

1箔4入	8箔3入	7箔4入	8箔3入	1箔4入	14箔3入	其中:4入是缎纹
酱色	军绿	酱色	军绿	酱色	军绿	3入是平纹
4	24	28	24	4	42	126根/花

根据此产品的整理要求,缎纹一定要距布边 1.5cm 以上,原样排列不能满足要求,所以改成表 10-7 中的排列:连同边纱 36 根,总经为 3034 根。两边均距缎纹 1.5cm 以上,产品全幅由 23 花组成,加头 54 根。

表 10-7　色织缎条府绸排花后色经排列

14箔3入	1箔5入	8箔3入	7箔4入	8箔3入	1箔5入	每花根数
军绿	酱色	军绿	酱色	军绿	酱色	
42	5	24	28	24	5	128

②一花经纱排列根数不变,调整一花的总箔齿数。如生产(15.4tex+28tex)×14.5tex,346 根/10cm×299 根/10cm,两边均距缎纹 1.5cm 以上,产品全幅由 23 花组成,加头 54 根的泡泡纱,总经根数为 3168 根(包括 46 根边纱),原样一花排列见表 10-8。

表 10-8　某色织物原色经排列

3入 ×24箔 J14.5	2入 ×10箔 28	3入 ×24箔 J14.5	2入 ×10箔 28	3入 ×24箔 J14.5	2入 ×10箔 28	3入 ×24箔 J14.5	每花根数
蓝	白	黄	白	黄	白	蓝	
72	20	21	20	21	20	66	240根/花

按此排列,如要达到规定的总经数及箔幅要求,须用 117.1 齿/10cm(59.5 齿/2 英寸)特殊钢箔。为此对上述排列进行调整,见表 10-9。产品全幅 13 花,边纱 46 根。

表 10-9　某色织物排花后色经排列

3人 ×24筘 J14.5	2人 ×10筘 28	3人 ×24筘 J14.5	2人 ×10筘 28	3人 ×24筘 J14.5	2人 ×10筘 28	3人 ×24筘 J14.5	每花根数
蓝	白	黄	白	黄	白	蓝	
72	18	21	18	21	18	72	240 根/花

这样排列就可用 116.0 齿/10cm 的标准钢筘,总经 3166 根。

③同时调整一花经纱排列根数和穿筘齿数。

如生产(14tex×2)×17tex,346 根/10cm×259.5 根/10cm 的色织府绸,总经根数为 3380 根(包括边纱 36 根)。原样一花排列见表 10-10。照此排列,若要达到上述的规格要求,整经时除头太多,无论怎样劈花都不能满足整经、穿综、整理、拼幅的要求,因此作了调整,见表 10-11。

表 10-10　某色织府绸原色经排列

缎纹	平纹	花区		平纹	缎纹	平纹	每花根数
4筘5人	5筘3人	4筘5人		5筘3人	4筘5人	15筘3人	
深红	元色	蓝	元色	元色	深红	元色	
20	15	各10		15	20	45	135

表 10-11　某色织府绸排花后色经排列

平纹	缎纹	平纹	花区		平纹	缎纹	平纹	加头处
12筘 3人	4筘 5人	5筘 3人	4筘 5人		5筘 3人	4筘 5人	2筘 3人	
元色	深红	元色	蓝色	元色	元色	深红	元色	
36	20	15	各10		15	20	6	132 根/花

产品全幅 25 花加头 30 根,连同边纱 36 根,总经 3366 根,使用 88.6 齿/10cm(取 89 齿/10cm)号钢筘生产,这样排列就能满足劈花的要求了。

(3)以适当增加边纱的根数使产品的总经和上机筘幅达到规定要求。但是边纱宽度一般应控制在 0.64cm 左右,不宜过宽或过狭。如缎条府绸一般边纱用 36 根,但必要时可增加到 48 根。

4. 排花注意事项

(1)格形方正织物的一花经、纬向长度应相等,即 $\dfrac{一花经纱数}{成品经密} = \dfrac{一花引纬数}{成品纬密}$,否则应调整色纬数。

(2)对花、对格织物的一花色纬数与纹板数应相等或成倍数关系。

(3)排花时,织物外观与原样要一致,防止移位、并头等织疵。

(4)先打小样检验排花质量,再调整确定工艺。

三、色织物密度的仿制设计

1. 条型、格型产品的密度仿制

(1)每筘经纱穿入数相等的产品。

①对照法。这是一种最简单的仿制方法,仿样时,只要选择一块和产品的技术规格相同的成品布,将其置于被仿样品的旁边,取出样品一花,将此花内的各色排列顺序分别和成品布对照,记下与各色条型、格型相对应的成品的根数即可。

这种方法简单、准确,还可以不考虑产品在各加工过程中的加工系数,但一定要有符合规格要求的成品布,才能采用这种方法。

②比值法。这种仿制方法的具体步骤如下。

a. 记下样品一花的排列顺序和各色的根数。

b. 分别求出样品的经密和产品经密(成品经密)的比值,样品的纬密和产品纬密的比值。

c. 比值与样品各色根数相乘之积即为产品一花的排列根数(如有小数应予以修正)。

例1　欲仿制纱线线密度为28tex×28tex,密度为303根/10cm×260根/10cm的色织布,样品的经纬密度为362根/10cm×236根/10cm,求仿制条型。

解:产品与样品的经纱密度比值=303÷362=0.837

$$产品与样品的纬纱密度比值=260÷236=1.1$$

将上述求出的比值与样品各色根数相乘之积即为产品的排列根数。

用比值法仿制条型、格型准确性好,要求格型方正的产品在修正排列根数时要考虑各色根数增减数量能满足格型方正的要求。要求格型方正的产品,须验证其一花经向的长度是否与纬向宽度相等,若不相等,可改变格形中色纱的引纬数。验证计算方法可按下式:

$$\frac{产品每花经纱根数}{成品经品}=\frac{产品一花的引纬数}{成品纬品}$$

仿样结果见表10-12。

表10-12　某织物比值法应用

	样品一花排列	白 22	橘黄 6	白 8	橘黄 6	白 22	竹绿 10	豆黄 4	竹绿 4	豆黄 4	竹绿 20
经纱	×0.837	18.4	5	0.7	5	18.4	8.4	3.3	3.3	3.3	16.7
	产品一花排列	18	5	6	5	18	8	4	4	4	16
	样品一花排列	白 20	橘黄 6	白 —	橘黄 6	白 20	竹绿 6	豆黄 4	竹绿 4	豆黄 4	竹绿 20
纬纱	×1.1	22	6.6	0.6	6.6	22.0	6.6	4.4	4.4	4.4	22.0
	产品一花排列	24	6	6	6	24	6	4	4	4	24

③测量推算法。纸板样和大格型的样品仿制时一般采用这种方法。仿制步骤如下。

a. 量出样品一花内各色宽度,精确到1mm。

b. 将各色宽度乘以成品密度,求出各色根数。

c. 修正计算经、纬纱根数。

采用这种仿制方法测量要精确,否则会影响仿样效果,同时在修正经、纬纱线排列根数时,要考虑到产品格型的方正要求。

例2 一产品的纱线线密度为 13tex×13tex,密度为 422 根/10cm×267.5 根/10cm,格型照纸样。仿制结果见表 10-13。

表 10-13 某织物测量法仿制的应用

经向	样纸一花内经纱各色的测量宽度(mm)	白	元	白	元	蓝	元	蓝	元	蓝	元
		3.2	12.7	3.2	4.8	4根	6.4	9.5	3.2	4根	4.8
	按经密比例推算得经纱一花排列根数	13.5	53.6	13.5	2.0.3	4	27	40.1	13.5	4	20.3
	修正后产品经纱一花排列根数	14	52	14	22	4	26	40	14	4	22
纬向	样纸一花内纬纱各色的测量宽度(mm)	白	元	白	元	蓝	元	蓝	元	蓝	元
		3.2	15.9	3.2	4.8	4根	4.8	12.7	3.2	4根	4.8
	按纬密比例推算得纬纱一花排列根数	8.6	42.5	8.6	12.8	4	12.8	34	8.6	4	12.6
	修正后产品纬纱一花排列根数	8	42	8	14	4	14	34	8	4	14

(2)组织复杂花筘穿法的产品。如色织精梳泡泡纱,地组织通常采用每筘 3 穿入,起泡组织采用 2 穿入。又如色织缎条府绸,地组织采用 2 穿入或 3 穿入,缎条组织采用 4 穿入或 5 穿入。这类产品各组织间密度不相等,则仿制样品条型、格型时要采用下述方法。

①密度推算法。这种方法主要用于来样复制,对欲复制样品首先进行测试,确定其各组织的每筘穿入数,随后再定筘号,使产品保持样品的条(格)型。

a. 分别测量原样品各组织相同宽度下的相应纱线根数。

b. 求得原样品各组织相同宽度下经纱数之比,用以推测各组织经纱的穿入数。

c. 根据穿入数确定各组织的经纱密度。

采用这种方法复制样品,测量时一定要精确。

现举例说明密度推测法的具体过程。

例3 一色织物组织特征如图 10-1 所示,对其条型进行复制。

量得缎纹宽度为 6.3mm,经纱是 25 根。在平纹处也量出 6.3mm 的宽度,数得经纱是15 根。

用相同宽度的缎纹经纱数和平纹经纱数作比较得:25:15=5:3,这样就可推测得到原样缎纹是每筘 5 穿入,平纹每筘 3 穿入。

量得花纹宽度是 10.0mm,经纱根数 32 根。在平纹处也量出 10.0mm 的宽度,数得经纱 24 根。

用同样宽度的花纹经纱数和平纹经纱数作比较得:32:24=4:3,推测得到原样花纹处每筘是 4 穿入的。

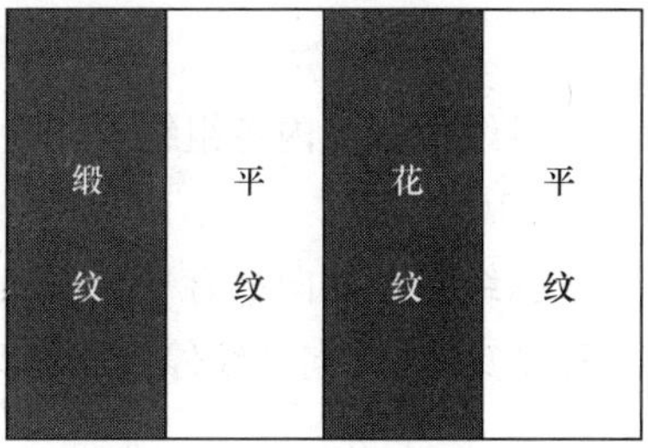

图 10-1 某色织物组织特征图

这样,原样中各组织的每筘穿入数都确定了,样品的条型就能复制了。采用这种方法复制样品的条(格)形时,测量一定要精确。

②方程法。用方程法进行仿制所采用的公式为:

$$ax + bfx = (a+b)P$$

式中:a——样品一花内代表地组织的各色总宽度,cm;

  b——样品一花内代表花组织的各色总宽度,cm;

  P——产品的成品平均密度,根/10cm;

  x——产品地组织处的密度,根/10cm;

  f——地组织与花组织穿筘数的比值。

如地组织每筘穿入数为3,起花组织每筘穿入数为5,则$f = \dfrac{3}{5}$。所以fx就是产品起花组织处的密度。

现举例说明方程法进行仿样的过程。

例4 生产纱线线密度为13tex×13tex,密度为471根/10cm×275根/10cm的色织布,花型照纸样(图10-2),仿制步骤如下:

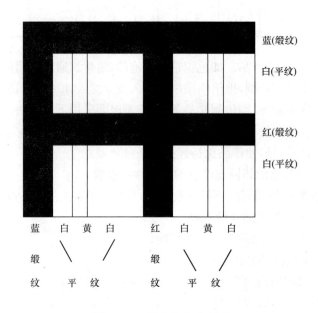

图10-2 某色织物花型图

测量纸样一花内各组织及各色的宽度,并依顺序排列和累计平纹组织和缎纹组织的总宽度,见表10-14。

根据织物经纬向都有平纹和缎纹的缎格组织特征,缎纹区和平纹区的每筘穿入数分别为4穿入和2穿入,纬向缎纹停卷比例为1∶1(即卷一纬停一纬)。

设平纹处的密度为x,则缎纹处的密度$fx = 2x$（因为$f = \dfrac{缎纹每筘穿入数}{平纹每筘穿入数} = \dfrac{4}{2} = 2$）

表 10 - 14　某色织物经向花型测量

	组织	缎纹		平纹		缎纹		平纹		平纹总宽度 a_j = 44.5mm
经向	排列	蓝	白	黄	白	红	白	黄	白	
	宽度(mm)	4.8	6.35	4.8	6.35	7.9	11.1	4.8	11.1	缎纹总宽度 b_j = 12.7mm
	组织	缎纹		平纹		缎纹		平纹		平纹总宽度 a_w = 44.5mm
纬向	排列	蓝		白		蓝		白		
	宽度(mm)	4.8		17.5		7.9		27.0		缎格总宽度 b_w = 12.7mm

将上述各已知数，平纹总宽度 a_j = 44.5 和缎纹总宽度 b_j = 12.7 及 f = 2，P_j = 471 根/10cm 代入公式：$a_j x + b_j f x = (a_j + b_j) P_j$

得：$4.45x + 1.27 \times 2x = (4.45 + 1.27) \times 471$

平纹处密度 x = 385 根/10cm

缎纹处密度 fx = 2 $\times$ 385 = 770(根/10cm)

求出经纱一花排列与根数。

将 x = 385 根/10cm 分别乘以平纹处的各色宽度得：fx = 2 $\times$ 385 = 770(根/10cm)，分别乘以缎纹处的各色宽度，得出表 10 - 15 中的各项数据。

表 10 - 15　方程法计算数据及修正

组织	缎纹	平 纹			缎纹	平 纹		
排列顺序	蓝	白	黄	白	红	白	黄	白
经纱计算根数	36.7	24.4	18.5	24.4	60.8	42.7	18.5	42.7
修正后产品一花的排列(根)	36	25	18	25	60	43	18	43
穿筘数	9×4 入	34×2 入			15×4 入	52×2 入		
全花 268 根,110 筘								

纬向计算的方法与经向基本相同。

设纬向平纹处密度为 x_1，则纬缎 $f_1 x_1$ = 2x_1，因为纬缎处是以 1:1 停卷的,因此 f_1 = (1 + 1)/1 = 2。

将已知的纬向平纹总宽度 a_w = 44.5mm 和纬向缎纹总宽度 b_w = 12.7mm 及 f_1 = 2、P_w = 275.5 根/10cm,代入公式：$a_w x_1 + b_w f_1 x_1 = (a_w + b_w) P_w$

得：$4.45x_1 + 1.27 \times 2x_1 = (4.45 + 1.27) \times 275.5$

所以纬向平纹处密度 x_1 = 225 根/10cm。

纬向缎纹处密度 $f_1 x_1$ = 225 $\times$ 2 = 450(根/10cm)。

计算纬向平纹和纬缎处各色排列数。

将 x_1 = 225 根/10cm 分别和纬向平纹处各色相乘,将 $f_1 x_1$ = 450 根/10cm 分别和纬缎处各色相乘,得排列数见表 10 - 16。

仿织这类纬缎格时,须注意纬向每花循环不破坏经缎条的外观质量。所以每花引纬数应使总的引纬数去掉停卷重复数外,余数是 5 的倍数。因为经缎条的一个完全组织循环要横跨 5 纬。如上述总引纬数是 158 梭,根据纬缎条处 1:1 的停卷,其纬缎共引纬 56 梭,有 28 梭是重复数,即 158－28＝130,则余数 130 是 5 的倍数。

表 10－16　某色织物纬向花型测量及计算修正

组织	缎纹	平纹	缎纹	平纹
排列顺序	蓝	白	红	白
计算根数	21.6	39.3	35.6	60.8
修正后产品一花排列根数	20	40	36	62
修正后得产品一花排列共 158 根				

纬缎织物纬密齿轮的确定,关键是算出平纹处(坯布)的密度。

$$坯布平纹处的密度 = \frac{产品平纹密度 \times 坯布平均纬密}{产品平均纬密}$$

上例之纬缎格坯布平纹处平均密度 $= \frac{57.3 \times 72}{70} = 59.9$。

于是就可以用一般计算纬密齿轮的方法把产品需用的标准齿轮和变换齿轮数算出。

用方程法仿样的几点说明:

①用方程法仿样不仅可以仿制布面上有 2 种不同密度之样品的条形、格形,若以公式 $ax + bfx = (a+b)f$ 进行引申,即能对一花中有 3 种或 4 种,甚至多种不同密度的样品进行仿制。如样品一花内有 3 种密度,则其仿制公式为 $ax + bf_1x + cf_2x = (a+b+c)l$。

②用方程法仿样之关键是算出织物地组织处的密度 x。

x 是随着样品组织的变化而变化的,还随各组织每筘穿入数的变化而变化。由于 x 值的变化对产品内在质量的影响很大,所以确定 x 值的时候,既要使产品保持样品的条格形,又要保证产品的内在质量和生产条件的许可。

③用方程法仿样时,不考虑各种组织在织造过程中收缩或伸长之间的差异,因此仿制大条(格)形样品,在修正计算根数时应有 2％的调整。

在实际仿样过程中,根据样品的特点,方程法计算方法还可以简化。

2. 花型产品的密度仿制

(1)移植法。在样品和产品的经纬密度相近时,把样品花型特征照搬到产品上去的方法,即移植法。

例 1　产品是 14.5tex×14.5tex,472 根/10cm×267.5 根/10cm 精梳府绸,样品是 13tex×13tex,440.5 根/10cm×283 根/10cm 涤棉府绸,产品与样品经纬密度相近。仿制时只要对附样花型进行组织分析,配以相应的穿综、穿筘办法及纹板图,即能使样品的花型特征在产品上得到移植,移植法仿样简单、易做,但仿制后的花型略有变异。

(2)调整穿筘法。在样品与产品的经密相差甚大,而纬密接近的情况下,可以采用调整花区与地部区域穿筘的方法对样品花型进行仿造,调整穿筘的目的在于使产品花区经密接近样品花区经密,达到花型仿造的目的。具体仿制步骤如下。

①对样品花样做组织分析。

②测量花区宽度,推算样品花区的密度。

③根据样品花型确定穿筘方法。

例2　生产(14tex×2)×17tex,成品密度为370根/10cm×251.5根/10cm,坯布密度为346根/10cm×259.5根/10cm的色织府绸,花型如图10-3所示。

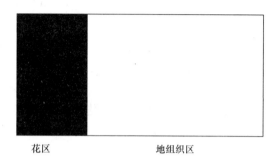

花区　　　　　　　　　地组织区

图10-3　某色织府绸花型

图10-3所示样品是经起花型,组成花区的经纱32根,花区的宽度为6.35mm,地组织区的宽度为19.5mm,推算得花区密度

$$花区密度 = \frac{花区根数}{花区宽度} = \frac{32}{0.635} \times 10 = 504(根/10cm)$$

根据样品花区的密度,产品只有采用花筘穿法,使产品花区的密度接近504根/10cm才能仿造上图花型。参照实际生产中类似花型的穿筘方法,分别有花经4穿入、地经3穿入,花经5穿入、地经3穿入,及花经3穿入、地经2穿入三种不同花筘穿法。

这三种花筘穿法花型仿造效果见表10-17。

表10-17　三种花筘穿法花型仿造效果

穿筘方法		产品花区成品密度	样品花区密度	产品与样品花型的
花经	地经	(根/10cm)	(根/10cm)	差异率(%)
4穿入	3穿入	455		10.3
5穿入	3穿入	528	504	4.5
3穿入	2穿入	493		2.4

由此可知,仿造上述花型,产品采用花区3穿入、地经2穿入的花筘穿法效果最好。但在实际生产中除了考虑仿制效果以外,还应适当考虑产品在穿综及织造中的方便,也就是说在不太影响仿制效果的前提下,选择有利于各道加工工序的花筘穿法。

表10-16中取花区每筘4穿入,地区每筘3穿入。设花区密度为x,则地区密度为$3/4x$。方程式为$6.35 \times x/100 + 19.5 \times (3/4 \times x) = (6.35 + 19.5) \times 370/100$

所以,花区密度$x = 455$根/10cm;地区密度$3/4x = 341.2$根

(3)调整花经法。对样品花型中的花经作适当变更,以达到仿样目的的方法即为调整花经法。这种方法只适合于花型较大、并列花经为两根以上的样品。仿制步骤如下。

①对样品作组织分析。

②计算出产品与样品的花、地经密之比值。

③根据求得的比值及花型组织结构对花经作适当的调整。

例如生产 21tex×21tex,坯布密度为 362 根/10cm×259.5 根/10cm 的涤/棉府绸。经分析样品为 14.5tex×14.5tex,密度为 472 根/10cm×267.5 根/10cm 的棉府绸,样品的经密之比为 472 : 362≈4 : 3。

参照上述 4 : 3 之比值对样品花型结构作变更,即对花区中组织点相同花经各减去一根,相应的地经也减去一根,因此在花区共减去花经 8 根、地经 6 根,经仿造后附样花型和产品的花型差异率为 9%。

(4)综合调整法。当产品与样品的经、纬密度均有很大差异,在仿制时,应综合运用调整穿筘法和调整花经法来保持样品花型的宽度,用改变花经组织点的方法来保持样品花型的长度,这种仿造花型的方法简称综合调整法。

现举例说明仿制的具体方法和步骤。

例如生产 28tex×28tex,密度为 220 根/10cm×188.5 根/10cm 的条格布,花型照附图 10－4中(a),附样为(14tex×2)×17tex,成品密度为 370 根/10cm×251.5 根/10cm。

因为产品与样品经纬密度差异均较大,宜选择综合调整法进行仿样。

对附样花区的花型作组织分析,如图 10－4(b)所示。

采用调整花经法把样品中每 3 根相同的并列花经改为 2 根,如图 10－4(c)所示。

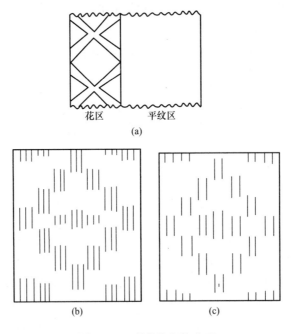

图 10-4　某条格织物花型

采用调整穿筘法,决定产品花区每筘 3 穿入,平纹区每筘 2 穿入,以此使产品花型的宽度接近 9.5mm。

对样品花纬作适当变动,使得产品花型的长度接近于 9.5mm。

测量样品花型长度横跨 24 根纬纱,为 9.5mm。

产品花型横跨的纬数为 9.5mm ×188.5 根/10cm≈18 根。

故,减去 6 根纬纱。

利用综合法仿造花型时,因为对花经组织点作了变动,因此特别要注意产品是否会产生移经织疵。

四、色织物的规格设计及上机计算

(一)确定经、纬织缩率

经、纬织缩率计算方法同白坯织物。

坯布经过整理后,纬向收缩程度称作幅缩率。

$$幅缩率 = \frac{坯布幅宽 - 成品幅宽}{坯布幅宽} \times 100\%$$

由于整理工艺不同,使产品有不同的幅缩率。整理工序多,幅缩率大。织物的密度和组织对幅缩率也有影响。如用同样粗细的纱线织成的织物,密度稀,则幅缩率大。浮线长的织物松软,幅缩率比平纹组织的织物大。织物原料不同,幅缩率也不尽相同。

(二)确定坯布幅宽

色织物有直接成品和间接成品之分。直接成品是指下机坯布不经任何处理或只经过简单的小整理(如冷轧、热轧)加工的产品,其坯布幅宽接近成品幅宽或比成品幅宽大 $0.635 \sim 1.27\text{cm}$。间接成品是指下机坯布还需经过拉绒、丝光、印染等大整理加工的产品。间接成品的产品幅缩率较大,坯布幅宽比成品幅宽要宽 $3.8 \sim 7.62\text{cm}$。

$$坯布幅宽 = \frac{成品幅宽}{1 - 幅缩率} = \frac{成品幅宽}{幅宽加工系数}$$

(三)初算总经根数

各类本色棉布的总经根数都有国家标准,但各类色织物的总经根数现无国家标准,因此各厂可按生产实际自行决定。

总经根数、每花经纱根数、劈花、上机筘幅、筘号、每花穿筘数等项技术条件是彼此相关的,变动其中一项,则与之相关的某些项目将跟着变动,所以在设计中可能需要反复计算。一般对总经根数先进行初算,而确切的总经根数宜待有关项目确定后再决定。初算总经根数公式如下:

$$总经根数 = 坯布幅宽(\text{cm}) \times 坯布经密(根/\text{cm}) = 布身经纱数 + 布边经纱数$$

$$= 坯布经密 \times 坯布幅宽 + 边经根数 \times \left(1 - \frac{地组织每筘穿入数}{边组织每筘穿入数}\right)$$

计算总经根数时,小数不计取整数,如穿筘穿不尽时,应增添根数直至穿尽为止。如尾数为单数,每筘穿两根的则加一根,尾数为一根或两根而每筘穿四根的则加三根或两根。

(四)初算筘幅

织物上机筘幅先按下式初步确定,待确定筘号后再修正。

$$上机筘幅 = \frac{坯布幅宽}{1 - 纬纱织缩率}$$

(五)每花经纱根数及全幅花数的确定

每花经纱根数即每花的配色循环。如果是本厂设计的样品,可从设计人员处查得。对来样,可由分析来样或先量出各色条经纱宽度,再乘以成品经密求得。

$$各色条经纱根数＝成品色条宽度(cm)×成品经密(根/cm)$$

$$各色条经纱根数＝成品色条宽度(cm)×\frac{坯布幅宽(cm)}{成品幅宽(cm)}×坯布经密(根/10cm)$$

如某色条成品宽为 2.54cm,坯布幅宽 99cm,成品幅宽 91.4cm,坯布经密为 393.5 根/10cm,则:

$$色条经纱根数＝2.54×\frac{99}{91.4}×39.35≈108(根)$$

由上式算得的根数应根据组织循环经纱数、穿综、穿筘等要求作适当的修正。

同样,可用分析和计算的办法求得纬纱的分色纬数。在单面多梭箱织机上织造,应将算得的各色纬纱根数修正为偶数。

总经根数除以每花根数等于全幅花数,遇多余或不足的经纱数时,可采用加减经纱数补足。

$$全幅花数＝\frac{初算总经根数-边经根数}{每花经纱根数}$$

如不能整除时,需作加减头处理。

(六)全幅筘齿数的确定

1. 当产品的全幅经纱每筘穿入数相同时

$$全幅筘齿数＝\frac{布身经纱根数}{每筘穿入数}+边纱筘齿数$$

2. 当产品采用花筘穿法时

$$全幅筘齿数＝每花筘齿数×全幅花数+加头的筘齿数+边纱筘齿数$$

(七)筘号的计算

可参考白坯织物的筘号计算。计算后的筘号应修正为整数。据经验,当计算筘号与标准筘号相差±0.4 号以内,可不必修改总经根数,只需修改筘幅或纬纱织缩率即可。一般筘幅相差在 6mm 以内可不修正。修正筘幅的计算公式为:

$$上机筘幅＝\frac{全幅筘齿数}{公制筘号}×10$$

如已知某提花织物的坯布经密为 346 根/10cm,纬纱织缩率为 4%,经纱平均穿入数为 3.86 根/齿。则:

$$公制筘号＝\frac{346×(1-0.04)}{3.86}×10≈86(筘/10cm)$$

又如已知某织物的总筘齿数为 2134 齿,筘幅为 101.3cm,试算筘号为:

$$公制筘号＝\frac{2134}{101.3}×10≈210.6$$

筘号取整数为 211,因此修正筘幅为:

$$上机筘幅 = \frac{全幅筘齿数}{公制筘号} \times 10 = \frac{2134}{211} \times 10 = 101.1(cm)$$

其筘幅修正量为：101.3－101.1＝0.2cm。因 0.2cm＜0.6cm，在筘幅的允许范围内，所以不需修正筘幅。

(八)核算经密

因为在确定筘号时，有可能要修正筘幅、总经根数、全幅筘齿数等数值，所以最后要核算坯布经密。

$$坯布经密 = \frac{总经根数}{坯布幅宽}$$

本色棉布技术标准规定 10cm 的经密下偏差不超过 1.5%。色织物一般控制在下偏差范围，以不超过 4 根/10cm 为宜。如果由上式算得的经密与任务书中坯布经密的差异在规定范围内，则计算筘号前的各项计算可以成立，否则必须重新计算。

(九)千米坯布经纱长度的确定

1. 千米经纱长度　计算千米经纱长度是为了确定墨印长度及计算用纱量。

$$千米经纱长度 = \frac{1000}{1-经纱织缩率}$$

2. 落布长度

$$落布长度 = 坯布匹长 \times 联匹数$$

凡需经过大整理的产品，落布长度公差为＋2m 或－1m，不经大整理的直接产品，落布长度只允许有上偏差。落布长度还可按下式计算，即：

$$坯布落布长度 = \frac{成品匹长 \times 联匹数}{1 \pm 后整理伸长率}$$

3. 浆纱墨印长度

$$浆纱墨印长度 = \frac{千米经长}{1000} \times 坯布落布长度$$

$$= \frac{千米经长}{1000} \times \frac{成品匹长 \times 联匹数}{1 \pm 后整理伸长率}$$

(十)色织物用纱量计算

色织物用纱量的计算分为三种情况。

(1)经漂白、丝光、树脂等整理的产品，可按色织坯布用纱量计算，计算时可不考虑自然缩率。坯布用纱量计算公式为：

经纱用纱量(kg/km)＝分号分色经纱根数×千米织物经长(m)×经纱公制计算常数

纬纱用纱量(kg/km)＝分号分色纬密(根/10cm)×筘幅(cm)×纬纱公制计算常数

(2)凡经轧光、拉绒等整理，或不经过任何整理的产品均按色织成品用纱量计算。计算时要考虑自然缩率、后处理缩率或伸长率。

$$成品经纱(纬纱)用量(kg/km)=坏布经纱(或纬纱)用纱量 \times \frac{1+自然缩率}{1 \pm 后整理伸长率}$$

(3)凡经纱或纬纱全部用本白纱的产品,须按白坏织物用纱量计算。伸长率、回丝率须按本白纱的规定计算。

(4)几点说明。

①经纱公制计算常数 $= \dfrac{线密度}{10^6(1-染缩率)(1+伸长率)(1-回丝率)(1-捻缩率)}$

②纬纱公制计算常数 $= \dfrac{线密度}{10^4(1-染缩率)(1+伸长率)(1-回丝率)(1-捻缩率)}$

计算公式中涉及的经、纬纱计算常数可分别预先算出,见表10-18。

计算公式中涉及的各种缩率、回丝率等参数可参考表10-19~表10-23。

表 10-18　经、纬纱线计算常数

线密度	经纱公制计算常数	纬纱公制计算常数
32tex 及以上(18 英支及以下)	$0.277333 \times 10^{-7} \times$ 线密度	$0.010204574 \times$ 线密度
29tex 以下(20 英支以上)	$10.267001 \times 10^{-7} \times$ 线密度	$0.010194312 \times$ 线密度
29tex×2 以下(20 英支/2 以上)	$10.319652 \times 10^{-7} \times$ 线密度	$0.010246603 \times$ 线密度
8.33tex(75 旦)再生丝单根作嵌线	0.0000079416	
13.33tex(120 旦)再生丝单根作嵌线	0.000012707	
花线	$10.256037 \times 10^{-7} \times$ 线密度	$0.010256221 \times$ 线密度
复并花线	$10.256037 \times 10^{-7} \times$ 线密度	$0.010307767 \times$ 线密度
18tex(32 英支)	3.3385185×10^{-8}	0.0003338616
13.33tex(120 旦)	$2.42888889 \times 10^{-8}$	0.0002431317

表 10-19　染纱缩率

纱别	棉单纱	棉股线	涤棉	中长纤维		再生丝
				浅色	深色	
染缩率(%)	2.0	2.5	3.5	4	7	2

表 10-20　纱线捻缩率

花线类别	平花线	复并花线	棉纱粘胶丝复并花线	毛巾结子线	一次并三股线
捻缩率(%)	0	0.5	4	各厂自定	0

表 10-21　纱线伸长率

纱　别		单纱色纱	股线色纱	本白纱线	再生丝
伸长率(%)	经纱	0.6	0.8	股线 0	0
	纬纱	0.7	0.7	单纱 0.4	0

表 10 - 22　回丝率

纱线线密度		经纱回丝率(%)	纬纱回丝率(%)	并线工序回丝率(%)
32tex 及 32tex×2 以上色纱		0.6	0.7	0.6
29tex 及 29tex×2 以下色纱		0.5	0.6	0.6
用于花线内的再生丝		0.5	0.6	0.6
8.33～13.33tex 再生丝用于经嵌线		0.2		
格子织物换梭时带纤纱回丝	双色		另加 0.05	
	多色		另加 0.1	
本色纱线		0.2	0.25	

表 10 - 23　自然缩率、后整理缩率、伸长率

品　　种		后处理方法	自然缩率(%)	后整理缩率(%)	后整理伸长率(%)
男女线呢		冷轧	0.55		0.5
男线呢(全线)		热处理	0.55	0.5	
被 单	经线 纬纱	热轧	0.55		2.5
	经纱 纬纱	热轧	0.55		2.0
绒布		轧光拉绒	0.55		2.0
夹丝男线呢		热处理	0.55	0.8	

　　③成品用纱量计算中,经过整理后的伸长率或缩率系指整理的伸长量或缩短量对加工前原长的百分比。为简化计算,坯布用纱量可用成品用纱量折算系数折算,见表 10 - 24。

表 10 - 24　用纱量折算系数

品　　种	用纱量折算系数	品　　种	用纱量折算系数
男女线呢冷轧	1.0005	绒布轧光拉绒	0.986
男线呢热处理	1.0106	线经纱纬被单布热轧	0.9809
夹丝男线呢热处理	1.0135	纱经纱纬被单布热轧	0.986

　　(5)在具体计算用纱量过程中,若一种产品的经纱(或纬纱)有两种或两种以上的线密度和颜色时,应分别分纱号、分颜色计算出经纱(或纬纱)的用纱量。

第三节　色织物设计实例

一、多组分色织小提花弹力织物的设计与生产

(一)市场定位与产品风格特征

从国内外发展趋势看,高档次多组分纺织品将是今后色织行业产品开发的重点,多组分织

物呈现多元化的价值取向，符合时尚发展和市场需求。针对这一市场需求，采用竹纤维与精梳棉、竹炭纤维、XLA弹性纤维开发生产高档多组分色织面料，并经过免烫整理以增加产品弹性，达到免烫的效果，可大大提升产品品质和档次，提高产品的附加值。含XLA纤维的面料不但保留了织物原有的舒适性，同时还具有理想的悬垂性、弹性，使产品创新、产品差别化和弹性的舒适性都迈上了一个新台阶。同时由于竹纤维、竹炭纤维有极好的染色性，织物光泽亮丽，具有高吸湿性、透气性、悬垂性佳，手感滑腻丰满如丝般柔软，有较好的天然抗菌效果及环保性，顺应了现代人追求健康、舒适的潮流。

(二)产品设计思路

当今市场，人们的消费更加注重产品的舒适、透气、保健、环保性能。因而设计产品时应以纯棉为主，运用多组分纤维混合纺纱技术和包缠纺纱生产工艺，开发高档次多组分的色织小提花系列面料，从色彩的搭配、丰富的条纹、光洁的布面、柔滑的手感等多方面体现面料的高品质，并使面料具有吸汗排湿、弹力自如、穿着舒适、自然悬垂、便于打理的优良服用性能。

(三)产品规格设计

产品规格设计见表10-25。

表10-25　产品规格设计表

多组分色织小提花弹力布				
线密度(tex)	经纱	14.7	坯布	经密(根/10cm)	429
	纬纱	14.7+4.4		纬密(根/10cm)	256
总经根数(根)		6430		幅宽(cm)	151
边纱数(根)		16×2	成品	经密(根/10cm)	543
筘号		2齿/cm(102齿/2英寸)		纬密(根/10cm)	267
边地筘入数				幅宽(cm)	119

(四)组织设计

采用复杂的联合组织设计，以巧妙变化不同的组织排列形成提花，结合新颖的色彩搭配，使条纹明显，富于变化，具有很强的时尚性。图10-5所示为织物组织图，为便于操作和提高织造效率采用分区穿法。

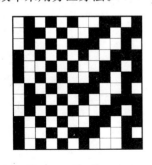

图10-5　织物组织图

(五)主要工艺流程

纺纱：清梳(国产清梳联合机)→预并(FA306A型预并机)→条卷(JSFA360条卷机)→精梳(JSFA288精梳机)→并条[FA306A并条机(一并)]→二并[FA306A并条机(二并)]→粗纱(TJFA457A粗纱机)→细纱(JWF1510细纱机)→络筒(espro-M全自动络筒机)

染纱：松式络筒→装纱→煮练→染纱→脱水→烘干。

织造：见表10-26。

表 10-26　织造工艺

织造 $\begin{cases}\text{经纱：筒纱} \\ \text{纬纱：筒纱}\end{cases}$ →整经(贝宁格整经机)→浆纱(卡尔迈耶浆纱机)→结经(结经机) ⟩ →织造(G6300 型织机)→检验

(六)主要生产工艺技术措施

1. 染纱　依据 XLA 纤维耐高温、耐化学性及染色性等特点,制订的染纱工艺类似于非弹性纤维的染色加工工艺。染色前,先进行松式络筒,纱线密度偏小掌握,控制在 0.33g/cm 左右,可达到减少染色后筒子内外层色差的目的。

(1)前处理工序。由于纱线中棉纤维纤维素含量约为 94%(质量分数),纤维共生物约为 6%(质量分数),而竹纤维含杂少,精梳棉/竹、竹炭混纺纱前处理可采用传统的碱氧漂一浴法。采用高温短流程前处理工艺,既缩短了处理时间,又可减少毛羽的产生。

(2)染色。根据颜色及色牢度要求,选择匀染性、配伍性良好的活性染料。做到精确打样,放中样,以提高一次符样率。竹纤维、竹炭纤维对染料的吸色率与上染速率比棉稍高,染色时要特别注意匀染。

(3)染色后处理。水洗(40℃,30min,加入去碱剂中和)→水洗(60℃,20min,加入低温皂洗剂 SPF)→水洗(60℃,20min)→水洗(40℃,20min)。应特别注意调整纱线前后处理时的温度,保持纬纱的弹性。严格控制纱线颜色的符样率和缸差、筒差,避免出现花色、脏污、潮湿等现象。

2. 整经　采用瑞士贝宁格公司的高速整经机,为降低断头,采用较低的 400m/min 车速,采用较小的张力配置,张力盘质量前、中、后依次为 12g、11g、10g,要求片纱张力均匀,卷绕密度适中,卷绕质量好。

3. 浆纱　浆纱质量是决定织机效率和产品质量的关键。在优选浆料配方、合理设置浆纱工艺参数等方面加强了研究,提高了浆纱质量,取得了令人满意的上浆效果。

考虑到竹纤维、竹炭纤维强度、弹性均比棉差,湿态伸长较大且不耐高温,在浆纱过程中采用高浓低黏浆料,采用以氧化淀粉为主,PVA、丙烯酸浆料为辅的浆料配方。

浆纱车速适中,为 88.9cm/min,控制浆纱回潮率在(9.5±0.5)%范围内,利用竹纤维的吸湿性增加浆纱的柔软润滑性。为保证纱线的良好弹性,应合理掌握浆槽的湿区张力,减少纱线在湿热下的意外伸长,伸长率应控制在 1.0%以下。浆料配方:PVA179911.6%,氧化淀粉:58.2%,PMA:11.6%,KS—22:5.8%,KS—55:5.8%,DP—05:7.0%。主要工艺参数:上浆率 14%,浆液黏度 12,浆液温度:85℃,浆纱速度 30~35m/min,回潮率 9%~10%,伸长率 1%。

4. 织造

(1)工艺设计。纬弹织物布幅变化相对较大,经检测,XLA 纬弹织物相对氨纶丝纬弹织物幅缩较小,属于中低弹织物,适于舒适性纺织品的生产。设计织物时,一般应以机上布辊幅宽合理选择筘号,保证在机布幅。选择合适的筘号,可避免由于经纱和筘齿摩擦产生毛羽而引起的开口不清和经纱断头。合理设计布边工艺,防止边纬缩。

(2)织造工艺配置。采用瑞士 G6300 型剑杆织机织造。增加上下层经纱张力差异,使织口趋于稳定。边纱增加穿入数,可有效解决边纱松造成的边纱开口不清问题,杜绝边部跳花、跳纱现象。为降低纬缩、断纬织疵的产生,应注意调整织机状态,提前开口,控制剪切时间和纬纱释放张力。生产中还需加强操作管理,认真检查布面及绺子,及时处理纱疵,减少布面疵点及人为织疵。

主要工艺参数:织机开口时间 315°,后梁上下＋2mm,后梁高度 105mm,经停架前后 53mm,下综高 100mm,上机张力 1581N;开口量 20mm、30mm、40mm、50mm。

二、夏季衬衣用缎条府绸规格与上机计算示例

(一)原料设计

考虑到本织物为夏季用织物,要求吸湿性、透湿性好,故原料选用棉纤维。

(二)纱线设计

根据织物用途,经、纬纱选用 13tex×13tex。

(三)织物组织设计

由于是夏季用衬衣织物,因此织物组织不宜复杂,采用以平纹为主添加 4 枚缎纹的小提花条子。

(四)织物密度设计

府绸是高经密平纹类织物,其经向紧度 E_j 大,在 61%～80%;纬向紧度 E_w 较小,在 35%～50%;经纬向紧度之比约为 5:3。本产品初选 $E_j=65\%$,$E_w=42\%$。

由 $E=P\times d$,棉纱线 $d=0.037\sqrt{Tt}$,得出: $P=\dfrac{E}{0.037\sqrt{Tt}}$

则 $P_j=487$ 根/10cm,$P_w=315$ 根/10cm

(五)经纬纱配色设计

纬纱为白色,经纱配色循环见表 10-27。

表 10-27 经纱配色循环

平 纹			提花缎条		平 纹						提花缎条		平 纹			
白	咖	白	白	黄	白	咖	白	红	白	咖	白	白	黄	白	咖	白	红
14	2	8	(1	1)×12	12	2	6	10	2	14	(1	1)×12	10	2	2	10

每花共有 144 根。

(六)织物规格设计

成品幅宽定为 114.3cm,成品匹长 30cm。

1. 确定坯布幅宽　幅缩率取 6.5%。

$$坯布幅宽=\frac{成品幅宽}{1-幅缩率}=\frac{114.3}{1-6.5\%}=122.2(cm)$$

2. 初算总经根数

$$总经根数=坯布幅宽\times坯布经密=122.2\times48.7=5951(根),取 5952 根$$

3. 确定每筘齿穿入数　由经纱配色循环可知:提花缎条部分有 24 根经纱,平纹部分有 48 根经纱,且为了获得良好的缎条效果,缎纹部分经密应大于平纹部分,为保证花纹不被破坏,地

布平纹每筘穿 3 根,花部缎条每筘穿 4 根。边纱选 36 根,每筘齿穿 3 根,共用 12 筘齿。

4. 初算筘幅　取纬纱织缩率为 5%。

$$筘幅 = \frac{坯布幅宽}{1-纬纱缩率} = \frac{122.2}{1-5\%} = 128.6(cm)$$

5. 每花筘齿数

$$每花平纹地共用筘齿数 = \frac{144 - 24 \times 2}{3} = 32(齿)$$

$$每花提花部分共用筘齿数 = \frac{24 \times 2}{4} = 12(齿)$$

$$每花提花部分共用筘齿数 = 32 + 12 = 44(齿)$$

6. 全幅花数

$$全幅花数 = \frac{总经根数 - 边经根数}{每花根数} = \frac{5952 - 36}{144} = 41 \text{ 花余 12 根}$$

7. 劈花　该花本身不对称,且红色接近布边不太理想,因织物中全幅共有 41 花多余 12 根经纱,按表 10-27 最后加 12 根白色经纱,达到总经根数不变,且内侧布边两边均为白色经纱,能达到拼花的要求。

8. 全幅筘齿数

$$全幅筘齿数 = 每花筘齿数 \times 花数 + 多余经纱筘齿数 + 边经筘齿数$$
$$= 44 \times 41 + 4 + 12 = 1820(齿)$$

9. 确定筘号

$$筘号 = \frac{全幅筘齿数}{筘幅} \times 10 = \frac{1820}{128.6} \times 10 = 141.52 ,取整数用 141.5 号筘。$$

计算筘号与标准筘号误差小于 ±0.4 号,故不必修改总经根数,只对筘幅作修正即可。

10. 修正筘幅

$$筘幅 = \frac{全幅筘齿数}{筘号} \times 10 = \frac{1820}{141.5} \times 10 = 128.6(cm)$$

与初算筘幅相差 0,在允许范围内。

11. 核算经密

$$坯布经密 = \frac{总经根数}{坯布幅宽} \times 10 = \frac{5952}{122.2} \times 10 = 487.1(根)$$

取 487 根/10cm。

与设计经密无差异,故上述各项计算均有效。

12. 千米织物经长　取经纱织缩率为 10%。

$$千米织物经长 = \frac{1000}{1-10\%} = 1111.1(m)$$

$$\text{坯布落布长度} = \frac{\text{成品匹长} \times \text{联匹数}}{1 \pm \text{后整理伸长率}} = \frac{30 \times 4}{1 \pm 1\%} = 118.8(\text{m})$$

$$\text{浆纱墨印长度} = \text{坯布落布长度} \times \frac{\text{千米经长}}{1000} = 118.8 \times \frac{1111.1}{1000} = 124.2\,(\text{m})$$

13. 综页数及各页综丝密度计算 织物花部为 4 枚缎纹,故最少需要 4 页综,今选用 4 页综。平纹地部至少需要 2 页综,考虑府绸织物密度较大,今选用 4 页综。因此本织物设计选用 8 页综织造。在最后确定用综页数之前,需对设计用综的综丝密度进行核算。综丝最大密度见表 10 - 28。

表 10 - 28 综丝最大密度

纱线线密度	综丝最大密度(根/10cm)
32tex 以上,高特纱线	60
21～31tex,中特纱线	100
11～20tex,低特纱线	120

在本设计中,平纹部分的纱线根数为 96/144×5952=3968(根)。由于选用 4 页综,故每页综上的综丝数为 3968/4=992 根。

$$\text{综丝密度} = \frac{\text{每页综上综丝数}}{\text{箱幅}+2} = \frac{992}{128.4+2} = 7.6\,(\text{根/cm})$$

在综丝密度的允许范围内。

提花缎纹部分的纱线根数为 48/144×5952=1984 根,由于选用 4 页综,故每页综上的综丝数为 1984/4=496。

$$\text{综丝密度} = \frac{496}{128.4+2} = 3.8\,(\text{根/cm})$$

在综丝密度的允许范围内,故本设计选用 8 页综是可行的。

14. 色织坯布用纱量计算

经纱用纱量(kg/km)=分号分色经纱根数×千米织物经长×经纱公制计算常数

白=[(14+8+12+12+6+2+14+12+10+2)×41+12+36]×1111.1×10.267001×10^{-7}×13
=56.6505

咖=(2+2+2+2)×41×1111.1×10.267001×10^{-7}×13=4.8642

黄=(12+12)×41×1111.1×10.267001×10^{-7}×13=14.5927

红=(10+10)×41×1111.1×10.267001×10^{-7}×13=12.1606

合计:88.2725

纬纱用纱量(kg/km)=分号分色纬密×箱幅×纬纱公制计算常数
=315×1.286×0.010194312×13=57.6850

15. 填织物设计规格表

织物设计规格表见表 10-29。

表 10-29　织物设计规格表

产品名称：色织棉缎条提花府绸　　　　设计编号：　　　　　　　年　月　日

				纹板图
成品规格	纱线	经纱(tex)	13	
		纬纱(tex)	13	
	密度	经密根/10cm	487	
		纬密根/10cm	315	
	紧度	经向紧度(%)	65	
		纬向紧度(%)	42	
	幅宽(cm)		114.3	
	匹长(m)		30	
	织物组织		平纹地小提花	
织造规格	筘号(齿/cm)		14.15	用综 8 片
	筘幅(cm)		128.6	
	筘穿数		3/4	
	总经根数		5952	
	经纱缩率(%)		10	
	纬纱缩率(%)		6.5	

经纱排列及穿综、穿筘

名　称	色经排列	织物组织	穿综、穿筘方式
左　边	白18	$\frac{2}{2}$纬重平	<u>112</u>　<u>233</u>　<u>441</u>　<u>122</u>　<u>334</u>　<u>411</u>
布　身	白14　咖2　白8	平纹	<u>123</u>　<u>412</u>　<u>341</u>　<u>234</u>　2次
	(白1黄1)×12	提花缎条	<u>5768</u>　6次
	白12　咖2　白6　红10　白2　咖2　白14	平纹	<u>123</u>　<u>412</u>　<u>341</u>　<u>234</u>　4次
	(白1黄1)×12	提花缎条	<u>5768</u>　6次
	白10　咖2　白2　红10	平纹	<u>123</u>　<u>412</u>　<u>341</u>　<u>234</u>　2次
零　花	白12	平纹	<u>123</u>　<u>412</u>　<u>341</u>　<u>234</u>
右　边	白18	$\frac{2}{2}$纬重平	<u>112</u>　<u>233</u>　<u>441</u>　<u>122</u>　<u>334</u>　<u>411</u>

纬纱排列

花	白
备　注	

设计者_____

☞ 思考题

1. 色织物有哪些主要特点？色织物的生产工艺流程与其他织物有何不同？

2. 色织物的色彩配合应考虑哪些因素?

3. 色织物的图案有何特点?

4. 色织物设计中,为什么要进行劈花? 劈花的原则是什么?

5. 已知:色织涤棉细纺,其经纬纱为 13tex×13tex,(坯布)密度为 315 根/10cm×276 根/10cm,平纹组织,成品幅宽 113cm,边纱 48 根,经纱织缩率 7.25%,织造下机长缩率 4%,纬织缩率 6.5%,后整理长缩率 2%,后整理幅缩率 6.3%。经纱配色循环:红 12,白 12,共 24 根;纬纱配色循环:红 10,白 10,共 20 根。

试对其进行劈花及上机计算(要求:体现工艺计算过程,对工艺计算中选用的数据要简要说明理由,数据计算必须列出相应的公式)。

6. 试分析一色织物的色经排列,并对其劈花。

7. 试分析一块色织条子布,采用密度推算法确定一花内各条带的每筘穿入数及各条带所占用的筘齿数。

8. 试设计一色织小提花面料,并进行劈花、排花及相关工艺计算。

参考文献

[1]蔡碧霞．组织结构与设计[M]．3版．北京：中国纺织出版社，2004．

[2]蔡陛霞，荆妙蕾．织物结构与设计[M]．4版．北京：中国纺织出版社，2008．

[3]顾平．织物组织与结构学[M]．上海：东华大学出版社，2010．

[4]朱苏康，高卫东．机织学[M]．北京：中国纺织出版社，2008．

[5]沈兰萍．织物结构与设计[M]．北京：中国纺织出版社，2005．

[6]吴坚．纺织品功能性设计[M]．北京：中国纺织出版社，2007．

[7]李枚蕚．织物设计技术[M]．北京：中国纺织出版社，2007．

[8]盛光源．新产品开发指南[M]．北京：中国物资出版社，1994．

[9]吴震世．纺织产品开发[M]．北京：纺织工业出版社，1990．

[10]金壮．纺织新产品设计与工艺[M]．北京：纺织工业出版社，1991．

[11]沈兰萍．新型纺织产品设计与生产[M]．北京：中国纺织出版社，2001．

[12]沈兰萍．服用织物设计[M]．西安：西安纺织工学院出版社，1999．

[13]沈兰萍．织物组织与纺织品快速设计[M]．西安：西北工业大学出版社，2002．

[14]浙江丝绸工学院，苏州丝绸工学院．织物组织与纹织学（下册）[M]．北京：中国纺织出版社，2003．

[15]滑钧凯．纺织产品开发学[M]．北京：中国纺织出版社，2005．

[16]侯翠芳．织物组织分析与应用[M]．北京：中国纺织出版社，2010．

[17]盛明善，陈雪珍．绒毛织物设计与生产[M]．北京：中国纺织出版社，2010．

[18]G．H．奥依斯诺．织物组织手册[M]．董健，译．北京：纺织工业出版社，1984．

[19]翁越飞．提花织物的设计与工艺[M]．北京：中国纺织出版社，2003．

[20]荆妙蕾，张瑞云．纺织品色彩设计[M]．北京：中国纺织出版社，2004．

[21]《纺织品大全》编辑委员会．纺织品大全[M]．2版．北京：中国纺织出版社．2005．

[22]沈干．丝绸产品设计[M]．北京：中国纺织出版社，1991．

[23]潘吾华．室内装饰[M]．北京：纺织工业出版社．1987．

[24]夏景武，秦云．精纺毛织物生产工艺与设计[M]．北京：中国纺织出版社，1995．

[25]浙江丝绸工学院，苏州丝绸工学院．毛纺织染整手册[M]．北京：中国纺织出版社，2003．

[26]瞿炳晋．粗纺呢绒生产工艺与设计[M]．北京：纺织工业出版社，1987．

[27]沈兰萍．毛织物设计与生产[M]．上海：东华大学出版社，2009．

[28]中国丝绸工业总公司，中国丝绸进出口总公司．绸缎规格手册．1991．

[29]中国丝绸工业总公司，中国丝绸进出口总公司．中国出口绸缎统一规格．1995．

[30]张森林．纹织CAD原理及应用[M]．上海：东华大学出版社，2005．

[31]谢光银．机织物设计基础学[M]．上海：东华大学出版社，2010．